建筑节能技术
（第2版）

主　编　扈恩华　张　蓓　李静文
副主编　刘　宇　王晓梅　张培明　齐高林
主　审　肖明和

北京理工大学出版社
BEIJING INSTITUTE OF TECHNOLOGY PRESS

内 容 提 要

全书共分为14个项目，主要内容包括：建筑节能认知，建筑节能基础知识，建筑热工学原理，墙体的节能设计与施工技术，屋面节能技术，门窗节能技术，楼地面节能技术，建筑给水排水节能技术，建筑采暖、通风与空调节能技术，建筑配电与照明节能技术，太阳能建筑节能技术，装配式建筑概述，建筑节能工程施工质量验收，建筑节能工程实践案例等。

本书可作为高等院校土木工程类相关专业的教材，也可供社会相关人员自学和参考。

图书在版编目（CIP）数据

建筑节能技术 / 扈恩华，张蓓，李静文主编. -- 2

版. -- 北京：北京理工大学出版社，2024.2

ISBN 978-7-5763-3013-7

Ⅰ.①建… Ⅱ.①扈… ②张… ③李… Ⅲ.①建筑－

节能－高等学校－教材 Ⅳ.①TU111.4

中国国家版本馆CIP数据核字（2023）第203000号

责任编辑：王梦春		**文案编辑**：杜枝	
责任校对：周瑞红		**责任印制**：王美丽	

出版发行 / 北京理工大学出版社有限责任公司

社　　址 / 北京市丰台区四合庄路6号

邮　　编 / 100070

电　　话 / （010）68914026（教材售后服务热线）

　　　　　　（010）68944437（课件资源服务热线）

网　　址 / http：//www.bitpress.com.cn

版印次 / 2024年2月第2版第1次印刷

印　　刷 / 北京紫瑞利印刷有限公司

开　　本 / 787 mm×1092 mm　1/16

印　　张 / 15.5

字　　数 / 411千字

定　　价 / 89.00元

图书出现印装质量问题，请拨打售后服务热线，负责调换

FOREWORD 第2版前言

党的二十大报告提出要"加强教材建设和管理"，将教材建设作为深化教育领域综合改革的重要环节。这一系列重要部署既凸显了教材工作在党和国家事业发展全局中的重要地位，也为新时代教材建设和管理提供了根本遵循。为此，编者以二十大报告精神为指导思想进行了此次修订。

《建筑节能技术》第2版是在第1版的基础上，根据新颁布的国家规范和标准，结合建筑节能技术的新理念、新技术和工程实例编写的。

随着2020年我国提出2030年"碳达峰"与2060年"碳中和"的双碳目标，建筑业作为能耗大户，需要为双碳目标的达成做出自身的贡献，这也使建筑节能技术课程成为高职院校土建类专业的常设课程。该课程的特点主要是涉及规划、设计、施工、运行管理等各环节，同时又与建筑设计、建筑结构、建筑设备、建筑电气与智能化等专业技术都有交叉。为此，本次修订由建筑学、土木工程、给水排水工程、建筑环境与能源等专业背景的教师分别担任各篇章的主笔。

同时，为推进教育数字化，建设全民终身学习的学习型社会、学习型大国，本书编写团队准备了丰富的与教材内容紧密衔接的数字化教学资源，目前课程已上线智慧职教慕课(MOOC)学院和教育部国家职业教育智慧教育平台，教材资源类型多样，包括教学视频、动画、课件、题库、虚拟仿真等，使学生及社会学习者能够在阅读本书的基础上在网络平台免费进行学习，推进教育数字化的发展。

本次参与修订的均为工作在教学科研第一线的骨干教师。本书由济南工程职业技术学院扈恩华、张蓓、李静文担任主编，由济南工程职业技术学院刘宇、王晓梅、张培明、齐高林担任副主编；具体编写分工为：扈恩华编写项目1~4，张蓓编写项目11和项目13，李静文编写项目7和项目12，刘宇编写项目5和项目6，王晓梅编写项目8和项目9，张培明编写项目10，齐高林编写项目14。全书由扈恩华统稿，由济南工程职业技术学院肖明和主审。

由于编者水平有限，书中难免存在不妥之处，恳请读者进行批评指正。

编 者

第1版前言 FOREWORD

人类在不同历史时期对环境问题的认识程度是不同的，节能问题是近年来各国政府和公众最为关注的环境问题之一，而建筑能耗占社会总能耗的比例较高，建筑节能发展前景广阔、意义重大。由于历史原因，我国建筑的能耗存在能源利用率低、化石能源消耗大、建筑节能技术水平低下和人们节能意识淡薄等问题，随着我国经济社会的不断发展，人们对居住和生活条件的要求越来越高，对环境问题越来越重视，建筑节能作为全社会能源节约的重要环节已成为建筑行业的重要关注领域之一。

建筑节能以节约能源为根本目的，集成了城乡规划建筑学及土木工程、建筑设备、环境、热能、电子信息、生态等工程学科的专业知识，同时又与技术经济行为、科学和社会学等人文学科密不可分，是一门跨学科、跨专业、综合性和应用性较强的专业拓展课程。

本书充分考虑了建筑类高职高专院校学生的知识结构特点，将建筑节能中重要的节能理论知识精选，学生可通过自学或在教师的指导下掌握基本的节能理论，为节能施工和管理服务。本书内容翔实生动，符合实际需求，书中插入了大量建筑节能现场图片和原理图，将大大提高学生的学习兴趣。另外，随着全社会"互联网+"时代的到来，教学中的互联网应用也逐步普及，为此，我们在编写过程中加入了二维码课程资源，学生在学习过程中通过手机扫描二维码就可以观看有关节能的视频、动画以及其他不方便在书本平面上展示的课程资源。

本书由济南工程职业技术学院扈恩华、扬州市职业大学李松良、济南工程职业技术学院张蓓担任主编；济南工程职业技术学院刘宇、王晓梅，山东水利职业学院陶登科，扬州市职业大学王鹏和济南工程职业技术学院张培明担任副主编；济南工程职业技术学院李忠武、李静文，济南天下第一泉风景区管理中心王兆东参与了本书部分章节的编写工作。全书由济南工程职业技术学院肖明和主审。

本书在编写过程中，参考了一些前辈和同仁的书目、文章和资料，在此谨向相关作者表示衷心的感谢！

虽然我们对教材的特色建设作了许多努力，但由于水平和能力有限，书中仍难免存在一些疏漏或不妥之处，敬请读者们使用时批评指正，以便修订时改进。

编　者

CONTENTS 目录

CONTENTS

CONTENTS

CONTENTS

项目1 建筑节能认知

知识目标

1. 了解中国建筑领域的能耗状况。
2. 掌握建筑能耗、建筑节能的含义。
3. 熟悉节能建筑、绿色建筑和智能建筑的含义。
4. 熟悉"碳达峰、碳中和"的含义及我国的相关政策。

能力目标

掌握"碳达峰、碳中和"对中国建筑行业的引领作用。

素质目标

1. 培养节能和环保意识。
2. 立足我国社会经济发展现状，加强四个自信。

思政引领

党的二十大报告指出：加强城市基础设施建设，打造宜居、韧性、智慧城市。积极稳妥推进碳达峰碳中和。推动能源清洁低碳高效利用，推进工业、建筑、交通等领域清洁低碳转型。

随着生产力的快速发展，世界各国能源消耗量越来越高，与此同时全球能源供应日益紧张，生产力发展与能源短缺的矛盾日益加剧。因此，能源节约及综合利用问题受到世界各国的普遍关注。

1.1 中国建筑领域基本现状

1.1.1 中国城镇化发展现状

按照我国第七次全国人口普查数据，我国现有总人口数为 14.4 亿人（包括祖国大陆 31 个省、自治区、直辖市和现役军人的人口，香港特别行政区人口、澳门特别行政区人口和台湾地区人口）。其中，31 个省、自治区、直辖市和现役军人的人口为 14.1 亿人（不包括居住在 31 个省、自治区、直辖市的港澳台居民和外籍人员）。

在全国人口中，截至 2021 年年底，城镇人口约为 9.14 亿人，城镇化率为 64.7%（图 1.1）。据联合国发布的 2022 年世界城市报告数据显示，2020 年全球的城镇化率为 53.9%，发达地区为 79.1%，欧洲为 74.9%，北美为 82%，亚洲为 51.1%。我国目前的城镇化率虽然已有明显提高，但离发达国家水平仍有距离。根据国家发改委 2022 年 6 月发布的《"十四五"新型城镇化实施方案》的要求，我国仍处在城镇化快速发展期，城镇化动力依然较强；京津冀协同发展、长三角一体化发展、粤港澳大湾区建设等区域重大战略深入实施，城市群和都市圈持续发展壮大；大中城市功能品质进一步提升，小城市发展活力不断增强，以县城为重要载体的城镇化建设取得重要进展。

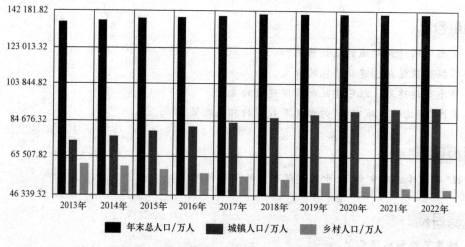

图 1.1　我国逐年人口发展（2002—2021 年）

在我国快速城镇化的进程中，大量人口从乡村向城镇转移是城镇化的基本特征，而我国城镇化过程中人口的聚集主要在特大城市和县级城市两端。近年来，由于大型城市人口快速集聚，当地政府开始设置较高的进入门槛，使得这些城市的人口增速都显著降低，例如，过去几年，北京、上海地区的常住人口保持基本稳定。

县域人口的集聚是我国城镇化的另一端，截至 2021 年年底，我国共有 1 472 个县城，常住人口为 1.6 亿人左右，394 个县级市的城区常住人口为 0.9 亿人左右，县城及县级市城区人口占全国城镇常住人口的近 30%，再加上县城变更为"区"后这一比例更高[数据来源：住房和城乡建设部，《中国城乡建设统计年鉴》（2021 年）]。按照 2022 年 5 月中共中央办公厅、国务院办公厅印发的《关于推进以县城为重要载体的城镇化建设的意见》的要求："推动能源清洁低碳安全高效利用，引导非化石能源消费和分布式能源发展，在有条件的地区推进屋顶分布式光伏发电。坚决遏制'两高'项目盲目发展，深入推进产业园区循环化改造。大力发展绿色建筑，推广装配式建筑、节能门窗、绿色建材、绿色照明，全面推行绿色施工。"由此可以预见，未来县城还将承接更多农业转移人口。

1.1.2　中国建筑业发展现状

城镇化的快速发展带动我国的房地产业和建筑业蓬勃发展。2007—2021 年，我国城乡建筑面积大幅增加，除 2020 年民用建筑竣工面积下降至 38 亿 m²，每年民用建筑的竣工面积均维持在 40 亿 m² 以上。同时，伴随着大量开工和施工，城镇住宅及公共建筑的拆除面积也在快速增长，目前稳定在每年 16 亿 m² 左右。

2020 年，我国建筑面积总量约为 660 亿 m²，其中：城镇住宅建筑面积为 292 亿 m²，农村住宅建筑面积为 227 亿 m^2，公共建筑面积为 140 亿 m^2，如图 1.2 所示，其中北方城镇供暖面积为 156 亿 m^2。

　　未来，考虑到我国的城镇化进程，我国建筑面积还会逐年增长，但增长速度会逐渐下降。医院、学校等公共服务类建筑的规模在人口集聚区仍有较大缺口，会成为未来新增公共建筑的主要分项。

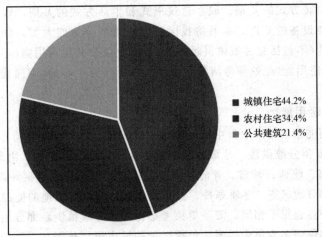

（数据来源：《中国建筑节能年度发展研究报告 2022》）

图 1.2　我国现有建筑各类型面积占比

1.2　中国建筑领域能耗

　　建筑能耗有广义和狭义之分。广义的建筑能耗是指从建筑材料制造、建筑施工直至建筑使用全过程的能耗；而狭义的建筑能耗是指维持建筑功能所消耗的能量，包括热水供应、烹调、供暖、空调、照明、家用电器、电梯及办公设备等的能耗。本书所指的建筑能耗是指建筑建造能耗和建筑运行能耗两部分，如图 1.3 所示。

1.2.1　建筑建造能耗

　　建筑建造能耗是指建筑建造所导致的从原材料开采、建材生产运输到现场施工所产生的能源能耗。我国的快速城镇化造成了对大量建筑材料的需求，如钢铁、水泥、玻璃等，而这些建筑材料的生产本身属于高能耗、高污染行业，这也是我国的工业结构以重化工业为主、单位工业增加值能耗高的重要原因。在今后的城镇化进程中，避免大拆大建、发展建筑延寿技术、加强房屋和基础设施的修缮、维持建筑寿命对于我国产业结构转型和用能总量的控制具有重要意义。

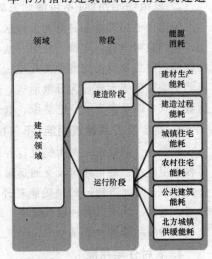

图 1.3　建筑领域能耗分类

1.2.2　建筑运行能耗

建筑运行能耗是指民用建筑的运行能源消耗，包括住宅、办公建筑、学校、商场、宾馆、交通枢纽、文体娱乐设施等非工业建筑。基于对我国民用建筑运行能耗的长期研究，考虑到我国南北地区冬季供暖方式的差别、城乡建筑形式和生活方式的差别，以及居住建筑和公共建筑人员活动及用能设备的差别，本书将我国的建筑用能分为四大类，分别是北方城镇供暖用能、城镇住宅用能(不包括北方城镇供暖用能)、商业及公共建筑用能(不包括北方地区供暖用能)，以及农村住宅用能(此处参考清华大学建筑节能研究中心的《中国建筑节能年度发展研究报告 2022》)。

1. 北方城镇供暖用能

北方城镇供暖用能指的是采取集中供暖方式的省、自治区和直辖市的冬季供暖能耗，包括各种形式的集中供暖和分散供暖。地域涵盖北京、天津、河北、山西、内蒙古、辽宁、吉林、黑龙江、山东、河南、陕西、甘肃、青海、宁夏、新疆的全部城镇地区，以及四川部分地区。西藏、川西、贵州部分地区等，冬季寒冷，也需要供暖，但由于当地的能源状况与北方地区完全不同，其问题和特点也很不相同，需要单独考虑。将北方城镇供暖部分用能单独计算的原因是，北方城镇地区的供暖多为集中供暖，包括大量的城市级别热网与小区级别热网。与其他建筑用能以楼栋或者以户为单位不同，这部分供暖用能在很大程度上与供暖系统的结构形式和运行方式有关，并且其实际用能数值也是按照供暖系统来统一统计核算，所以把这部分建筑用能作为单独一类，与其他建筑用能区别对待。目前的供暖系统按热源系统形式及规模分类，可分为大中规模的热电联产、小规模热电联产、区域燃煤锅炉、区域燃气锅炉、小区燃煤锅炉、小区燃气锅炉、热泵集中供暖等集中供暖方式，以及户式燃气炉、户式燃煤炉、空调分散供暖和直接电加热等分散供暖方式。使用的能源种类主要包括燃煤、燃气和电力。本书考察一次能源消耗，也就是包含热源处的一次能源消耗或电力的消耗，以及服务于供热系统的各类设备(风机、水泵)的电力消耗。这些能耗又可以划分为热源和热力站的转换损失、管网的热损失和输配能耗，以及最终建筑的得热量。

2. 城镇住宅用能(不包括北方城镇供暖用能)

城镇住宅用能指的是除北方地区的供暖能耗外，城镇住宅所消耗的能源。在终端用能途径上，包括家用电器、空调、照明、炊事、生活热水，以及夏热冬冷地区的冬季供暖能耗。城镇住宅使用的主要商品能源种类是电力、燃煤、天然气、液化石油气和城市燃气等。夏热冬冷地区的冬季供暖绝大部分为分散形式，热源方式包括空气源热泵、直接电加热等针对建筑空间的供暖方式，以及炭火盆、电热毯、电手炉等各种形式的局部加热方式，这些能耗都归入此类。

3. 商业及公共建筑用能(不包括北方地区供暖用能)

商业及公共建筑是指人们进行各种公共活动的建筑。包括办公建筑、商业建筑、旅游建筑、科教文卫建筑、通信建筑及交通运输类建筑，既包括城镇地区的公共建筑，也包含农村地区的公共建筑。除北方地区的供暖能耗外，建筑内由于各种活动而产生的能耗，包括空调、照明、插座、电梯、炊事、各种服务设施，以及夏热冬冷地区城镇公共建筑的冬季供暖能耗。公共建筑使用的商品能源种类是电力、燃气、燃油和燃煤等。

4. 农村住宅用能

农村住宅用能是指农村家庭生活所消耗的能源。其包括炊事、供暖、降温、照明、热水、家电等。农村住宅使用的主要能源种类是电力、燃煤、液化石油气、燃气和生物质能(秸秆、薪柴)等。其中的生物质能部分能耗没有纳入国家能源宏观统计，但作为农村住宅用能的重要部分，本书将其单独列出。

2020年，我国建筑运行的总商品能耗为10.6亿吨标准煤(tce)，约占全国能源消费总量的21%，见表1.1。

表1.1　2020年中国建筑运行能耗

用能分类	宏观参数	用电量/亿 kW·h	商品能耗/亿 tce	一次能耗强度
北方城镇供暖	156 亿 m²	639	2.14	13.7 kgce/m²
城镇住宅(不含北方地区供暖)	292 亿 m²	5 694	2.67	759 kgce/户
公共建筑(不含北方地区供暖)	140 亿 m²	10 221	3.46	24.7 kgce/m²
农村住宅	227 亿 m²	3 446	2.29	121 kgce/户
合计	14.1 亿人 660 亿 m²	20 000	10.6	

注：标准煤是指热值为 7 000 kcal/kg 的煤炭，能源折标准煤系数＝某种能源实际热值(kcal/kg)/7 000(kcal/kg)，13.7 kgce/m² 意为每平方米建筑运行消耗 13.7 kg 标准煤的能量

数据来源：清华大学建筑节能研究中心《中国建筑节能年度发展研究报告 2022》

1.2.3　我国建筑能耗的特点

我国建筑能耗的特点可归纳如下(图1.4)：

(1)北方建筑采暖能耗高、比例大，应为建筑节能的重点。

(2)长江流域大面积居住建筑新增采暖需求增加较多，是我国城镇住宅下阶段节能的重点。

(3)大型公共建筑能耗强度持续增长，节能潜力大，尤其是近年来许多城市新建的一些大体量并应用大规模集中系统的建筑，能耗强度大大高出同类建筑。

(4)城镇住宅户均能耗强度增长，主要是由于生活热水、空调、家电等用能需求增加。

(5)农村建筑能耗低，户均商品能耗缓慢增加，非商品能源目前有逐渐被商品能源(如电能)替代的趋势。

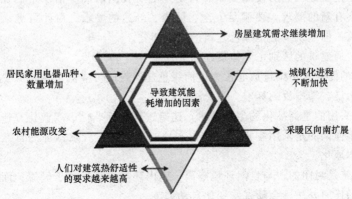

图1.4　导致建筑能耗增加的因素

1.3　建筑节能概述

1.3.1　建筑节能的含义

在建筑材料生产、房屋建筑施工及使用过程中，合理地使用、有效地利用能源，以便在满足同等需要或达到相同目的的条件下，尽可能降低能耗，以达到提高建筑舒适性和节省能源的目标。"节能"被称为煤炭、石油、天然气、核能之外的第五大能源，建筑节能已上升到前所未有的高度。自1973年世界发生能源危机以来，建筑节能的发展可分为三个阶段：第一阶段，称为"在建筑中节约能源"（energy saving in buildings），即现在所说的建筑节能；第二阶段，改称为"在建筑中保持能源"（energy conservation in buildings），即尽量减少能源在建筑物中的损失；第三阶段，普遍称为"在建筑中提高能源利用率"（energy efficiency improving in buildings）。我国现阶段所称的建筑节能，其含义已上升到上述的第三阶段，即在建筑中合理地使用能源及有效地利用能源，不断地提高能源的利用效率。

1.3.2　节能建筑、绿色建筑和智能建筑

节能建筑是按节能设计标准进行建筑设计和建造，使其在使用过程中降低能耗的建筑。节能建筑与普通建筑相比具有以下特征。

（1）冬暖夏凉。门、窗、墙体等使用的材料保温隔热性能良好，房屋东西向尽量不开窗或开小窗。

（2）通风良好。自然通风与人工通风结合，兼顾每个房间。

（3）光照充足。尽量采用自然光，天然采光与人工照明相结合。

（4）智能控制。采暖、通风、空调、照明等家电均可按程序集中管理。

绿色建筑是指在全寿命期内，节约资源、保护环境、减少污染，为人们提供健康、适用、高效的使用空间，最大限度地实现人与自然和谐共生的高质量建筑。其含义涉及三个层面：一是广义上的节约，包括节地、节水、节能、节材"四节"；二是保护环境，减少环境污染，减少二氧化碳排放；三是满足人们的使用要求，特别是随着我国居民生活水平的提高，对于建筑的居住和使用环境会有新的要求，要满足安全、健康、舒适的要求。由此可见，建筑节能的含义范围小于绿色建筑，但建筑节能是绿色建筑的核心部分。

绿色建筑与普通建筑的区别主要体现在以下几点：

（1）普通建筑的能耗及污染排放非常大，而绿色建筑耗能可降低70%～75%，有些发达国家达到零能耗、零污染、零排放的标准。

（2）普通建筑采用的是商品化的生产技术，建造过程的标准化、产业化，造成建筑风格大同小异；而绿色建筑强调的是采用本地的文化、本地的原材料，看重本地的自然和气候条件，这样在风格上完全本地化。

（3）传统的建筑是封闭的，与自然环境隔离，室内环境往往不利于健康；而绿色建筑的内部与外部采取有效的连通办法，会随气候变化自动调节。

（4）普通建筑形式仅仅在建造过程或使用过程中对环境负责；而绿色建筑强调的是从原材料的开采、加工、运输一直到使用，直至建筑物的废弃、拆除，都要对环境负责。

2019 年，国务院发布了《绿色建筑创建行动方案》，要求以城镇建筑作为创建对象，推动新建建筑全面实施绿色设计；完善星级绿色建筑标识制度；提升建筑能效水平；提高住宅健康性能；推广装配化建造方式；推动绿色建材应用；加强技术研发推广；建立绿色住宅使用者监督机制。

智能建筑是指以建筑物为平台，基于对各类智能化信息的综合应用，集架构、系统、应用、管理及优化组合为一体，具有感知、传输、记忆、推理、判断和决策的综合智慧能力，形成以人、建筑、环境互为协调的整合体，为人们提供安全、高效、便利及可持续发展功能环境的建筑。

在《智能建筑设计标准》（GB 50314—2015）总则中，明确规定"智能建筑工程设计应以建设绿色建筑为目标"，利用建筑智能化技术实现建筑节能，一方面是通过应用智能化技术实现建筑机电设备（包括空调、照明、供配电、电梯、给水排水等设备）的优化控制，提高设备运行效率，开发智能化技术在环保生态设施和系统中的应用，如对太阳能等可再生能源利用系统、雨污水综合利用系统的监控与管理等，与环保生态系统共同营造高效、低耗、无废、无污、生态平衡的建筑环境；另一方面是应用信息化技术建立能耗管理信息平台，对建筑能耗进行分类分项实时计量，通过对各类实时信息与历史数据的分析，实现科学的能源管理。由此可以看出，建筑智能化和建筑节能也是紧密相关的。

1.3.3 建筑节能的意义

1. 建筑节能是贯彻可持续发展战略、保证国家能源安全的重要措施

我国是一个发展中国家，人口众多，人均能源资源相对匮乏。人均耕地面积只有世界人均耕地面积的 1/3，人均水资源只有世界人均占有量的 1/4，已探明的煤炭储量只占世界煤炭储量的 11%，原油只占世界原油储量的 2.4%。目前，我国建筑用能浪费依然严重，而且建筑能耗增长的速度远远超过我国能源生产增长的速度。

经济增长和城镇化进程的加快对能源供应形成很大的压力，能源发展滞后于经济发展。所以，必须依靠节能技术的大范围使用来保障国民经济持续、快速、健康发展，推行建筑节能势在必行、迫在眉睫。而建筑节能也必将成为影响能源安全、优化能源结构、提高能源利用效率的关键因素，是贯彻可持续发展战略的关键。因此，建筑节能在我国可持续发展中占有重要地位。

2. 建筑节能可成为新的经济增长点

实践证明，只要因地制宜选择合适的节能技术，使居住建筑每平方米造价提高幅度在建筑成本的 5%～7%，即可达到节能目标的 50%。建筑节能的投资回报期一般为 5 年左右，与建筑物的使用寿命周期 50～100 年相比，其经济效益是非常明显的。节能建筑在一次投资后，可在短期内回收，且可在其寿命周期内长期受益。新建建筑节能和既有建筑的节能改造，将形成具有投资效益和环境效益双赢的新的经济增长点。

新的建筑节能材料的应用以及节能新技术的推广也可以成为建筑行业发展新的增长点，如光伏与建筑一体化的推广应用、"光储直柔"建筑配电系统等新的用能技术的发展，在市场经济的运行逻辑下，使其真正成为既有市场竞争力、同时也有较高的低碳效益的建筑节能新技术经济增长点。

3. 建筑节能可减少温室效应、改善大气环境

我国的煤炭和水力资源较为丰富，石油和天然气则需依赖进口。煤在燃烧过程中产生大量的二氧化碳、二氧化硫、氮氧化物、细颗粒物等污染物，二氧化碳造成地球的"温室效应"，二氧化硫、氮氧化物等污染物是生态环境变差的根源之一，细颗粒物（PM 2.5）是我国冬季北方地区雾霾天气的主要根源。在我国以煤为主的能源结构下，建筑节能可减少能源消耗，减少向大气排放的污染物，减少温室效应，改善大气环境。因此从这一角度讲，建筑节能即保护环境，浪费能源即污染环境。

4. 建筑节能可以改善室内热环境、提高人们的居住舒适水平

随着人民生活水平的不断提高，适宜的室内热环境已成为人们生活的普遍需要，是现代生活的基本标志。适宜的室内热环境也是确保人们健康，提高人们劳动生产率的重要措施之一。在发达国家，人们通过越来越有效地利用好资源来满足人们的各种需要。在我国，人们对建筑热环境的舒适性要求也越来越高。由于地理位置的特点，我国大部分地区冬冷夏热，与世界同纬度地区相比，一月份平均气温我国东北部低 14～18 ℃，黄河中下游低 10～14 ℃，长江以南低 8～10 ℃，东南沿海低 5 ℃左右；而在夏季，七月份平均气温，绝大部分地区却要高出世界同纬度地区 1.3～2.5 ℃，我国夏热问题比较突出。人们非常需要宜人的室内热环境，冬季采暖，夏季制冷，这些都需要能源的支持。因此，利用节能技术改善室内环境质量成为必然之路。

随着经济社会发展水平的提高，人民群众对美好居住环境的需求也越来越高。通过推进建筑节能与绿色建筑发展，以更少的能源资源消耗，为人民群众提供更加优良的公共服务、更加优美的工作生活空间、更加完善的建筑使用功能，将在减少碳排放的同时，不断增强人民群众的获得感、幸福感和安全感。

1.4 "双碳"目标的提出背景及建筑碳排放

2020 年，中央明确提出我国二氧化碳排放力争 2030 年前达到峰值，力争 2060 年前实现碳中和。这为我国建筑节能水平提出了新的更高的要求。

1.4.1 碳达峰及碳中和的含义

1. 碳排放量

碳排放量是指在生产、运输、使用及回收某产品时所产生的温室气体排放量。

2. 碳达峰

碳达峰（peak carbon dioxide emissions）是指特定区域或组织的二氧化碳排放在一段时间内达到峰值，之后在一定范围内波动，然后进入平稳下降阶段。这里的二氧化碳排放主要是指煤炭、石油、天然气等化石能源燃烧活动产生的二氧化碳排放。碳达峰是使碳排放量由增转降的历史拐点，标志着经济发展由高能耗、高排放阶段向清洁低能耗模式的转变。碳达峰的目标包括达峰时间和峰值。

3. 碳中和

碳中和（carbon neutrality）是指国家、企业、产品、活动或个人在一定时间内直接或间接产生的温室气体排放总量，通过植树造林、节能减排等形式，以抵消自身产生的温室气体排放量，实现正负抵消，达到相对"零排放"。

碳中和概念最早出现在 2018 年 10 月由世界气象组织（WMO）和联合国环境规划署（UNEP）联合成立的政府间气候变化专门委员会 IPCC 发布的《全球温升 1.5 ℃特别报告》，"净零二氧化碳排放，是指一段时间内全球人为二氧化碳排放量与人为二氧化碳移除量相平衡，与碳中和等同"，这里碳中和与净零二氧化碳等同，且是指全球层面。"净零排放"在净零二氧化碳排放之外还包括了非二氧化碳温室气体排放。

2021 年 12 月，中央经济工作会议结合新形势强调要正确认识和把握碳达峰碳中和，指出"实现碳达峰碳中和是推动高质量发展的内在要求，要坚定不移推进，但不可能毕其功于一役"。可见落实"双碳"目标依然是未来一项全局性、长期性的工作，挑战与机遇并存。

1.4.2 全球气候变暖的提出

全球气候变化主要是指温室气体增加导致的全球变暖，是美国气象学家詹姆斯·汉森于 1988 年 6 月在美国参众两院听证会上首先提出的。

全球变暖是指由于人类的活动，温室气体大量排放，全球大气二氧化碳、甲烷等温室气体浓度显著增加，使地球大气升温。

认为全球正在变暖的科学家指出，20 世纪后半叶是北半球 1 300 年来最为暖和的50 年。在过去的 100 年间，世界平均气温上升了 0.74 ℃，全球范围内冰川大幅度消融，世界各地洪水、干旱、台风、酷热等气象异常事件频发。到 20 世纪中期，全球海平面平均上升了 17 cm。我国《第三次气候变化国家评估报告》指出，1909—2011 年，我国陆地区域平均增温 0.9～1.5 ℃，略高于同期全球增温平均值；而近 60 年来变暖尤其明显，地表平均气温升高 1.38 ℃，平均每 10 年升高 0.23 ℃，几乎为全球的两倍。近 50 年来我国西北冰川面积减少了 21%，西藏冻土最大减薄了 4～5 m。据预测，未来 50～80 年，我国平均气温将上升 2～3 ℃。

全球性的气候变暖不仅会造成自然环境和生物区系的变化，而且对生态系统、经济和社会发展以及人类健康都将产生重大的有害影响。但也有科学家对全球变暖提出疑问。一些科学家认为，全球气候变化并非人类活动所致，主要是自然原因引起的，未来的气温将随太阳辐射强度的回落而下降，温室效应和人类工业活动没有必然联系。从一个较长时期看，地球气候变化主要是由地球所处的大生态期决定的，人类活动对气候的影响构不成主要因素；从短期看，太阳活动是气候变化的主要因素，太阳辐射与积融雪速率的关系影响着气候的变化，而人类在冰盖消融和冰雪融化问题上是能有所作为的。

1.4.3 温室气体的分类

人类对全球气候变化的影响主要来自温室气体的排放。温室气体包括二氧化碳（CO_2）、甲烷（CH_4）、氧化亚氮（N_2O）、臭氧（O_3）、氟利昂或氯氟烃类化合物（CFCs）、氢代氯氟烃类化合物（HCFCs）、氢氟碳化物（HFCs）、全氟碳化物（PFCs）、六氟化硫（SF_6）。其中，二氧化碳、甲烷、氧化亚氮和臭氧是自然界中原来就有的成分，而氟利昂或氯氟烃类化合物、氢代氯氟烃类化合物、氢氟碳化物、全氟碳化物和六氟化硫则是人类生产活动的产物。

1.4.4　我国的能源消费及碳排放

我国的经济是以煤为主要能源的"高碳经济"，近几十年来的经济高速发展是在人口数量巨大、人均收入低、能源强度大、能源结构不合理的条件下实现的，它使我国的资源和环境严重透支。

我国是当前世界上最大的煤炭生产国和消费国，能源消费主要依靠煤炭。根据国家统计局网站数据显示，2020 年我国能源消费总量为 49.8 亿吨标准煤，比 2019 年增长 2.2%，煤炭消费量增长 0.6%，原油消费量增长 3.3%，天然气消费量增长 7.2%，电力消费量增长 3.1%。煤炭消费量占能源消费总量的 56.9%，天然气、水电、核电、风电等清洁能源消费量占能源消费总量的 24.3%。虽然我国近些年大力发展洁净煤技术、光伏发电、风力发电和水力发电，在各行业推进节能减排并取得明显成效，但考虑到我国经济仍处于较快发展阶段及我国城镇化也处于较快发展阶段，所以全社会每年的用能仍要增加，虽然煤炭消费量在能源消费总量的占比在过去几年逐渐减少，但每年的煤炭消费量仍在缓慢增加，如图 1.5 所示。同时，石油消费、特别是天然气消费年增长较快，仍给全社会碳排放的控制带来很大压力。

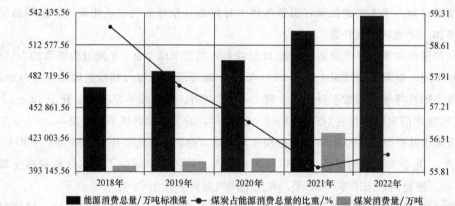

（图表来源：国家统计局网站 http://www.stats.gov.cn/）

图 1.5　2017—2021 年我国能源消费总量、煤炭消费量及其占比

中国、美国和印度是当前世界上每年碳排放量排名前三的国家，碳排放量分别约为 105.23 亿 t、47.01 亿 t、25.53 亿 t；考虑人口因素，美国是人均碳排放量最高的国家（图 1.6、图 1.7）。目前，美国已经发展成为发达国家，早在 2007 年便实现碳达峰，碳排放量已进入下降通道。我国与印度工业发展起步较晚，仍是发展中国家，因此经济发展仍需要大量的化石能源消耗，碳排放量仍在增长。

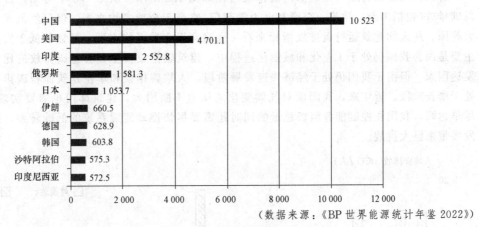

2021年全球二氧化碳排放量前十名国家（百万吨）

（数据来源：《BP 世界能源统计年鉴 2022》）

图 1.6　2021 年全球二氧化碳排放量前十名国家

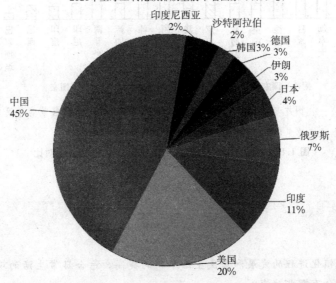

2021年全球二氧化碳排放量前十名国家（百万吨）

（数据来源：《BP 世界能源统计年鉴 2022》）

图 1.7　2021 年全球二氧化碳排放量前十名国家占比

1.4.5　中外建筑碳排放

根据清华大学建筑节能研究中心对我国建筑领域用能及排放的核算结果：2020 年我国建筑建造和运行用能占全社会总能耗的 32％，与全球比例接近。但我国建筑建造占全社会能耗的比例超过 10％，高于全球 6％的比例。建筑运行占我国全社会能耗的比例为 21％，仍低于全球平均水平，未来随着我国经济社会发展及生活水平的提高，建筑用能在全社会用能中的比例还将继续增长。从 CO_2 排放角度看，2020 年我国建筑建造和运行相关 CO_2 排放占全社会能源活动总 CO_2 排放量的比例约为 32％，其中建筑建造占比为 13％，建筑运行占比为 19％。

各国人均总碳排放与建筑部门碳排放占比如图1.8所示。从图1.8中可知，目前我国人均总碳排放（包括工业、建筑、交通和电力等部门）略高于全球平均水平，但仍然低于美国、加拿大等国。从人均建筑运行碳排放指标来看，也略高于全球平均水平，但显著低于发达国家，这主要是因为我国仍处于工业化和城镇化进程中，建筑碳排放占全社会总碳排放的比例仍然低于发达国家。但由于我国仍处于经济快速发展阶段，人均碳排放和单位建筑面积碳排放在未来仍处于增长阶段。近年来，我国应对气候变化的压力不断增大，建筑部门也需要实现低碳发展、尽早达峰，我国在控制能源消费总量的同时还需要尽快推动能源系统的低碳转型，这对我国的发展带来巨大挑战。

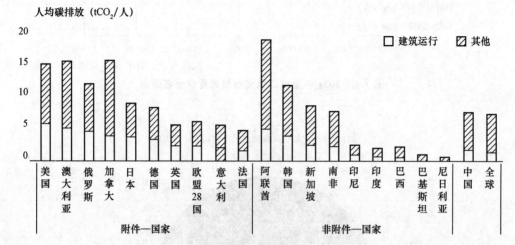

图片来源：清华大学建筑节能研究中心《中国建筑节能年度发展研究报告 2022》

注：附件为《联合国气候变化框架公约》中的附件

图 1.8　各国人均总碳排放与建筑部门碳排放占比对比

思 考 题

1. 随着我国城镇化进程的发展和居民生活水平的提高，结合日常生活的观察，请思考人们的用能习惯会有哪些改变？
2. 建筑能耗包括哪几个方面，可以怎样具体分类？
3. 我国建筑能耗的特点有哪些？未来会怎样发展？
4. 建筑节能的含义是什么？绿色建筑的含义是什么？
5. 碳达峰、碳中和的含义是什么？请查阅相关资料，了解我国的相关政策。

项目 2　建筑节能基础知识

◎ **知识目标**

1. 熟悉中国的建筑气候分区。
2. 掌握建筑节能的相关术语。
3. 掌握体形系数、窗墙面积比、传热系数和热惰性指标的计算。

◎ **能力目标**

能够结合相关规范、标准，评价某一建筑节能设计的优劣。

◎ **素质目标**

1. 培养认真、严谨的工作态度。
2. 提升民族自豪感、文化自信。

◎ **思政引领**

我国古代建筑经过几千年的进步，逐步发展为适合各种不同气候、不同地理区域的建筑，如北京四合院、江南民居、客家土楼、陕北窑洞、蒙古包等，成为我国辉煌历史文化中的一部分。

2.1　建筑气候分区

我国《公共建筑节能设计标准》(GB 50189—2015)中的气候分区从建筑热工设计的角度出发，以累年最冷月(1月)和最热月(7月)的平均温度作为分区主要指标，以累年日平均温度≤5 ℃和≥25 ℃的天数作为辅助指标，将全国划分为严寒、寒冷、夏热冬冷、夏热冬暖和温和五个气候区，主要城市所处气候分区见表2.1。

表 2.1　主要城市所处气候分区

气候分区及气候子区		代表城市
严寒地区	严寒 A 区	博克图、伊春、呼玛、海拉尔、满洲里、阿尔山、玛多、黑河、嫩江、海伦、齐齐哈尔、富锦、哈尔滨、牡丹江、大庆、安达、佳木斯、二连浩特、多伦、大柴旦、阿勒泰、那曲
	严寒 B 区	
	严寒 C 区	长春、通化、延吉、通辽、四平、抚顺、阜新、沈阳、本溪、鞍山、呼和浩特、包头、鄂尔多斯、赤峰、额济纳旗、大同、乌鲁木齐、克拉玛依、酒泉、西宁、日喀则、甘孜、康定

气候分区及气候子区		代表城市
寒冷地区	寒冷A区	丹东、大连、张家口、承德、唐山、青岛、洛阳、太原、阳泉、晋城、天水、榆林、延安、宝鸡、银川、平凉、兰州、喀什、伊宁、阿坝、拉萨、林芝、北京、天津、石家庄、保定、邢台、济南、德州、兖州、郑州、安阳、徐州、运城、西安、咸阳、吐鲁番、库尔勒、哈密
	寒冷B区	
夏热冬冷地区	夏热冬冷A区	南京、蚌埠、盐城、南通、合肥、安庆、九江、武汉、黄石、岳阳、汉中、安康、上海、杭州、宁波、温州、宜昌、长沙、南昌、株洲、永州、赣州、韶关、桂林、重庆、达县、万州、涪陵、南充、宜宾、成都、遵义、凯里、绵阳、南平
	夏热冬冷B区	
夏热冬暖地区	夏热冬暖A区	福州、莆田、龙岩、梅州、兴宁、英德、河池、柳州、贺州、泉州、厦门、广州、深圳、湛江、汕头、南宁、北海、梧州、海口、三亚
	夏热冬暖B区	
温和地区	温和A区	昆明、贵阳、丽江、会泽、腾冲、保山、大理、楚雄、曲靖、泸西、屏边、广南、兴义、独山
	温和B区	瑞丽、耿马、临沧、澜沧、思茅、江城、蒙自

1. 严寒地区

严寒地区是指累年最冷月平均温度低于或等于零下 10 ℃的地区，主要包括内蒙古和东北北部、新疆北部、西藏和青海北部地区。这一地区的建筑必须充分满足冬季保温要求，一般可不考虑夏季防热。

2. 寒冷地区

寒冷地区是指每年最冷月平均温度为 0～－10 ℃，主要包括华北、新疆和西藏南部地区及东北南部地区。这一地区的建筑应满足冬季保温要求，部分地区兼顾夏季防热。

3. 夏热冬冷地区

夏热冬冷地区是指累年最冷月平均温度为 0～10 ℃，最热月平均温度为 25～30 ℃的地区，主要包括长江中下游地区，以及南岭以北、黄河以南的地区。这一地区的建筑必须满足夏季防热要求，适当兼顾冬季保温。

4. 夏热冬暖地区

夏热冬暖地区是指累年最冷月平均温度高于 10 ℃，最热月平均温度为 25～29 ℃的地区，括南岭以南及南方沿海地区。这一地区的建筑必须充分满足夏季防热要求，一般可不考虑冬季保温。

5. 温和地区

温和地区是指累年最冷平均温度为 0～13 ℃，最热月平均温度为 18～25 ℃的地区，主要包括云南、贵州西部及四川南部地区。这些地区中，部分地区的建筑应考虑冬季保温，一般可不考虑夏季防热。

由此可知，建筑的节能设计必须与当地气候特点相适应。我国幅员辽阔，地形复杂。由于当地纬度、地势和地理条件等不同，因此各地气候差异很大。不同的气候条件会对节能建筑的设计提出不同的设计要求。如炎热地区的节能建筑需要考虑建筑防热综合措施，以防夏季室内过热；严寒、寒冷和部分气候温和地区的节能建筑则需要考虑建筑保温的综合措施，以防冬季室内过冷；夏热冬冷地区和部分寒冷地区夏季较为炎热，冬季又较为寒冷，此时节能建筑不但要考虑夏季隔热，还需要兼顾冬季保温。为了体现节能建筑和地区气候间的科学联系，做到因地制宜，必须做出考虑气候特点的节能设计气候分区，以使各类节能建筑能充分利用和适用当地的气候条件，同时防止和削弱不利气候条件的影响。

2.2 建筑节能术语

1. 围护结构

围护结构是指分隔建筑室内与室外，以及建筑内部使用空间的建筑部件。其可分为外围护结构和内围护结构。外围护结构包括外墙、屋面、外窗、外门（包括阳台门）等；内围护结构包括分户墙、顶棚和楼板。外围护结构部分是建筑节能设计重点关注的部位。

2. 热桥

热桥在北方地区又称为冷桥，是南北方对同一事物现象的叫法，主要是指在建筑物外围护结构与外界进行热量传导时，由于围护结构中的某些部位的传热系数明显大于其他部位，使得热量集中地从这些部位快速传递，从而增大了建筑物的空调、采暖负荷及能耗。

常见的热桥部位为钢筋混凝土的圈梁、过梁、柱子等部位，在室内外温差作用下，形成热流密集、内表面温度较低的部位，这些部位如果处理不当，会在其内表面出现结露、结霜的现象。

为此，热桥部位在设计时，要采取保温措施，以保证内表面温度不低于室内空气露点温度。

3. 导热系数（λ）和热阻（R）

导热系数（λ）是指在稳定传热条件下，1 m 厚的材料，两侧表面的温差为 1 K（或℃），在 1 s 内通过 1 m² 面积传递的热量，单位为 W/(m·K)（此处 K 可用℃代替）。

热阻（R）是材料层抵抗热流通过的能力，其大小等于材料厚度与导热系数的比值，单位为 (m²·K)/W，其计算公式为

$$R = \frac{\delta}{\lambda} \tag{2-1}$$

式中 R——材料层的热阻[(m²·K)/W]；

δ——材料层的厚度(m)；

λ——材料的导热系数[W/(m·K)]，根据《民用建筑热工设计规范》(GB 50176—2016)中的附录 B 取值。

4. 体形系数（S）

体形系数（S）是指建筑物与室外大气接触的外表面积与其所包围体积的比值，外表面积不包括地面和不供暖楼梯间内墙的面积。一般来说，体形系数越小对节能越有利，从降低建筑能耗的角度出发，应该将体形系数控制在一个较低的水平上。

5. 窗墙面积比

窗墙面积比是指建筑某一个立面的窗户洞口面积与该立面的总面积之比，普通窗户的保温隔热性能比外墙差很多，而且夏季白天太阳辐射还可以通过窗户直接进入室内。一般来说，窗墙面积比越大，建筑物的能耗也越大。

平均窗墙面积比（CM）是指整栋建筑外墙面上的窗及阳台门的透明部分的总面积与整栋建筑外墙面的总面积（包括其中的窗及阳台门的透明部分面积）之比。

6. 传热系数（K）和传热阻（R_0）

传热系数（K）是指在稳态条件下，围护结构两侧空气温度差为 1 K，单位时间内通过 1 m² 面积传递的热量，单位是 W/(m²·K)，是表征围护结构传递热量能力的指标。K 值越小，围护结构的传热能力越低，其保温隔热性能越好。例如，180 厚钢筋混凝土墙的传热系数是

3.26 W/(m²·K)；普通 240 砖墙的传热系数是 2.1 W/(m²·K)；190 厚加气混凝土砌块的传热系数是 1.12 W/(m²·K)，由此可知，190 厚加气混凝土砌块的保温性能优于 240 砖墙，更优于 180 厚的钢筋混凝土墙。

传热阻(R_0)是表征围护结构本身加上两侧空气边界层作为一个整体的阻抗传热能力的物理量，传热阻是传热系数 K 的倒数，即 $R_0 = 1/K$，单位是 $(m^2·K)/W$，由此，围护结构的传热阻 R_0 值越大，保温性能越强。

7. 蓄热系数(S)

蓄热系数(S)是指当某一足够厚的单一材料层一侧受到谐波热作用时，表面温度将按同一周期波动，是通过表面的热流波幅与表面温度波幅的比值，单位为 W/(m²·K)，其是材料在周期性热作用下得出的一个热物理量。材料的蓄热系数越大，其热稳定性越大，越有利于材料隔热。

8. 热惰性指标(D)

热惰性指标(D)是表征围护结构对温度波衰减快慢程度的无量纲指标，其值等于材料层热阻与蓄热系数的乘积。D 值越大，温度波在其中的衰减越快，围护结构的热稳定性越好，越有利于节能；D 越小，建筑内表面温度会越高，影响人体热舒适性。其计算公式为

$$D = S \times R \tag{2-2}$$

式中　S——材料蓄热系数 $[W/(m^2·K)]$，根据《民用建筑热工设计规范》(GB 50176—2016)中的附录 B 取值；

　　　R——材料热阻 $[(m^2·K)/W]$，实验室检测或者查《民用建筑热工设计规范》(GB 50176—2016)获得。

例如，200 厚的烧结普通砖，$S = 10.63$ W/(m²·K)，$R = 0.25$ (m²·K)/W，按照式(2-2)得出 $D = 2.62$。200 厚的加气混凝土砌块 $D = 3.26$，则加气混凝土砌块的热稳定性优于烧结普通砖。

9. 遮阳系数(SC)

遮阳系数(SC)是指实际透过窗玻璃的太阳辐射得热与透过 3 mm 透明玻璃的太阳辐射热的比值。它是表征窗户透光系统遮阳性能的无量纲指标，其值在 0～1 范围内变化。SC 越小，通过窗户透光系统的太阳辐射得热量越小，其遮阳性能越好。其计算公式为

$$SC = \frac{g}{\tau_s} \tag{2-3}$$

式中　SC——试样的遮阳系数；

　　　g——试样的太阳能总透射比(%)；

　　　τ_s——3 mm 厚的普通透明玻璃的太阳能总透射比，理论值为 88.9%。

外窗的综合遮阳系数(SW)是考虑窗本身和窗口的建筑外遮阳装置综合遮阳效果的系数。其值为窗本身的遮阳系数(SC)与窗口的建筑外遮阳系数(SD)的乘积，其计算公式为

$$SW = SD \times SC \tag{2-4}$$

我国南方地区，建筑外窗对室内热环境和空调负荷影响很大，通过外窗进入室内的太阳辐射热几乎不经过时间延迟就会对房间产生热效应。特别是在夏季，太阳辐射如果未受任何控制射入房间，将导致室内环境过热和空调能耗的增加。因此，采取有效的遮阳措施，降低外窗太阳辐射形成的空调负荷，是实现居住建筑节能的有效方法。由于一般公共建筑的窗墙面积比较大，因而太阳辐射对建筑能耗的影响很大。为了节约能源，应对窗口和透明幕墙采取外遮阳措施。

10. 保温和隔热

保温通常是指外围护结构(包括屋顶、外墙、门窗等)在冬季阻止由室内向室外传热，从而使室内保持适当温度的能力。

隔热通常是指围护结构在夏季隔离太阳辐射热和室外高温的影响，从而使其内表面保持适当温度的能力。

保温和隔热的区别有以下几点：

（1）传热过程不同：保温针对冬季，以稳定传热为主（冬季室外气温在一天中变化很小），隔热针对夏季，以不稳定传热为主（夏季室外气温在一天中变化较大）。

（2）评价指标不同：保温通常以传热系数或传热阻评价，隔热通常以热惰性指标评价，透明玻璃用遮阳系数评价。

（3）节能措施不同：保温应当降低材料传热系数，提高热阻，采用轻质多孔或纤维类材料；隔热不仅要提高材料的热阻，还要提高材料的热稳定性，即提高材料的热惰性指标，对于外窗还应该降低玻璃的遮阳系数或设置遮阳。

11. 可见光透射比（$Tvis$）

可见光透射比是指透过透明材料的可见光光通量与投射在其表面上的可见光光通量之比。

12. 被动采暖

被动采暖是指不通过专用采暖设备，只利用外部辐射得热和室内得热，提高室内温度的做法。

13. 采暖期天数（Zh）

采暖期天数是指累年日平均温度低于或等于 5 ℃的天数，单位为 d。

14. 采暖期室外平均气温（to）

采暖期室外平均气温是指当地气象台（站）冬季室外平均温度低于或等于 5 ℃的累年平均值，单位为 ℃。

15. 采暖度日数（$HDD18$）

采暖度日数是指室内基准温度 18 ℃与采暖期室外平均温度之间的温差，乘以采暖期天数的数值，单位为 ℃·d。

采暖度日数是一个按照建筑采暖要求反映某地气候寒冷程度的参数。室外空气温度是随时随地变化的，每个地方每天都有一个不同的日平均温度，一年 365 d 就有 365 个日平均温度。通过规定一个室内基准温度，例如 18 ℃，那么在某地的这 365 个日平均温度中，一定是有些高于 18 ℃，有些低于 18 ℃。将每一个低于 18 ℃ 的日平均温度与 18 ℃之间的差乘以 1 d，得到一个以"摄氏度·日"（℃·d）为单位的数值，将所有这些数值累加起来，就得到了某地以 18 ℃为基准的采暖度日数，可以用 $HDD18$ 表示。同样的道理，也可以统计出以其他温度为基准的采暖度日数，如以 20 ℃为基准的 $HDD20$。

将统计的时间从一年缩短到一个采暖期，就得到采暖期的采暖度日数。一个地方的采暖度日数大致反映了该地气候的寒冷程度，采暖度日数越大表示该地越寒冷，例如，哈尔滨的采暖度日数就远大于北京的采暖度日数。

16. 空调度日数（$CDD26$）

空调度日数是指一年中，当某天室外平均温度高于 26 ℃时，将高于 26 ℃的度数乘以 1 d，并将此乘积累加。

17. 典型气象年（TMY）

以近 30 年的月平均值为依据，从近 10 年的资料中选取一年各月接近 30 年的平均值作为典型气象年。由于选取的月平均值在不同的年份，资料不连续，还需要进行月间平滑处理。

18. 建筑物耗热量指标（q_h）

建筑物耗热量指标是指在设计计算用采暖期室外平均温度条件下，为保持室内全部房间平均计算温度为 18 ℃，单位建筑面积在单位时间内消耗的、需由室内供暖设备提供的热量，单位为 W/m²。

19. 建筑物耗冷量指标（q_c）

建筑物耗冷量指标是指在设计计算用空调降温期室外平均温度条件下，为保持室内全部房间平均计算温度为 26 ℃，单位建筑面积在单位时间内消耗的、需由室内空调设备提供的制冷量，单位为 W/m²。

2.3 建筑节能计算基础

2.3.1 体形系数

体形系数是指建筑物与室外大气接触的外表面积与其所包围体积的比值。其计算公式为

$$S = F_0/V_0 \tag{2-5}$$

式中　S——体形系数；

　　　F_0——建筑物与室外大气接触的外表面积（m^2）（不包括地面和不采暖楼梯间隔墙和户门的面积）；

　　　V_0——外表面所包围的建筑体积（m^3）。

计算要求如下：

（1）建筑外墙面面积应按各层外墙外包线围成的面积总和计算。

（2）建筑物外表面积应按墙面面积、屋顶面积和下表面直接接触室外空气的楼板（外挑楼板、架空层顶板）面积的总面积计算，不包括地面面积，不扣除外门窗面积。

（3）建筑体积应按建筑物外表面和底层地面围成的体积计算。

体形系数的大小对建筑能耗的影响非常显著。体形系数越小，单位建筑面积对应的外表面积越小，外围护结构的传热损失就越小。因此，从降低建筑能耗的角度出发，应该将体形系数控制在一个较低的水平。但体形系数的大小与建筑造型、平面布局、采光通风等条件紧密相关。体形系数限值规定过小，将制约建筑师们的创造性，造成建筑造型呆板，平面布局困难，甚至损害建筑功能。

例题 2-1　三栋建筑物，每栋有 10 层，建筑高度为 30 m，每层建筑面积都为 600 m^2，平面形状如图 2.1 所示，试求三栋建筑物的体形系数。

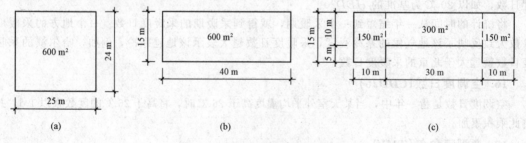

图 2.1　不同平面形状的建筑尺寸

（a）示意一；（b）示意二；（c）示意三

若三栋建筑楼层改为 6 层 18 m 高时，其体形系数的变化如何？请思考体形系数该如何控制。

实际工程中，控制体形系数的做法如下：

（1）减少建筑的面宽，加大建筑的进深。面宽与进深之比不宜过大，长宽比应适宜。

（2）增加建筑的层数，多分摊屋面或架空楼板面积。

（3）建筑体型不宜变化过多，立面不宜太复杂，造型宜简练。

例题 2-1 解答

2.3.2 窗墙面积比

窗墙面积比是指窗户洞口面积与其所在外立面面积的比值，按下式计算：

$$X = \frac{\sum A_c}{\sum A_w} \tag{2-6}$$

式中 X——窗墙面积比；

$\sum A_c$——同一朝向的外窗(含透明幕墙)及阳台门透明部分洞口总面积(m^2)；

$\sum A_w$——同一朝向外墙总面积(含该外墙上的窗面积)(m^2)。

平均窗墙面积比是指整栋建筑某一相同朝向的外墙面上的窗及阳台门的透明部分的总面积与该朝向的外墙面的总面积(包括外墙中窗和门的面积)之比。

例题 2-2 某办公建筑南面为 32 m(4 m，8 开间)，层高 3 m，共 4 层，每层设窗(3 m 宽×1.5 m 高)各 8 个，求此建筑南面的平均窗墙比。

例题 2-2 解答

外窗的保温隔热能力明显弱于外墙和屋面，是建筑节能中的薄弱部位。近年来，公共建筑和住宅建筑的窗墙面积比有越来越大的趋势，这是由于人们希望室内有更通透明亮的空间，以及更独特的外立面的造型，但与此同时建筑的热工性能也变差，导致室内的能耗大大增加，特别是在冬季和夏季，采暖和空调的用能巨大。从节能角度出发，应限制窗墙面积比，窗墙面积比越大，采暖、空调的能耗也越大。一般情况下，应以满足室内采光要求作为窗墙面积比的确定原则。

2.3.3 传热系数

传热系数是指在稳态条件下，围护结构两侧空气温度差为 1 K，单位时间内通过 1 m^2 面积传递的热量，单位为 W/(m^2·K)，是表征围护结构传递热量能力的指标。

传热系数的计算包括热阻和传热阻的计算。

1. 单一材料层的热阻计算

$$R_j = \frac{\delta_j}{\lambda_{cj}} \tag{2-7}$$

式中 δ_j——材料层厚度(m)；

λ_{cj}——材料计算导热系数[W/(m·K)]；

R_j——材料的热阻[(m^2·K)/W]。

2. 围护结构热阻计算

由于墙体往往由若干层材料组成，其热阻值为各层材料热阻值之和。即

$$\sum R = R_1 + R_2 + \cdots\cdots + R_n = \frac{\delta_1}{\lambda_1} + \frac{\delta_2}{\lambda_2} + \cdots\cdots + \frac{\delta_n}{\lambda_n}$$

式中 R_1、R_2、$\cdots$、R_n——各层材料的热阻[(m^2·K)/W]；

δ_1、δ_2、$\cdots$、δ_n——各层材料的厚度(m)；

λ_1、λ_2、$\cdots$、λ_n——各层材料的导热系数[W/(m·K)]。

3. 围护结构传热阻计算

$$R_0 = R_i + \sum R + R_e$$

式中　R_i——内表面换热阻。一般情况下 $R_i = 0.11(m^2 \cdot K)/W$。

　　　　R_e——外表面换热阻。一般情况下 $R_e = 0.04(m^2 \cdot K)/W$（冬季）或 $0.05(m^2 \cdot K)/W$（夏季）。

内表面换热阻（R_i）、外表面换热阻（R_e）围护结构两侧表面空气边界层阻抗传热能力的物理量。

4. 传热系数计算

$$K = \frac{1}{R_0} = \frac{1}{R_i + \sum R + R_e}$$

例题 2-3　某工程外墙采用内保温形式，从内到外，材料层为 50 mm 厚胶粉聚苯颗粒保温浆料、200 mm 厚钢筋混凝土、20 mm 厚水泥砂浆，试计算该墙体的传热系数与热阻［所用材料导热系数：胶粉聚苯颗粒保温浆料 0.060 W/(m·K)，钢筋混凝土 1.74 W/(m·K)，水泥砂浆取 0.93 W/(m·K)，$R_i = 0.11(m^2 \cdot K)/W$，$R_e = 0.04(m^2 \cdot K)/W$］。

2.3.4　热惰性指标

热惰性指标是综合反映建筑物外墙隔热能力的基本指标，是目前评价居住建筑节能设计标准中评价外墙和屋面隔热能力的一个设计指标，表征围护结构反抗温度波动和热流波动能力的无量纲指标，其值等于材料层热阻与蓄热系数的乘积，以 D 来表示，热惰性指标 D 值越大，温度波在其中的衰减越快，围护结构的热稳定性越佳，其隔热能力越强。

例题 2-3 解答

单一材料围护结构的 D 值，其公式为

$$D = R \times S = \frac{\delta}{\lambda} \times S$$

式中　D——热惰性指标；

　　　　R——材料层热阻［$(m^2 \cdot K)/W$］；

　　　　S——材料蓄热系数［$W/(m^2 \cdot K)$］，各材料 S 值可通过查阅相关规范得到；

　　　　δ——材料的厚度(m)；

　　　　λ——材料的导热系数［$W/(m \cdot K)$］。

多层围护结构的热惰性指标计算：

$$\sum D = D_1 + D_2 + \cdots\cdots + D_n = R_1 S_1 + R_2 S_2 + \cdots\cdots + R_n S_n$$

例题 2-4　根据例题 2-3 的已知条件，胶粉聚苯颗粒保温浆料的 S 值取 1.9 $W/(m^2 \cdot K)$，钢筋混凝土 S 值取 17.06 $W/(m^2 \cdot K)$，水泥砂浆取 11.31 $W/(m^2 \cdot K)$，求其热惰性指标 D 值。

例题 2-4 解答

思 考 题

1. 我国的气候分区如何划分？不同地区对建筑的节能要求是什么？

2. 请自行查阅我国传统民居中是如何采取建筑保温和防热措施的。

3. 围护结构与建筑节能的关系是什么？

4. 保温与隔热的联系与区别是什么？

5. 请自行完成 2.3 节的计算例题。

项目3 建筑热工学原理

◎ 知识目标

1. 掌握导热、对流、辐射传热的原理。
2. 掌握温室效应原理。
3. 熟悉建筑热工设计的一般要求。

◎ 能力目标

能够结合建筑热工学判断某一建筑物室内过热或过冷的原因。

◎ 素质目标

1. 培养认真严谨的工作态度。
2. 培养团队合作精神和职业素养。

◎ 思政引领

党的二十大报告指出：大自然是人类赖以生存和发展的基本条件。尊重自然、顺应自然、保护自然，是全面建设社会主义现代化国家的内在要求。必须牢固树立和践行绿水青山就是金山银山的理念，站在人与自然和谐共生的高度谋划发展。

建筑热工学是研究建筑物室内外热湿作用对建筑围护结构和室内热环境的影响，研究、设计改善热环境的措施，提高建筑物的使用质量，以满足人们工作和生活需要的学科。本项目主要介绍建筑热工学中与建筑节能相关的内容。

3.1 建筑传热基础知识

传热是指物体内部或者物体与物体之间热能转移的现象。凡是一个物体的各个部分或物体与物体之间存在着温度差，就必然有热能的转移现象发生。建筑物内外热流的传递状况是随发热体（热源）的种类、受热体（房屋）部位及其媒介（介质）围护结构的不同情况而变化的。热流的传递称为传热。

3.1.1 自然界的传热

建筑中的传热依赖于自然界中的传热原理，即热量从高温物体传向低温物体，其传热方式根据传热机理的不同有导热、对流、辐射三种。

1. 导热

导热又称为热传导，是指温度不同的物体直接接触时，靠物质微观粒子的热运动而引起的热能转移现象。建筑导热主要是指墙体内侧和外侧温度不同所进行的热量传递。导热可以在固体、液体和气体中发生，但只有在密实的固体中才存在单纯的导热过程，其各自的导热机理不同。固体导热是由于相邻分子发生的碰撞和自由电子迁移引起的热能传递；液体导热是由于平衡位置间歇移动着的分子振动引起的；气体导热是通过分子无规则运动时相互碰撞引起的热能传递。

导热系数 λ 是表征材料导热能力大小的物理量，单位为 W/(m·K)。

各种材料导热系数 λ 的大致范围如下。

气体：0.006～0.6 W/(m·K)；

液体：0.07～0.7 W/(m·K)；

金属：2.2～420 W/(m·K)；

建筑材料和绝热材料：0.025～3 W/(m·K)。

工程上常将 λ 值为 0.20 W/(m·K) 作为保温材料和非保温材料的分界值。$\lambda > 0.20$ W/(m·K) 的材料一般不应作为保温材料使用。绝热材料一般是轻质、疏松、多孔的纤维状材料。建筑中常用的绝热材料有石棉、硅藻土、珍珠岩、玻璃纤维、泡沫混凝土、聚苯乙烯泡沫塑料、聚氨酯泡沫塑料等。

另外，静止干燥的空气在常温、常压下导热系数很小，所以围护结构空气层中静止的空气具有良好的保温能力。

材料导热系数的影响因素：不同材料的导热系数不但因物质的种类而异，而且与材料的温度、湿度、压力和密度等因素有关，而影响导热系数的主要因素是材料的密度和湿度。

(1)干密度。材料的干密度反映材料密实的程度，材料越密实，干密度越大，材料内部的孔隙越少，其导热性能也就越强。在建筑材料中，一般来说，干密度大的材料导热系数也大，尤其是像泡沫混凝土、加气混凝土等一类多孔材料，表现得很明显，但是对于一些干密度较小的保温材料，特别是某些纤维状材料和发泡材料，如玻璃棉，当密度低于某个值以后，导热系数反而会增大。在最佳密度下，该材料的导热系数最小。

(2)湿度。建筑材料含水后，水或冰填充了材料孔隙中空气的位置，导热系数将显著增大，水的导热性能约比空气高 20 倍，因此，材料含湿量的增大必然使导热系数值增大。在进行建筑保温、隔热、防潮设计时，都必须考虑到这种影响。

(3)温度。大多数材料的导热系数随温度的升高而增大，工程计算中，导热系数常取使用温度范围内的算术平均值，并把它作为常数看待。

(4)热流方向。各向异性材料(如木材、玻璃纤维)，平行于热流方向时，导热系数较大，垂直于热流方向时，导热系数较小。

2. 对流

对流是由于温度不同的各部分流体之间发生相对运动、互相掺和而传递热能。因此，对流传热发生在流体(液体、气体)中或者是固体表面和与其紧邻的运动流体之间，如图 3.1 所示。

对流可分自然对流和强迫对流两种。自然对流往往自然发生，是由于浓度差或者温度差引起密度变化而产生的对流。流体内的温度梯度会引起密度梯度变化，若低密度流体在下，高密度流体在上，则将在重力作用下形成自然对流。如在采暖房间中，采暖设备周围的空气

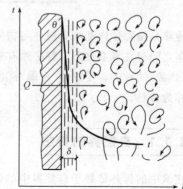

图 3.1　固体面与其紧邻的流体对流传热

被加热升温，密度减小上浮，临近较冷空气，密度较大下沉，形成对流传热；在门窗附近，由缝隙进入的冷空气，温度低、密度大，流向下部，热空气上升，又被冷却下沉形成对流换热。强迫对流是由于外力的推动而产生的对流，加大液体或气体的流动速度，能加快对流传热。如冬季开窗后，室外冷空气进入室内，导致室内温度下降，即为风作用下的受迫对流。

图 3.1 表示一固体面与其紧邻的流体对流传热情况。假设固体表面温度 θ 高于流体温度 t，则热流由固体表面传向流体。若仔细观察对流传热过程，可以看出：因受摩擦力的影响，在紧贴固体壁面处有一平行于固体壁面流动的流体薄层，称为层流边界层，其垂直壁面的方向主要传热方式是导热，它的温度分布呈倾斜直线状；而在远离壁面的流体核心部分，流体呈素流状态，因流体的剧烈运动而使温度分布比较均匀，呈一水平线；在层流边界层与流体核心部分之间为过渡区，温度分布可近似看作抛物线。由此可知，对流换热的强弱主要取决于层流边界层内的换热与流体运动发生的原因、流体运动状况、流体与固体壁面温差、流体的物性、团体壁面的形状、大小位置等因素。

3. 辐射

辐射是指依靠物体表面向外发射电磁波（能显著产生热效应的电磁波）来传递能量的现象。参与辐射热交换的两物体不需要直接接触，这是有别于导热和对流换热的地方。如太阳和地球。人们将电磁波分成不同波段，如图 3.2 所示，其中波长在 $0.76 \sim 1\,000\ \mu m$ 范围称为红外线，照射物体能产生热效应，也称为热辐射。所以，辐射传热与导热和对流换热有根本区别。

（1）辐射传热的特点。

1）辐射换热与导热、对流换热不同，它不依靠物质的接触而进行热量传递。

2）辐射换热过程伴随着能量形式的两次转化，即物体的部分内能转化为电磁波能发射出去，当此电磁波能射到另一物体表面而被吸收时，电磁波能又转化成内能。

3）一切高温物体只要温度高于绝对零度（0 K），都会不断发射热射线，当物体有温差时，高温物体辐射给低温物体的能量多于低温物体辐射给高温物体的能量。

（2）物体的辐射特性。物体对外来辐射的反应分为反射、吸收和透射，如图 3.3 所示，它们与入射辐射的比值分别叫作物体对辐射的反射系数 r、吸收系数 ρ、透过系数 τ。以入射辐射为 1，则 $r+\rho+\tau=1$。

物体按其辐射特性分为黑体、白体、透明体和灰体。

1）黑体：对外来辐射全吸收的物体，辐射能力最大，$\rho=1$。

2）白体：对外来辐射全反射的物体，$r=1$。

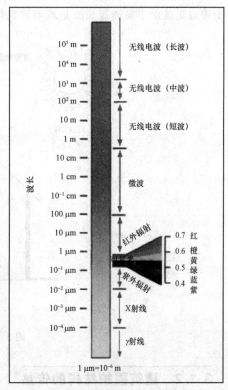

图 3.2　太阳辐射电磁波谱图

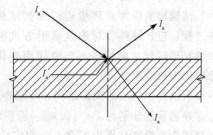

图 3.3　辐射热的吸收、反射与透射

3）透明体：对外来辐射全透过的物体，$\tau = 1$。

4）灰体：自然界中介于黑体与白体之间的不透明物体。一般建筑材料均可看作灰体。

（3）影响材料吸收率、反射率、透射率的因素。材料的吸收系数、反射系数、透射系数是物体表面的辐射特性，与物体的性质、温度及表面状况有关，还与辐射能量的波长分布有关。

对于任一特定的波长，材料表面对外来辐射的吸收系数与其自身的发射率或黑度在数值上是相等的，所以材料的辐射能力越大，它对外来辐射的吸收能力也越大。常温下，一般材料对辐射的吸收系数可取其黑度值，对来自太阳的辐射，材料的吸收系数并不等于物体表面的黑度。

物体对不同波长的外来辐射的反射能力不同，对短波辐射，颜色起主导作用；但对长波辐射，材性（导体还是非导体）起主导作用。在阳光下，黑色物体与白色物体的反射能力相差很大，白色反射能力强；而在室内，黑、白物体表面的反射能力相差极小。对于建筑物来说，外围护结构的外表面涂成白色或浅色，而且做得光滑，可以减少对太阳辐射热的吸收，对防热是有好处的。

玻璃作为建筑常用的材料属于选择性辐射体，其透射率与外来辐射的波长有密切的关系。易于透过短波而不易透过长波是玻璃建筑具有温室效应的原因，如图 3.4 所示。

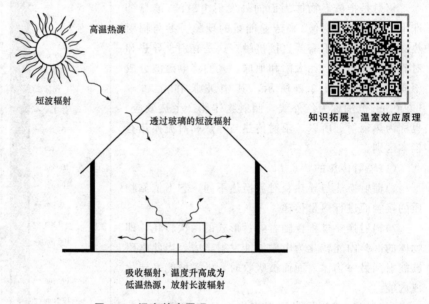

图 3.4　温室效应原理

3.1.2　建筑围护结构的传热

1. 平壁的稳定传热过程

建筑物室内外热环境通过围护结构而进行的热量交换过程，包含导热、对流及辐射方式的换热，是一种复杂的换热过程。温度场不随时间而变化的传热过程叫作稳定的传热过程。

假设一个三层的围护结构，平壁厚度分别为 d_1、d_2、d_3，导热系数分别为 λ_1、λ_2、λ_3。围护结构两侧空气及其他物体表面温度分别为 t_i 和 t_e，假定 $t_i > t_e$（图 3.5）。室内通过围护结构向室外传热的整个过程，要经历以下三

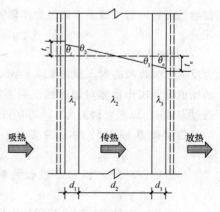

图 3.5　平壁稳定传热

个阶段：

（1）内表面吸热（因 $t_i>\theta_i$，对平壁内表面来说得到热量，所以叫作吸热）。其是对流换热与辐射换热的综合过程。

（2）平壁材料层的导热。材料层的导热量与材料层的结构、材料的热阻、厚度等有关。

（3）外表面的散热（因 $\theta_e>t_e$，平壁外表面失去热量，所以叫作散热）。其与平壁内表面吸热相似，只不过是平壁把热量以对流及辐射的方式传给室外空气及环境。

由此可知，建筑物的传热通常是以辐射、对流、导热 3 种方式同时进行，是综合作用的效果。

以屋顶某处传热为例，太阳照射到屋顶某处的辐射热，其中 $20\%\sim30\%$ 的热量被反射，其余一部分热量以导热的方式经屋顶的材料传向室内，另一部分则由屋顶表面向大气辐射，并以对流换热的方式将热量传递给周围空气，如图 3.6 所示。

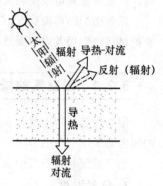

图 3.6 屋顶传热示意

需要注意的是：建筑物围护结构的内、外热作用是随室外环境改变而变化的，由于室外的气候和天气随时间的变化而变化，所以建筑物围护结构的内、外热作用也要不同程度地随着时间而变化，如果外界热作用随着时间而呈周期性变化，则称为周期性传热。

由于气候的变化接近周期性变化，如一年四季春夏秋冬，周而复始，一天中的周期性变化以日出日落、昼夜交替为特征，所以建筑物围护结构的内、外热作用实际上可以认为是一种周期性热作用。

2. 建筑得热与失热的途径

冬季采暖房屋的正常温度是依靠采暖设备的供暖和围护结构的保温之间相互配合，以及建筑的得热量与失热量的平衡得以实现。可用下式表示：

$$建筑物总得热＝采暖设备散热＋建筑物内部得热＋太阳辐射得热 \qquad (3\text{-}1)$$

非采暖区的房屋建筑分为两类：一类是采暖房屋有采暖设备，总得热同式(3-1)；第二类，没有采暖设备，总得热为建筑物内部得热加太阳辐射得热两项，一般仍能保持比室外日平均温度高 $3\sim5$ ℃。

对于有室内采暖设备散热的建筑，室内外日平均温差，北京地区可达 $20\sim27$ ℃，哈尔滨地区可达 $28\sim44$ ℃。由于室内外存在温差，且围护结构不能完全绝热和密闭，导致热量从室内向室外散失。建筑的得热和失热的途径及其影响因素是研究建筑采暖和节能的基础。

（1）建筑得热因素。一般房间建筑中，获得热量的途径有以下几种：

1）通过墙和屋顶的太阳辐射得热。

2）通过窗的太阳辐射得热。

3）居住者的人体散热。

4）电灯和其他设备散热。

5）采暖设备散热。

（2）建筑失热因素。一般房间建筑中，散失热量的途径有以下几种：

1）通过外围护结构的传热和对流辐射向室外散热。

2）空气渗透和通风带走热量。

3）地面传热。

4）室内水分蒸发，水蒸气排出室外所带走的热量。

5）制冷设备吸热。

3.2　建筑传湿概述

大气层中存在的大量水分会以各种方式和途径渗入建筑围护结构。建筑材料受潮后，可能导致强度降低、变形、腐烂、脱落，从而降低使用质量，影响建筑物的耐久性。若围护结构中的保温材料受潮，将使其导热系数增大，保温能力降低。潮湿的材料还会滋生霉菌等其他微生物，严重危害环境卫生和人体健康。

影响围护结构湿状况的因素很多，属于建筑热工学研究范畴的，主要是空气中的水蒸气在围护结构内表面及内部凝结而引起的湿状况及防止措施。

3.2.1　湿空气的概念

湿空气是指干空气与水蒸气的混合物，室内外的空气都是含有一定水分的湿空气，湿空气的压力等于干空气的分压力和水蒸气的分压力之和。

空气湿度是指空气中水蒸气的含量。

1. 绝对湿度 f

绝对湿度是指单位容积空气所含水蒸气的质量，用 f 表示，单位为 g/m^3。饱和状态下的绝对湿度用饱和蒸气量 f_{max} 表示。

2. 相对湿度 φ（%）

相对湿度是指在一定温度及大气压力下，空气的绝对湿度 f 与同温同压下饱和蒸气量 f_{max} 的比值，相对湿度一般用百分数表达，即

$$\varphi = f/f_{max} \times 100\%$$

相对湿度反映了在某一温度下空气含有的水蒸气分量接近饱和的程度，相对湿度 φ 值越小，表示空气越干燥，容纳水蒸气的能力越大；相对湿度 φ 值越大，表示空气越潮湿，容纳水蒸气的能力越小。表 3.1 所示为绝对湿度与相对湿度的不同含义示例。

表 3.1　绝对湿度与相对湿度的比较

参数名称	A 室	B 室
室内气温/℃	18	10
绝对湿度/$(g \cdot m^{-3})$	9.4	9.4
饱和蒸气压/Pa	2 062.5	1 227.9
实际蒸气压/Pa	1 261.0	1 226.4
相对湿度/%	61.1	99.9

3. 露点温度 T_d

露点温度是指某一状态的空气，在含湿量不变的情况下，冷却到相对湿度达到 100%，即空

气达到饱和状态时所对应的温度。在室内处于露点温度时，如果此时继续降温，室内空气将无法容纳原有的水蒸气，将使一部分水蒸气凝结成水珠析出，附着在室内的墙面、管道等位置，这种由于温度降到露点温度以下，空气中的水蒸气凝结成为水珠的现象称为结露。

日常生活中结露很常见，在秋季早上，汽车玻璃、树叶上的露水就属于此类，晚上温度降低后，空气中的水蒸气凝结出来。

舒适的热环境要求空气中有适量的水蒸气，以保持适宜的相对湿度。但湿度过大或过小不仅给人带来不舒适感，还会影响围护结构的性能，甚至对保温构造产生不利影响。

3.2.2 材料的吸湿

把一块干的材料试件置于湿空气当中，材料会从空气中逐步吸收水蒸气而受潮，这种现象称为材料的吸湿。

热湿平衡：材料在空气中经过一段时间放置后，材料试件可以与所处的空气（一定气温和一定相对湿度条件下）之间形成热湿平衡，即材料的温度与周围空气温度一致（热平衡），试件的质量不再发生变化（湿平衡），这时材料的湿度称为平衡湿度。

3.2.3 围护结构的传湿过程

当材料内部存在压力差（分压力或总压力）、湿度（含湿量）差和温度差时，均能引起材料内部所含水分的迁移。

材料内所含水分可以三种形态存在，即气态（水蒸气）、液态（液态水）和固态（冰）。但是在材料内部可以迁移的只有以下两种相态：

（1）以气态扩散方式迁移（又称水蒸气渗透）。

（2）以液态水分的毛细渗透方式迁移。

1）蒸汽渗透。蒸汽渗透是当室内外空气中的含湿量不等，也就是围护结构的两侧存在着水蒸气分压力差时，水蒸气分子就会从分压力高的一侧通过围护结构向分压力低的一侧渗透扩散的现象。

2）蒸汽渗透系数 μ。蒸汽渗透系数是指 1 m 厚的物体，两侧水蒸气分压力差为 1 Pa，单位时间（1 h）内通过 1 m² 面积渗透的水蒸气量，单位为 g/(m·h·Pa)。材料的渗透系数值与材料的密实程度有关。材料的孔隙率越大，蒸汽渗透系数就越大。

3）蒸汽渗透阻 H。蒸汽渗透阻是指当围护结构两侧水蒸气分压力差为 1 Pa 时，通过 1 m² 面积渗透 1 g 水分所需要的时间（h），单位是 (m²·h·Pa)/g，其计算公式为

$$H = \frac{d}{\mu} \tag{3-2}$$

式中　H——蒸汽渗透阻 [(m²·h·Pa)/g]；

d——材料层的厚度（m）；

μ——蒸汽渗透系数 [g/(m·h·Pa)]。

3.2.4 围护结构的防潮

外围护结构由于冷凝而受潮可分为表面凝结和内部冷凝两种情况。

表面凝结是指在外围护结构内表面出现凝结水，原因是含有较多水蒸气且温度较高的空气遇到冷的表面所致。

内部凝结是当水蒸气通过外围护结构时遇到结构内部温度达到或低于露点温度时，水蒸气即形成凝结水。在这种情况下，外围护结构将在内部受潮，这是最不利的。

总体看，产生冷凝是由于室内空气湿度过高或表面温度过低，以致该处温度低于室内空气的露点温度而引起。这种现象不仅会在我国北方寒冷季节出现，南方地区春夏之交比较常见的地面泛潮，同样属于表面冷凝。因此，防止和控制表面冷凝具有广泛的实用意义。建筑防潮设计的主要任务是通过围护结构的合理设计，尽量避免空气中的水蒸气在围护结构内表面及内部产生凝结。

对于正常湿度的采暖房间产生表面冷凝的主要原因在于外围护结构的保温性能太差导致内表面温度低于室内空气的露点温度，因此，要避免内表面产生冷凝，必须提高外围护结构的传热阻以保证其内表面温度不致过低。如果外围护结构中存在热桥等传热异常部位，也可能在这些部位产生表面冷凝。为防止室内供热不均而引起围护结构内表面温度的波动，围护结构内表面层宜采用蓄热性较好的材料，以保证内表面温度的稳定性，减少出现周期性冷凝的可能。另外，在使用中应尽可能使外围护结构内表面附近的气流畅通，家具不宜紧靠外墙布置。

围护结构防潮设计应遵循下列基本原则：

(1)室内空气湿度不宜过高。

(2)地面、外墙表面温度不宜过低。

(3)可在围护结构的高温侧设隔汽层。

(4)可采用具有吸湿、解湿等调节空气湿度功能的围护结构材料。

(5)应合理设置保温层，防止围护结构内部冷凝。

围护结构防潮措施如下：

(1)采用多层围护结构时，应将蒸汽渗透阻较大的密实材料布置在内侧，而将蒸汽渗透阻较小的材料布置在外侧。

(2)外侧有密实保护层或防水层的多层围护结构，经内部冷凝受潮验算而必须设置隔汽层时，应严格控制保温层的施工湿度，或采用预制板状(块状)保温材料，避免湿法施工和雨天施工，并保证隔汽层的施工质量。对于卷材防水屋面，应有与室外空气相通的排湿措施。

(3)外侧有卷材或其他密闭防水层，内侧为钢筋混凝土屋面板的平屋顶结构，如经内部冷凝受潮验算不需设隔汽层，则应确保屋面板及其接缝的密实性，达到所需的蒸汽渗透阻。

3.3　建筑室内热环境

建筑室内热环境是指室内空气温度、空气湿度、室内空气流速及围护结构内表面之间的辐射热等因素综合组成的一种室内环境。

3.3.1　人体热平衡

人的热舒适感主要建立在人和周围环境正常的热交换上，即人由新陈代谢的产热率和人向周围环境的散热率之间的平衡关系。人体得热和失热过程用下式表示：

$$\Delta q = q_m - q_e \pm q_r \pm q_c \qquad (3\text{-}3)$$

式中　Δq——人体得失的热量(W)；

q_m——人体产热量（W）；

q_e——人体散热量（W），如运动；

q_r——人体与外界的辐射热量（W）；

q_c——人体与外界的对流热量（W）；

$\Delta q = 0$——体温不变；

$\Delta q > 0$——体温上升；

$\Delta q < 0$——体温下降。

当 $\Delta q = 0$ 时，人体处于热平衡状态，$\Delta q = 0$ 时并不一定表示人都处于舒服状态，因为各种热量之间可能有许多不同的组合使 $\Delta q = 0$，即人们会遇到各种不同的热平衡，只有那种能使人体按正常比例散热的热平衡，才是舒服的。

所谓按正常比例散热，是指对流换热占总热量的 $25\%\sim30\%$，辐射散热为 $45\%\sim50\%$，呼吸和无感觉蒸发散热占 $25\%\sim30\%$。

当劳动强度或室内热环境要素发生变化时，正常的热平衡可能被破坏。当环境过冷时，皮肤毛细血管收缩，血流减少，皮肤温度下降以减少散热量；当环境过热时，皮肤血管扩张，血流增多，皮肤温度升高，以增加散热量，甚至大量出汗使蒸发散热量 q_e 变大，以争取新的热平衡。这时的热平衡叫作"负荷热平衡"，在负荷热平衡下，虽然 $\Delta q = 0$，但人体已不处在舒服状态。

3.3.2　人体热舒适的影响因素

人的热舒适受以下环境因素的影响。

1. 室内空气温度

室内温度有相应的规定：冬季室内气温一般应为 $18\sim22$ ℃，夏季空调房间的气温多规定为 $24\sim28$ ℃，并以此作为室内计算温度。室内实际温度则有房间内得热和失热、围护结构内表面的温度及通风等因素构成的热平衡所决定，设计者的任务就在于使实际温度达到室内计算温度。

2. 空气湿度

室内空气湿度直接影响人体的蒸发散热。一般认为最适宜的相对湿度应为 $50\%\sim60\%$。在大多数情况下，即气温为 $16\sim25$ ℃时，相对湿度在 $30\%\sim70\%$ 范围内变化，对人体得热感觉影响不大。如湿度过低（低于 30%），则人会感到干燥、呼吸器官不适；湿度过高则影响正常排汗，尤其在夏季高温时，如湿度过高（高于 70%）则汗液不易蒸发，令人不舒适，甚至出现中暑影响人体健康。

3. 气流速度（室内风速）

室内气流状态影响人的对流换热和蒸发换热，也影响室内空气的更新。在一般情况下，对人体舒适的气流速度应小于 $0.3\,\text{m/s}$；但在夏季利用自然通风的房间，由于室温较高，舒适的气流速度也应较大。人头顶上的自然对流速度是 $0.2\,\text{m/s}$，是人体对风速可以觉察的阈值，往往用来确定室内风速的设计标准。当空气流速 $\leqslant 0.5\,\text{m/s}$，实验研究表明，只要把空气温度调整得合适（提高空气温度），就可以使空气的流动几乎觉察不到。

4. 环境辐射温度（室内热辐射）

对一般民用建筑来说，室内热辐射主要是指房间周围墙壁、顶棚、地面、窗玻璃对人体的热辐射作用，如果室内有火墙、壁炉、辐射采暖板之类的采暖装置，还须考虑该部分的热辐射。

室内热辐射的强弱通常用"平均辐射温度"（Tmrt）代表，即室内对人体辐射热交换有影响的各表面温度的平均值。平均辐射温度也可以用黑球温度换算出来。黑球温度是将温度计放在直径为 150 mm 黑色空心球中心测出的反映热辐射影响的温度。

在炎热地区，夏季室内过热的原因除气温高外，主要是外围护结构内表面的热辐射，特别是由通过窗口进入的太阳辐射所造成。而在寒冷地区，如外围护结构内表面的温度过低，将对人产生"冷辐射"，也严重影响室内热环境。

3.3.3 室内热环境综合评价方法

室内空气温度、空气湿度、气流速度(室内风速)、环境辐射温度(室内热辐射)作为室内热环境各因素，它们是互不相同的物理量，但对人们的热感觉来说，他们相互之间又有着密切的关系。改变其中的一个因素往往可以补偿其他因素的不足，如室内空气温度低而平均辐射温度高，和室内空气温度高而平均辐射温度低的房间就可以有同样的热感觉。所以，任何一项单项因素都不足以说明人体对热环境的反应。

科学家们长期以来就一直希望用一个单一的参数来描述这种反应，这个参数叫作热舒适指数，它综合了同时起作用的全部因素的效果。

一般热舒适有四种综合评价方法。

1. 有效温度(Effective Temperature，ET)

有效温度最早由美国采暖通风协会在 1923 年提出，是室内气温、空气湿度、室内风速在一定组合下的综合指标。在同一有效温度作用下，虽然温度、湿度、风速各项因素的组合不同，但人体会有相同的热舒适感。

2. 预测平均热感觉指标(Predicted Mean Vote，PMV)

PMV 是 20 世纪 80 年代初得到国际标准化组织(ISO)承认的一种比较全面的热舒适指标，丹麦的范格尔(P.O. Fanger)综合了近千人在不同热环境下的热感觉试验结果，并以人体热平衡方程为基础，认为人在舒服状态下应有的皮肤温度和排汗散热率分别与产热率之间存在相应关系，即在一定的活动状态下，只有一种皮肤温度和排汗散热率是使人感到舒适的。

3. 作用温度(Operative Temperature，OT)

作用温度是衡量室内环境冷热程度的综合指标之一。室内环境与人体之间存在对流与辐射引起的干热换热，影响人体热交换的室内气温和墙面、地面、窗、天花板等表面温度是不相等和不均匀的。作用温度表示了空气温度与平均辐射温度两者对人体的热作用，可认为是室内气温与平均气温按相应的表面换热系数的加权平均值。

4. 热应力指标(Heat Stress Index，HSI)

热应力指标是为保持人体热平衡所需要的蒸发散热量与环境容许的皮肤表面最大蒸发散热量之比，是衡量热环境对人体处于不同活动量时的热作用的指标。热应力指标 HSI 用需要的蒸发散热量与容许最大蒸发散热量的比值乘以 100% 表示。其理论计算是假定人体受到热应力时：

(1)皮肤保持恒定温度 35 ℃。

(2)所需要的蒸发散热量等于人体新陈代谢产热加上或减去辐射换热和对流换热。

(3)8 h 期间人的最大排汗能力接近于 1 L/h。当 HIS＝0 时，人体无热应变；HIS＞100 时，体温开始上升。此指标对新陈代谢率的影响估计偏低而对风的散热作用估计偏高。

3.4 建筑热工设计概述

3.4.1 建筑总平面的布置和设计

建筑总平面的布置应综合考虑建筑的选址、建筑组团的布局、建筑的朝向和间距等。

1. 建筑的选址

建筑的选址应根据气候分区进行选择。对于严寒和寒冷地区，选址时建筑不宜在山谷、洼地等凹形区域，这些区域在冬季容易形成"霜洞"效应，位于凹地的底层或地下室若要保持室内温度所需的采暖热量会更多，如图3.7所示。但是，对于夏季炎热的地区而言，建筑布置在上述地方却是相对有利的，因为在这些凹地往往容易实现自然通风，尤其是到了晚上，高处凉爽气流会"自然"地流向凹地，把室内热量带走，在节约能耗的基础上还改善了室内的热环境。

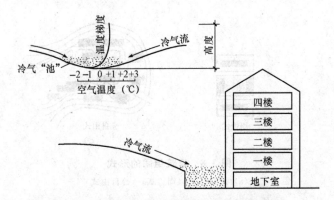

图 3.7 低洼地区对建筑物的"霜洞"效应

江河湖泊丰富的地区，因地表水陆分布、地势起伏、表面覆盖植被等不同，在白天太阳辐射和地表长波辐射的影响下，产生水陆风而形成气流运动。在进行建筑设计时，充分利用水陆风以取得穿堂风的效果，对于改善夏季热环境、节约空调能耗是非常有利的。

建筑物室外地面覆盖层会影响小气候环境，地表面植被或是水泥地面都直接影响建筑采暖和空调能耗的大小。建筑室外铺砌的坚实路面大多为不透水层(部分建筑材料能够吸收一定的降水，也可变成蒸发面，但为数不多)，降雨后雨水很快流失，地面水分在高温下蒸发到空气中，形成局部高温高湿闷热气候，这种情况加剧了空调系统的能耗。因此，规划设计时建筑物周围应有足够的绿地和水面，严格控制建筑密度，尽量减少硬化地面面积，并应利用植被和水域减弱城市热岛效应，改善居住区热湿环境。

2. 建筑组团的布局

建筑群的布局有行列式、错列式、周边式、混合式等，如图3.8所示，有以下特点：

(1)行列式。行列式是指建筑物成排成行地布置，这种方式能够争取最好的建筑朝向，使大多数居住房间得到良好的日照，并有利于通风，是目前我国城乡中广泛采用的一种布局方式。

(2)错列式。错列式可以避免"风影效应"，同时利用山墙空间争取日照。

(3)周边式。周边式的建筑沿街道周边布置，这种布置方式虽然可以使街坊内空间集中开阔，但有相当多的居住房间得不到良好的日照，对自然通风也不利。所以这种布置仅适于北方严寒地区。

(4)混合式。混合式是行列式和部分周边式的组合形式。这种方式可较好地组成一些气候防护单元，同时又有行列式的日照通风的优点，在北方寒冷地区是一种较好的建筑群组团方式。

(5)自由式。自由式是当地形复杂时，密切结合地形构成自由变化的布置形式。这种布置方式可以充分利用地形特点，便于采用多种平面形式和高低层及长短不同的体形组合。可以避免互相遮挡阳光，对日照及自然通风有利，是最常见的一种组团布置形式。

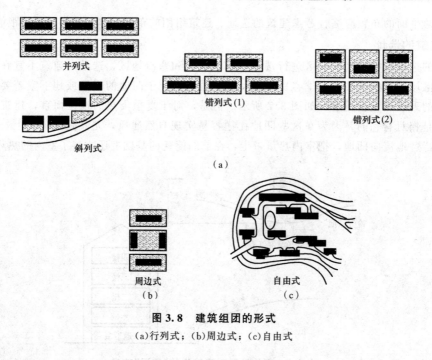

图 3.8　建筑组团的形式
(a)行列式；(b)周边式；(c)自由式

3. 建筑的朝向

建筑的朝向对建筑的采光和节能影响很大，朝向的选择原则是有利于冬季争取日照并避开主导风向、夏季能利用自然通风并防止太阳辐射。建筑物宜朝向南北或接近朝向南北，尽量避免东西向日晒。

朝向选择需要考虑的因素有以下几个方面：

(1)冬季有适量并具有一定质量的阳光射入室内。

(2)炎热季节尽量减少太阳直射室内和居室外墙面。

(3)夏季有良好的通风，冬季避免冷风吹袭。

(4)充分利用地形并注意节约用地。

(5)照顾居住建筑组合的需要。

3.4.2　控制体形系数

按照《建筑节能与可再生能源利用通用规范》(GB 55015—2021)和《公共建筑节能设计标准》(GB 50189—2015)的要求，建筑的体形系数应满足表 3.2、表 3.3 的要求，当不能满足本条文的规定时，必须按《公共建筑节能设计标准》(GB 50189—2015)的规定进行权衡判断。体形系数对建筑能耗的影响和控制方法在前面章节已做叙述，这里不再赘述。

表 3.2 新建居住建筑体形系数限值

热工区划	建筑层数	
	≤3层	>3层
严寒地区	≤0.55	≤0.30
寒冷地区	≤0.57	≤0.33
夏热冬冷 A 区	≤0.60	≤0.40
温和 A 区	≤0.60	≤0.45

表 3.3 严寒和寒冷地区公共建筑体形系数限值

单栋建筑面积 A/m^2	建筑体形系数
300<A≤800	≤0.50
A>800	≤0.40

建筑平面形状一般以长方形和正方形为宜,增加居住建筑的长度对节能有利,而且,增加建筑宽度可减少建筑能耗。

另外,国家标准只对严寒和寒冷地区的公共建筑体形系数作出规定,而对夏热冬冷和夏热冬暖地区建筑的体形系数不作具体要求。原因如下:

(1)南方地区建筑室内外温差要小于严寒和寒冷地区。

(2)南方地区部分公共建筑尤其是对部分内部发热量很大的商场类建筑,还有夜间散热问题。

知识拓展:《公共建筑节能设计标准》(GB 50189—2015)

3.4.3 围护结构热工性能指标

公共建筑分类应符合下列规定:

(1)单栋建筑面积大于 300 m^2 的建筑,或单栋建筑面积小于或等于 300 m^2 但总建筑面积大于 1 000 m^2 的建筑群,应为甲类公共建筑。

(2)单栋建筑面积小于或等于 300 m^2 的建筑,应为乙类公共建筑。

根据《公共建筑节能设计标准》(GB 50189—2015)规定,按照各地气候分区,围护结构各部分的热工限值应符合本标准。

知识拓展:《建筑节能与可再生能源利用通用规范》(GB 55015—2021)

3.4.4 外墙和屋面的节能设计

选择合理的墙体保温方案。外墙外保温是住房和城乡建设部倡导推广的主要保温形式,其保温方式最为直接、效果也最好,是我国目前应用最多的一项建筑保温技术。其具体内容将在后面章节具体叙述。

知识拓展:《民用建筑热工设计规范》(GB 50176—2016)

外墙与屋面的热桥部位的内表面温度不应低于室内空气露点温度,主要是防止冬季采暖期间热桥内外表面温差小,内表面温度容易低于室内空气露点温度,造成围护结构热桥部位内表面产生结露,使围护结构内表面材料受潮、长霉,影响室内环境。所以,针对热桥部位,应采取保温措施,以减少室内热量损失,影响室内美观。具体措施如下:

(1)提高热桥部位的热阻。

(2)确保热桥和平壁的保温材料连续。

(3)切断热流通路。

(4)减少热桥中低热阻部分的面积。

(5)降低热桥部位内外表面层材料的导温系数。

另外,还应该关注建筑中庭和屋面的透明部分的节能。目前,很多公共建筑采取建筑中庭+透明屋顶的设计,有利于室内采光,满足了建筑形式多样化和建筑功能的需要;但是在夏季,屋面水平面受到的太阳辐射最大,导致上部楼层的室内温度过高,影响人体舒适性,增加了建筑能耗,按照《公共建筑节能设计标准》(GB 50189—2015)的要求:甲类公共建筑的屋顶透光部分面积不应大于屋顶总面积的20%。建筑中庭应充分利用自然通风降温,如在中庭上部的侧面开设一些窗户或通风口,以利于自然通风,必要时,可设置机械排风装置加强自然补风,如图3.9、图3.10所示。

图3.9 屋面的透明部分　　　　　　　　图3.10 屋面的机械通风

3.4.5 门窗的节能设计

应控制窗墙面积比,根据不同朝向控制窗墙比,按照《公共建筑节能设计标准》(GB 50189—2015)规定设计。

采取必要的遮阳措施,夏热冬暖、夏热冬冷、温和地区的建筑各朝向外窗(包括透光幕墙)均应采取遮阳措施;寒冷地区的建筑宜采取遮阳措施。如图3.11所示,当设置外遮阳时应符合下列规定:

(1)东西向宜设置活动外遮阳,南向宜设置水平外遮阳。

(2)建筑外遮阳装置应兼顾通风及冬季日照。

同时,加强窗户的气密性,除采用气密条提高外窗气密水平外,还应提高窗用型材的规格尺寸、准确度、尺寸稳定性和组装的精确度,以增加开启缝隙部位的搭接量,减少开启缝的宽度,达到减少空气渗透的目的。

(a)

(b)

图 3.11 垂直遮阳和水平遮阳

(a)垂直遮阳；(b)水平遮阳

3.4.6 建筑自然通风与节能

夏季，通过自然通风而不是机械设备和能源驱动的方式进行室内被动式通风降温是我国主要的降温方法。在白天和夜晚风直接吹过人体，能加速皮肤水分的蒸发，使人感到凉爽，从而增加了人的舒适度。

按照《公共建筑节能设计标准》(GB 50189—2015)的规定：外窗的可开启面积不应小于窗面积的 30%；透明幕墙也应具有可开启部分或设有通风换气装置。

(1)公共建筑一般室内人员密度比较大，建筑室内空气流动，特别是自然、新鲜空气的流动，是保证建筑室内空气质量符合国家有关标准的关键。

(2)做好自然通风气流组织设计，保证一定的外窗可开启面积，可以减少房间空调设备的运行时间，节约能源。

(3)大大降低污染物的浓度，使之符合卫生标准。

(4)无论在北方地区还是在南方地区，在春、秋季节和冬、夏季节的某些时段普遍有开窗加强房间通风的习惯，尤其是南方地区夏季开窗加强房间通风，在两个连晴高温期间的阴雨降温过程或降雨后连晴高温开始升温过程，夜间气候凉爽宜人，开窗房间通风能带走室内热量，节约能源。

(5)开窗面积过小对室内空气流速的影响不大。在风压一定(或室外风速一定)的情况下，窗面积的大小与室内自然通风量成正比,开窗面积越大越有利于室内自然通风。所以,《公共建筑节能设计标准》(GB 50189—2015)中对窗户的可开启面积设置了最低限值。

我国南方地区(特别是夏热冬暖地区)地处沿海,4—9月大多盛行东南风和西南风,建筑物南北向或接近南北向布局,有利于自然通风,增加舒适度。在具有合理朝向的基础上,还必须合理规划整个建筑群的布局和间距,才能获得较好的室内通风。

利用地理条件组织自然通风也是非常有效的方法。例如,如果在山谷、海滨、湖滨、沿河地区的建筑物,就可以利用"水陆风""山谷风"提高建筑内的通风。

所谓水陆风,指的是在海滨、湖滨等具有大水体的地区,因为水体温度的升降要比陆地上气温的升降慢得多,白天陆地上空气被加热后上升,使海滨水面上的凉风吹向陆地,到了晚上,陆地上的气温比海滨水面上的空气冷却得快,风又从陆地吹向海滨,因而形成水陆风,如图3.12所示。

所谓山谷风,指的是在山谷地区,当空气在白天变得温暖后,会沿着山坡往上流动;而在晚上,变凉了的空气又会顺着山坡往下吹,从而形成山谷风,如图3.13所示。

如果建筑物附近具备上述临近水体、地形条件,就可以通过设计增加室内的自然通风效果。

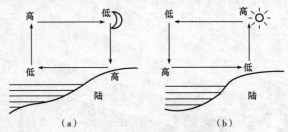

图 3.12　水陆风
(a)示意一;(b)示意二

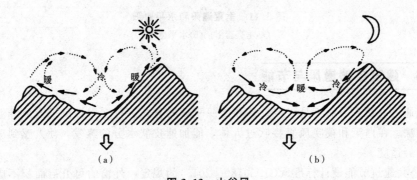

图 3.13　山谷风
(a)示意一;(b)示意二

思 考 题

1. 自然界中的热量传递的途径有几种?其原理是什么?举出相应在建筑中的例子。
2. 温室效应的原理是什么?
3. 简述绝对湿度、相对湿度和露点温度,并举例。
4. 围护结构如何做好防潮。
5. 建筑内的得热和失热的途径有哪些?
6. 建筑总平面设计中与建筑节能相关的因素有哪些?

项目 4 墙体的节能设计与施工技术

◎ 知识目标

1. 掌握常用保温材料的种类及特点。
2. 掌握墙体外保温施工技术。
3. 熟悉墙体保温的防火问题及解决方法。

◎ 能力目标

1. 能够编写墙体保温施工方案。
2. 能够对墙体保温施工质量进行检查和评定。

◎ 素质目标

1. 培养认真、严谨的工作态度。
2. 树立安全施工的理念。

◎ 思政引领

党的二十大报告指出：坚持安全第一、预防为主，建立大安全大应急框架，完善公共安全体系，推动公共安全治理模式向事前预防转型。

4.1 墙体保温材料

4.1.1 保温材料概述

绝热包括保温和隔热。绝热材料通常导热系数（λ）值应不大于 0.23 W/（m·K），热阻（R）值应不小于 4.35（m²·K）/W。此外，绝热材料还应满足表观密度不大于 600 kg/m³、抗压强度大于 0.3 MPa、构造简单、施工容易、造价低等要求。保温材料是指控制室内热量外流的建筑材料；隔热材料指的是控制室外热量进入室内的建筑材料；隔热材料应能阻抗室外热量的传入，以及减小室外空气温度波动对内表面温度影响。材料隔热性能的优劣，不仅与材料的导热系数有关，而且与导热系数、蓄热系数有关（表 4.1）。

表 4.1　常见保温材料的热工性能参数

保温材料名称	干密度/(kg·m⁻³)	导热系数/[W·(m·K)⁻¹]	蓄热系数/[W·(m²·K)⁻¹]
空气	1.29	0.017~0.029	—
矿棉	80~180	0.050	0.60~0.89
岩棉	60~160	0.041	0.47~1.76
玻璃棉板	<40	0.04	0.38
	≥40	0.035	0.35
聚苯乙烯泡沫塑料	20	0.039(白板) 0.033(灰板)	0.28
挤塑聚苯乙烯泡沫塑料(XPS)	35	0.03(带表皮) 0.032(不带表皮)	0.34
聚氨酯硬泡沫塑料	35	0.024	0.29
真空保温板(STP板)	—	0.008	
酚醛板	60	0.034(用于墙体) 0.040(用于地面)	—
泡沫玻璃	140	0.05	0.65
胶粉聚苯颗粒保温砂浆	400	0.09	0.95
	300	0.07	
玻化微珠保温浆料	≤350	0.08	
KP1 黏土空心砖砌体 240×115×90	1 180	0.44	
蒸压粉煤灰砖砌体	1 520	0.74	—
ALC 加气混凝土砌块	800	0.20	
水泥膨胀珍珠岩	800	0.26	4.37
	600	0.21	3.44
	400	0.16	2.49
水泥膨胀蛭石	350	0.14	1.99
气凝胶	3	0.015	—
气凝胶绝热厚质中涂漆	—	0.044	—

4.1.2　保温材料的保温作用机理

保温材料一般为多孔结构的轻质材料，多孔和空隙结构中存在的静止干燥空气改变了热的传递路径和形式，从而使传热速度大大减缓。由于空气静止，孔中的对流和辐射换热在总体传热中所占比例很小，以空气导热为主，而空气导热系数为 0.017～0.029 W/(m·K)，远小于固体材料的导热系数。所以，保温材料的多孔结构及静止干燥空气的低导热性是保温材料保温的关键因素。

4.1.3 墙体保温材料简介

1. 加气混凝土砌块

加气混凝土砌块是近年来发展迅速的块类墙体材料之一。加气混凝土是以钙质(石灰、水泥)和硅质(砂、粉煤灰等)材料为基料，以铝粉为发气剂，经配料、搅拌、浇筑成形、切割和蒸压养护而成的一种多孔轻质建材，一般多制作成墙体砌块，砌块的规格见表 4.2。

表 4.2　砌块的规格尺寸　　　　　　　　　　　　　　　　　　　　　　　mm

长度	宽度	高度
600	100、120、150、180、200、240	200、240、300

加气混凝土的特点如下：

(1)保温隔热。导热系数仅为 0.11～0.21 W/(m·K)，是目前唯一能够达到国家建筑节能要求的自保温墙体材料。

(2)轻质高强。加气混凝土的孔隙率一般为 70%～80%，其中由铝粉发气形成的气孔占 40%～50%，由水分形成的气孔占 20%～40%，大部分气孔孔径为 0.5～2 mm，平均孔径为 1 mm 左右，由于这些气孔的存在，通常加气混凝土的干密度为 400～700 kg/m³，其强度可达 2.5～6.0 MPa，具备作为建筑结构材料的必要强度要求，这是很多建筑保温材料所不具备的。

(3)经济环保。加气混凝土砌块减轻了建筑自重，降低了结构造价，提高了土地利用率，扩大了建筑使用面积，并能满足节能要求，降低节能造价；同时，在生产时大量使用工业废料，符合发展循环经济战略。

(4)耐火性好。加气混凝土是不燃材料，在受热至 80 ℃以上时，会出现收缩和裂缝，但在 70 ℃以下不会损失强度，并且不散发有害气体。

(5)施工效率高。加气混凝土砌块的体积较大，施工速度较快，在同样体积的条件下，加气混凝土比普通混凝土要轻，可以不要大的起重设备，砌筑费用少。

目前，加气混凝土制品主要应用于以下场合：

(1)高层框架建筑。实践证明，加气混凝土在高层框架建筑中的应用是经济合理的，特别是用砌块来砌筑内外墙，已普遍得到社会的认同，图 4.1 所示为加气混凝土砌块墙体。

(2)抗震地区建筑。由于加气混凝土自重轻，其建筑的地震力就小，对抗震有利，与砖混建筑相比，同样的建筑、同样的地震条件下，震害程度相差一个地震设计设防级别，如砖混建筑达 7 度设防，它会受破坏，而此时加气混凝土建筑只达 6 度设防，就不会被破坏。

图 4.1　加气混凝土砌块墙体

（3）严寒地区建筑。加气混凝土的保温性能好，200 mm 厚的墙的保温效果相当于 90 mm 厚的砖墙的保温效果，因此它在寒冷地区的建筑经济效果突出，所以具有一定的竞争力。

（4）软质地基建筑。适用于地基条件较差的建筑，在相同地基条件下，加气混凝土建筑的层数可以增多，经济上有利。

加气混凝土主要缺点是收缩大，弹性模量低，怕冻害。因此，加气混凝土不适合下列场合：温度大于 80 ℃的环境；有酸、碱危害的环境；长期潮湿的环境，特别是在寒冷地区尤应注意。

2. 轻质复合墙板

轻质复合墙板是目前世界各国大力发展的又一类新型板材，是具有承重、防火、防潮、隔声、隔热等功能的新型墙体板材。轻质复合墙板根据用途不同又可分为复合外墙板、复合内墙板、外墙外保温板、外墙内保温板等。主要产品有钢丝网架水泥夹芯板、水泥聚苯外墙保温板、GRC 复合外墙板、金属面夹芯板、钢筋混凝土绝热材料复合外墙板、玻纤增强石膏外墙内保温板、水泥/粉煤灰复合夹芯内墙板等。水泥/粉煤灰复合夹芯内墙板是众多新型轻质复合墙板中的一种。它是以聚苯乙烯泡沫塑料板为芯材，以水泥、粉煤灰、增强纤维和外加剂为面层材料，复合制成轻质墙体板材。水泥/粉煤灰复合夹芯墙板的两个面层，由纤维网格布及无纺布增强，使得制品强度高，芯材选用阻燃型聚苯乙烯泡沫塑料板，使得具有良好的保温隔热能力，该板材可以实现机械化生产，是良好的内隔墙板材。

3. 泡沫塑料

泡沫塑料是以各种树脂为基料，加入发泡剂、稳定剂、催化剂等经加热发泡等工艺加工而成，是一种多孔状的轻质、保温、隔热、吸声、防震材料，适用于建筑工程的吸声、保温与隔热等。泡沫塑料的种类很多，常以所用树脂取名。目前在建筑节能中最常用的泡沫塑料有聚苯乙烯泡沫塑料（PS）、聚氨酯硬质泡沫塑料（PU）、聚氯乙烯泡沫塑料（PVC）、聚乙烯泡沫塑料（PE）、酚醛泡沫塑料、脲醛泡沫塑料等。

（1）聚苯乙烯泡沫塑料（PS）。聚苯乙烯泡沫塑料分为聚苯乙烯模塑保温板（EPS）和聚苯乙烯挤塑保温板（XPS）两类。

1）聚苯乙烯模塑保温板是一种含有挥发性液体发泡剂的可发性聚苯乙烯珠粒，经加热预发后在模具中加热成型的白色物体，其有微细闭孔的结构特点，主要用于建筑墙体和屋面保温，复合板材保温，冷库、空调、车辆、船舶的保温隔热，地板采暖，装潢雕刻等用途。

2）聚苯乙烯挤塑保温板由聚苯乙烯树脂及其他添加剂采用真空挤压工艺而成，具有连续闭孔蜂窝结构，内部为独立的密闭式气泡结构。其用于建筑保温隔热，是以聚苯乙烯树脂为基料，加入一定剂量的含低沸点液体发泡剂、催化剂、稳定剂等辅助材料，经加热使可发性聚苯乙烯珠粒预发泡，然后在模具中加热而制得的一种具有密闭孔结构的硬质聚苯乙烯泡沫塑料板。其作为建筑保温材料，具有以下优点：

①导热系数小，保温性能良好。

②密度小，减轻了结构荷载，有利于抗震。

③吸水率低、水蒸气穿透性较低，不易受潮。

④大气中的稳定性、抗老化性良好。

⑤自重轻，施工方便。

⑥价格低，降低工程造价，综合效益明显。

⑦防火能力差。

聚苯乙烯泡沫塑料是一种有机化合物，所以一般制品易燃，不耐燃，加入阻燃剂可以改善燃烧性能。

(2)聚氨酯硬质泡沫塑料。聚氨酯硬质泡沫塑料是由聚醚树脂或聚酯树脂与异氰酸酯、水、催化剂、泡沫催化剂等，按一定比例混合搅拌，进行发泡制成。

聚氨酯硬质泡沫塑料一般可分为硬质泡沫塑料、软质泡沫塑料、半硬质泡沫塑料及特种泡沫塑料。其中，聚氨酯硬质泡沫塑料制品广泛用作保温隔热、吸声、防震材料。其与聚苯乙烯泡沫塑料的性能对比见表4.3。

表4.3　聚氨酯硬质泡沫塑料与聚苯乙烯泡沫塑料性能对比

材料名称	导热系数/$[W \cdot (m \cdot k)^{-1}]$	达到相同节能效果需要的厚度/mm
聚氨酯硬质泡沫塑料	0.017～0.023	40
聚苯乙烯挤塑保温板	0.027～0.031	60
聚苯乙烯模塑保温板	0.037～0.041	80
聚苯乙烯颗粒	≤0.060	160

聚氨酯硬质泡沫塑料具有以下优点：

1)导热系数小，保温性能良好；由表4.3可知，其导热系数低，仅0.017～0.023 W/(m·K)，相当于EPS板的一半，是目前所有保温材料中导热系数最低的；达到相同的保温效果，PU保温层厚度比EPS板少1/2，比XPS板少1/3。

2)防水性能好，泡沫孔是封闭的，封闭率达95%，雨水不会从孔间渗过去。当采用现场喷涂时，形成整体防水层，没有接缝，任何高分子防水卷材都无法与之相比，减少维修工作量。

3)黏结性能好。能够和木材、金属、砖石、玻璃等材料黏结得非常牢固，不怕大风揭起。

4)施工简便、速度快。

5)防火性能优于聚苯乙烯泡沫塑料。

6)施工方式多样，可制作成板材，也可以采用现场喷涂、浇筑的方式施工。

(3)聚氯乙烯泡沫塑料(PVC)。聚氯乙烯泡沫塑料是以聚氯乙烯树脂为基料，加入发泡剂、稳定剂，经捏合、模塑、发泡而制成的一种闭孔泡沫塑料，有软质和硬质两种。聚氯乙烯泡沫塑料具有质轻、热导率小、吸水率低等性能，常加工成板材，可用作房屋建筑上保温、隔热、吸声和防震的材料。

(4)酚醛泡沫。酚醛泡沫是以苯酚、甲醛为主要原料，掺配无机填充料、发泡剂等，搅拌均匀，经高温发泡而成。酚醛泡沫的力学性能强度随着密度的增加而增大，产品属难燃材料，离火自熄无滴落物、耐腐蚀、导热系数低[0.033～0.0338 W/(m·K)]、抗水性好。

(5)脲醛泡沫塑料。脲醛泡沫塑料又名氨基泡沫塑料，是以脲醛树脂为主要原料，经发泡制得的一种硬质泡沫塑料。该塑料外观洁白、质轻如棉，具有表观密度小、保温性能好、高温不燃烧、防虫、隔热等优点。与各种泡沫塑料相比，其质地疏松，机械强度很低，吸水、吸湿性强，被水浸泡后即失去强度。因此，使用时必须以塑料薄板或玻璃纤维布包封，一般多用作夹壁填充材料。

4. 真空保温板

真空保温板(简称"STP板")是由超细二氧化硅、添加剂、助剂配置而成的芯材与高强度复合阻气膜通过抽真空封装技术复合后制成的一种超薄型保温板,其构造如图4.2所示。真空保温板芯材主要有粉体芯材和玻纤芯材,粉体芯材是采用二氧化硅为材料的真空保温板,导热系数相对较高,主要应用于墙体保温;而玻纤芯材的真空保温板导热系数较低,

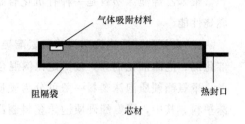

图 4.2　STP 超薄真空保温板的构造

主要应用于冰箱、冰柜、冷藏车的节能保温。真空保温板是一种新型的绿色建材,热工性能好、导热系数低,在相同的保温效果下,厚度相较主流材料可以降低50%以上,是目前最先进的保温材料之一。除保温效果好,它还具有防潮防水性和不燃烧性,几乎不吸水、不透水,对抹灰层保养抗裂也有一定帮助,更有利于保证整体建筑节能效果,在防水要求高的屋面保温系统也有很好的应用。目前真空保温板单价较高,但施工费用较低,施工过程中对铺装顺序、搭接做法要求、固定方式等都应严格要求。

真空保温板是新型墙体保温材料,目前应用还处于早期,实践中存在以下问题:

(1)无法现场裁切,一旦裁切,真空腔就会漏气,失去保温效果。

(2)施工受环境影响大,施工工期长。STP板在大风和雨、雪、大雾天气不得施工;环境温度低于5 ℃时不得施工;夏季高温时不宜在强光下施工。在STP板粘贴完毕后,正常养护条件下养护应不小于12 h,在STP板板缝处理完毕后,静置12 h以上再刮抹专用抹面胶浆;在抹面层完成后,不得挠动,静置养护不少于24 h/7 d(涂料/面砖),才可进行下一道工序的施工,在寒冷潮湿气候条件下,还应适当延长养护时间,否则会破坏产品品质。

(3)复合阻气膜在施工现场复杂的环境条件下,在施工时极易发生磕碰,工人在施工时、抹灰时使用的钢制抹子和批刀易造成STP板破坏;采用吊篮施工时,吊篮靠墙一侧的边角和凸出部位未做防护处理,施工过程中对已粘贴的STP板碰撞破坏;STP板黏结时用砖块、木条等坚硬物敲击固定,造成STP板破损漏气,这些施工过程中的失误会使得外保温系统出现渗水、空鼓等现象,造成饰面层脱落。

(4)使用寿命不稳定。STP板的使用寿命和效果与真空度的保持密切相关,STP板材外部采用由多层材料复合而成的高强度复合阻气膜,具有高阻气性,通过试验计算每平方米STP板材在60年内透气量必须小于3.56 g,通过在每块STP板材内部放置吸气剂(这种材料成本较高,很多生产厂家只是借用了这个概念),就可完全吸收透入的气体,保证STP板材在60年周期内其内部压强小于10 Pa,而只有在这个范围内其热导率才能够保持基本不变。这项技术在生产应用中存在诸多问题,使得STP板的使用寿命并不像其理论上认为的那么长,保温效果也极易失效,外饰面层易出现起包、裂纹、空鼓、脱落等现象。技术的不成熟,导致STP超薄真空保温板的使用寿命不稳定,容易造成建筑物饰面空鼓,产生裂纹、脱落,给施工方及业主带来损失。

因此,可将STP板作为保温芯材,通过复合外饰面层(如金属饰面)制成保温装饰一体化板,在现场进行直接安装,降低在施工过程中发生材料失效的可能性。保温装饰一体化板是工厂预制成型的具有外墙保温功能的板材,由保温芯材与装饰材料复合而成,由于贴挂在建筑的外墙面,具有保温和装饰的功能。施工难度低,受施工环境影响小,工期短。由于保温装饰一体化板都是采用工厂预制成型、现场直接安装的方式上墙,大大减少了现场湿作业的工序,明

显缩短施工工期，减少成本。装饰面层采用工厂化全自动生产，不会产生在现场施工过程中由于温变、日照、雨水等因素的影响而产生的形变，稳定性更好，施工寿命会更长。

5. 岩棉

岩棉保温板是以玄武岩及其他天然矿石等为主要原料，经融化后，将玄武棉岩高温熔体甩拉成 4~7 μm 的非连续性纤维，再在岩棉纤维中加入一定量的胶粘剂、防尘油、憎水剂，经过沉降、固化、切割等工艺，根据不同用途制成不同密度的系列产品。

岩棉具有一定的强度及保温、隔热、吸声性能好等，其突出优点是防火性能优异，是一种不燃材料。岩棉材料的缺点是密度低的产品抗压强度不高，耐长期潮湿性比较差。

岩棉是目前新建高层建筑墙体保温的必需材料，可应用于新建、扩建、改建的居住建筑和公共建筑外墙的节能保温工程，包括外墙外保温、非透明幕墙保温和 EPS 外保温系统的防火隔离带。

6. 胶粉聚苯颗粒保温浆料

胶粉聚苯颗粒保温浆料是由胶粉料与聚苯颗粒组成，两种材料分袋包装（或直接在工厂混合后作为混合料），使用时按比例加水搅拌制成。为了进一步提高胶粉聚苯颗粒保温浆料的防水抗渗能力，有时在胶粉料中适当掺入一些憎水剂，以提高整个外保温系统的长期稳定性。

将胶粉料、聚苯颗粒按比例用水搅拌成灰浆抹于外墙上，与主体墙结合成一体，干后质量轻，热导率低，软化系数高，因此保温节能效果好，寿命长，不会出现拼缝热桥的问题，其抗负风压性能和现有技术相比有很大程度的提高；且对门、窗、洞口施工容易；施工后保温墙体不开裂、不空、不鼓。

7. 膨胀珍珠岩

膨胀珍珠岩是以珍珠岩矿石经过破碎、筛分、预热，在高温（1 260 ℃左右）中悬浮瞬间焙烧、体积骤然膨胀加工而成的一种白色或灰白色的中性无机砂状材料，颗粒结构呈蜂窝泡沫状，质量极轻，风吹可扬。它主要有保温、绝热、吸声、无毒、不燃、无臭等特性。

膨胀珍珠岩是一种轻质、高效能的保温材料，具有表观密度小、导热系数小、低温隔热性能好、在常压或真空度下保冷性能好、吸声性能好、吸湿性小、化学稳定性好、无味、无毒、不燃烧、抗菌、耐腐蚀、施工方便等特点，在建筑工程上应用广泛。

膨胀珍珠岩制品是以膨胀珍珠岩为骨料，配合适量的胶粘剂（如水泥、水玻璃、磷酸盐等），经过搅拌、成型、干燥、焙烧或养护而成的具有一定形状的成品（如板、砖、管瓦等）。它们可用作工业与民用建筑工程的保温、隔热、吸声材料，以及各种管道、热工设备的保温、绝热材料。膨胀珍珠岩制品有很多种，目前国内生产的主要产品有水泥膨胀珍珠岩制品、水玻璃膨胀珍珠岩制品、磷酸盐膨胀珍珠岩制品和沥青膨胀珍珠岩制品四种。

8. 玻化微珠保温系统

玻化微珠是一种新型的无机轻质骨料及绝热材料，它是利用含结晶水的酸性玻璃质火山岩（如黑耀岩及松脂岩等）经粉碎、脱水（结晶水）、汽化膨胀、熔融玻化等工艺生产而成。其颗粒呈不规则球状，其内部为多孔的空腔结构，而外表面封闭、光滑，具有质轻、绝热、防火、耐高温、耐老化、吸水率低等优异性能，可广泛用于建材、化工、冶金、轻工等诸多领域。玻化微珠可作为轻质骨料应用于干混砂浆中，它避免了传统轻质骨料的缺陷，更适用于轻质砂浆与抹灰材料中。

以玻化微珠干混保温砂浆为保温层，在保温层面层涂抹具有防水抗渗、抗裂性能的抗裂砂浆，与保温层复合形成一个集保温、隔热、抗裂、防火、抗渗于一体的完整体系。该系统不仅具有良好的保温性能，同时具有优异的隔热、防火性能且能防虫蚁噬蚀。图 4.3 所示为玻化微珠保温系统构造示意，表 4.4 为玻化微珠与膨胀珍珠岩的技术性能比较。

玻化微珠保温系统适用于多、高层建筑的钢筋混凝土、加气混凝土、砌块、砖等围护墙的内、外保温抹灰工程，以及地下室、车库、楼梯、走廊、消防通道等防火保温工程，也适用于旧建筑物的保温改造工程及地暖的隔热支承层。

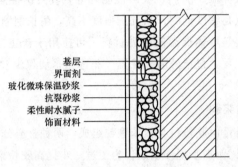

基层
界面剂
玻化微珠保温砂浆
抗裂砂浆
柔性耐水腻子
饰面材料

图 4.3　玻化微珠保温系统构造示意

表 4.4　玻化微珠与膨胀珍珠岩的技术性能比较

技术性能比较	玻化微珠	膨胀珍珠岩
粒度/mm	0.5~1.5	0.15~3
堆积密度/(kg·m^{-3})	80~130	70~250
导热系数/[W·(m·K)$^{-1}$]	0.032~0.045	0.047~0.054
成球率	≥98%	0
闭孔率	≥95%	0
吸水率(真空抽滤法测定)	20%~50%	360%~480%
筒压强度(1 MPa 压力的体积损失率)	38%~46%	76%~83%
耐火度	1 280~1 360 ℃	1 250~1 300 ℃
使用温度	1 000 ℃ 以下	—

9. 泡沫玻璃

泡沫玻璃是利用粉煤灰和废玻璃为主要原材料，添加发泡剂、改性剂、促进剂等外加剂，经细粉碎(140 目)烘干，含水量小于 1.5%，并均匀混合，放入油隔离剂的特定耐热钢模具中，经过加热、熔融、发泡、冷却、脱模、退火、切割而成。气泡占总体积的 80%~95%。气泡直径为 0.5~5 mm。泡沫玻璃因其具有质量轻、导热系数小、吸水率小、不燃烧、不霉变、强度高、耐腐蚀、无毒、物理化学性能稳定等优点被广泛用于民用建筑外墙和屋顶的隔热保温。图 4.4、图 4.5 分别为泡沫玻璃板及其外保温构造。

图 4.4　泡沫玻璃板

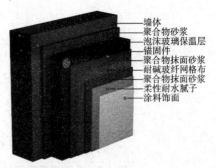

图 4.5　泡沫玻璃外保温构造

10. 气凝胶绝热厚型涂料

气凝胶是一种固体物质形态，是自然界中密度最小的固体，密度为 3 kg/m³。一般常见的气凝胶为硅气凝胶，其最早由美国科学工作者 Kistler 在 1931 年制得。气凝胶的种类很多，有硅系、碳系、硫系、金属氧化物系、金属系等。

气凝胶中包含规模庞大的小气孔，并且这些气孔的尺寸均处于纳米级别，导致气凝胶材料具有高孔隙率、高比表面积的特征，使气凝胶导热系数不足 0.015 W/(m·K)，仅为 0.013 W/(m·K)，比空气的导热系数低许多。气凝胶与建筑常用保温材料的导热系数比较如图 4.6 所示。

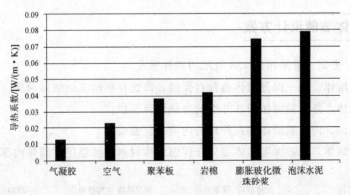

图 4.6　气凝胶与建筑常用保温材料的导热系数比较

20 世纪 80 年代，气凝胶首先应用于航空航天、石油炼化开采、军工等尖端高科技领域。进入 21 世纪以来，尤其是近十年，气凝胶材料因其优异的防火和隔热性能开始应用于建筑节能领域。目前，我国建筑行业对气凝胶的应用形式有气凝胶绝热厚型涂料、SiO_2 气凝胶玻璃、SiO_2 气凝胶保温板、SiO_2 气凝胶纤维复合材料等。

气凝胶绝热厚型涂料系统是涂覆于建筑墙体表面，由底涂漆、气凝胶绝热厚质中涂漆、气凝胶绝热面涂漆复合，施涂后形成总干膜厚度大于 2 mm 的，具有装饰、绝热功能的复合涂层，其构造形式如图 4.7 所示。其中，气凝胶绝热厚质中涂漆是以气凝胶微粉为主要功能材料制备的具有绝热功能的，施涂后干膜厚度不小于 2 mm 的膏状中间层涂料。目前，我国已针对气凝胶的相关保温材料发布《气凝胶绝热厚型涂料系统》(T/CECS 10126—2021)的技术标准，随着气凝胶相关产品的使用和生产越来越成熟，未来的应用空间会更加广泛。

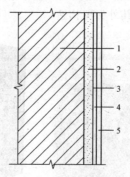

图 4.7　外墙保温采用气凝胶绝热厚型涂料系统时的基本构造
1—墙体基层；2—腻子层；3—底涂层；4—中涂层；5—面涂层

4.2　墙体节能设计

外墙占全部围护面积的 60% 以上，其能耗占建筑物总能耗的 40%。改善墙体的传热耗热能明显提高建筑的节能效果。建筑墙体节能主要是降低其传热系数，防止形成热桥。外墙保温方式分为外墙外保温、内墙内保温和中间保温。下面介绍外墙保温的节能技术。

4.2.1　墙体节能设计方案

节能墙体设计方案一般采用图 4.8 所示的四种形式。

(1)单一保温墙体。单一保温墙体也称自保温，即选择热阻高的墙体材料。

(2)外保温墙体。外保温墙体即在外墙的外侧设保温层。

(3)内保温墙体。内保温墙体即在外墙的内侧设保温层。

(4)夹心保温墙体。夹心保温墙体是复合保温墙体材料，保温层在墙体内部。

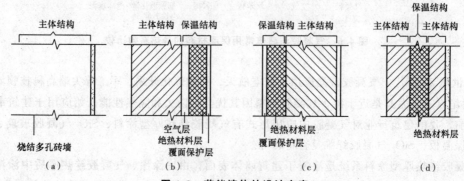

图 4.8　节能墙体的设计方案
(a)单一保温墙体；(b)外保温墙体；(c)内保温墙体；(d)夹心保温墙体

4.2.2　单一保温墙体

目前，常见的单一保温墙体构造为加气混凝土外墙自保温系统，即为加气混凝土块或板直接作为建筑物的外墙。此种墙体结构一般应用于低层建筑承重和框架结构填充墙。

单一承重用的保温墙体材料一般很难满足保温和隔热要求，也很难满足建筑的承重要求。为了达到我国的建筑节能标准要求，建筑外墙一般采用节能复合墙体。

4.2.3　外保温墙体

外保温墙体也称为外墙外保温，是将保温层置于外墙外侧，使建筑达到保温效果的做法，也是目前应用最广泛的保温做法。其具有以下特点。

1. 基本可消除热桥，保温效率高

采用外保温可有效避免热桥的不利影响，这是对比内保温和夹心保温的突出优点，外保温方式下的外墙内表面能够保持较高的温度，不易出现结露的情况，也能够有效减少热量的散失。

2. 适用范围广泛

外保温墙体可应用于各类民用和工业建筑中。既可以用于新建工程，也可以用于既有建筑的墙体保温改造；另外也不受建筑高度的限制。

3. 对主体结构起保护作用

外保温方式是将保温材料放在主体结构的外部，这就减少了外界温度、湿度、太阳照射等对墙体的影响，既可以减少主体结构的热应力，又对主体结构起保护作用，从而延长了主体结构的耐久性，内保温和夹心保温则不具备此种作用。

4. 使墙体潮湿情况得到改善

为了防止"冷凝"现象，内保温须设置空气层，而采用外保温时，由于蒸汽渗透阻高的主体结构材料处于保温层的内侧，用稳定传湿理论进行冷凝分析，在墙体内部一般不会发生冷凝现象，故无须设置空气层，在保证饰面层质量的情况下，保温材料不会因受潮而降低其保温效果。同时，由于采用外保温措施后，结构层的整个墙身温度提高了，降低了它的含湿量，因而进一步改善了墙体的保温性能。

5. 室温较稳定、热舒适性好，可改善室内热环境

在进行保温后，减少了墙体的热损失，在正常供暖情况下使室内空气温度和墙体内表面温度均有提高，这就有可能在不降低室内热环境的前提下减少热负荷，使室温较为稳定。而且由于外保温提高了外墙的内表面温度，即使室内的空气温度有所降低，也能得到舒适的室内热环境。

6. 不影响室内的使用面积

外保温不占用室内的使用面积，也没有内保温墙体对室内装修限制的缺点。

7. 冬、雨期施工受一定限制

外保温施工是在室外施工，因此，施工时受天气和气候情况影响较大。

8. 采用现场施工，施工质量要求严格，否则面层易发生开裂

外墙面的面积较大，施工难度高，处理不当易发生面层开裂，造价也较内保温层更高。

外墙外保温技术在 20 世纪 40 年代起源于欧洲，首先在德国和瑞典开始应用。因为第二次世界大战时德国有大量建筑物受到破坏，为了修补外墙裂缝，人们在建筑物外墙粘贴一层聚苯乙烯或岩棉板来修补裂缝。不久以后人们发现，这种做法不但能遮蔽裂缝还有很多其他的优点。外墙外保温不仅能使建筑物保温、隔声、防潮性能大幅提高，而且居住舒适度也大为提高。美国是在 20 世纪 60 年代后期开始使用外墙外保温技术。外墙外保温技术真正得到快速发展是在 1973 年世界能源危机以后。因为能源短缺，同时在欧美各国政府的大力推动下，欧美外墙外保温技术的市场容量以每年 15% 的速度迅速增长。由于欧美严格的立法要求，目前欧美同纬度的新建建筑的节能效率是我国的 2～3 倍。

我国外墙外保温技术起步于 20 世纪 80 年代，受当时条件限制，主要在外墙内保温方面做了一些应用，一开始主要应用于我国北方较寒冷地区，经过实践，外墙内保温技术在北方寒冷并采用供热采暖地区的缺陷日益显露，由于室内外温差过大，易形成冷凝水、内墙发霉等问题。近十年来，在学习和引进国外先进技术的基础上，我国的外墙外保温技术逐步发展起来，已初步形成了一套完整的技术，外墙保温技术的发展目前基本与世界保持同步。

按照我国《外墙外保温工程技术标准》(JGJ 144—2019) 规定要求，外墙外保温工程应满足以下标准：

(1) 外墙外保温工程应能适应基层墙体的正常变形而不产生裂缝或空鼓。

(2) 外墙外保温工程应能长期承受自重、风荷载和室外气候的长期反复作用而不产生有害的变形和破坏。

(3) 外墙外保温工程在正常使用中或地震时不应发生脱落。

(4) 外墙外保温工程应有防止火焰沿外墙面蔓延的能力。

(5) 外墙外保温工程应具有防止水渗透性能。

(6) 外保温复合墙体的保温、隔热和防潮性能应符合现行国家标准《民用建筑热工设计规范》(GB 50176—2016) 的规定。

(7) 外墙外保温工程各组成部分应具有物理－化学稳定性。所有组成材料应彼此相容并应具有防腐性。在可能受到生物侵害(鼠害、虫害等)时，外墙外保温工程还应具有防生物侵害性能。

(8) 在正确使用和正常维护的条件下，外墙外保温工程的使用年限应不少于 25 年。

4.2.4　内保温墙体

内保温墙体也称为外墙内保温，是在外墙结构的内部加做保温层，将保温材料置于外墙体的内侧，是一种相对比较成熟的技术。外墙的主体结构一般为砖砌体、混凝土墙或加气混凝土砌块等承重结构或非承重结构。其具有以下特点：

(1) 对饰面和保温材料的防水、耐候性等要求较低。

(2) 施工时不需搭设脚手架。内保温施工速度快，操作方便灵活，可以保证施工进度。

(3) 难以解决热桥的保温，由于圈梁、楼板、构造柱等会引起热桥，热损失较大。

(4) 内保温需要设置隔汽层，以防止墙体产生冷凝。

(5) 对既有建筑进行节能改造时，对居民的日常生活干扰较大；占用室内空间；不利于二次装修。

4.3 典型节能墙体构造及其施工技术

聚苯乙烯/聚氨酯塑料泡沫外保温系统是目前应用最广泛的外墙外保温技术，其施工方法有粘贴保温板外保温技术、胶粉 EPS 颗粒保温浆料外保温技术、EPS 板现浇混凝土（有钢丝网或无钢丝网）外保温技术等。以下主要介绍粘贴保温板外保温技术和 EPS 板现浇混凝土（有钢丝网或无钢丝网）外保温技术。

知识拓展：《外墙外保温工程技术规程》(JGJ 144—2008)

4.3.1 EPS/XPS/PUR/STP 板薄抹灰外墙外保温系统

EPS/XPS/PUR/STP 板薄抹灰外墙外保温系统由 EPS/XPS/PUR 板保温层、薄抹灰层和饰面涂层构成，由 EPS/XPS/PUR 板用胶粘剂固定在基层上，薄抹面层中满铺玻璃纤维网格布，如图 4.9、图 4.10 所示。

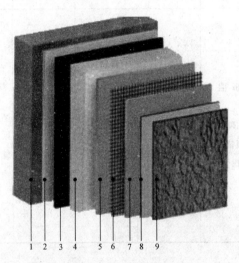

图 4.9 EPS/XPS/PUR 板薄抹灰外墙外保温系统示意

1—墙体；2—界面剂；3—聚合物胶粘剂；
4—XPS 挤塑板；5—聚合物抗裂抹面砂浆；
6—耐碱玻纤网格布；7—聚合物抗裂抹面砂浆；
8—外墙柔性耐水腻子；9—饰面层

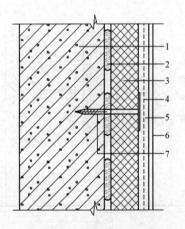

图 4.10 粘贴保温板薄抹灰外保温系统

1—基层墙体；2—胶粘剂；3—保温板；
4—抹面胶浆复合玻纤网；5—饰面层；6—锚栓

该系统的优点主要有：是综合投资最低的系统之一；热工性能高，保温效果好；隔声效果好；对建筑主体能进行长期的保护，提高主体结构的耐久性；避免墙体产生冷桥、防止发霉等。主要缺点有 EPS 板燃点低，是热熔型材料，防火性能较差，即使是阻燃型板材，阻燃的性能稳定性也较差，大多数情况下需设置防火隔离带；系统若为空腔体系，对于系统的施工工艺要求较高，一旦墙面发生渗漏水，难以修复。

1. 系统构造

EPS/XPS/PUR 板薄抹灰外墙外保温系统见表 4.5。

表 4.5 EPS/XPS/PUR 板薄抹灰外墙外保温系统构造

分类	构造示意图	系统的基本构造				
		①基层墙体	②黏结层	③保温层	④抹面层	⑤饰面层
A1型 涂料饰面	① ② ③ ④ ⑤	钢筋混凝土墙 各种砌体墙（砌体墙需用水泥砂浆找平）	胶粘剂（粘贴面积不得小于保温板面积的40%）	EPS 板 PUR 板（板两面需使用界面剂） XPS 板（板两面需使用界面砂浆时宜使用水泥基界面砂浆）	抹面胶浆复合玻纤网格布（加强型增设一层耐碱玻纤网格布）	涂料或饰面砂浆
A2型 面砖饰面	① ② ③ ④ ⑤	钢筋混凝土墙 各种砌体墙（砌体墙需用水泥砂浆找平）	胶粘剂（胶粘面积不得小于保温板面积的50%）	EPS 板	第一遍抗裂砂浆＋一层耐碱网格布，用塑料锚栓与墙体锚固＋第二遍抗裂砂浆（抹面层厚度为3～7 mm）	面砖黏结砂浆＋面砖＋勾缝料

2. 施工材料

在聚苯乙烯保温施工过程中，耐碱玻璃纤维网格布、聚合物砂浆和机械锚固件对整体施工质量和保温效果起着关键作用。

(1)耐碱玻璃纤维网格布。耐碱玻璃纤维网格布是以玻璃纤维机织物为基材，经高分子抗乳液浸泡涂层，采用无碱玻纤纱（主要成分是硅酸盐、化学稳定性好）经特殊的组织结构——纱罗组织绞织而成，后经抗碱液、增强剂等高温热定型处理，从而使其具有良好的抗碱性、柔韧性以及经纬向高度抗拉力，可被广泛用于建筑物内外墙体保温、防水、抗裂等，如图 4.11 所示。

在粘贴法保温板施工中，为防止饰面层出现脱落开裂现象，采用耐碱玻璃纤维网格布作为增强材料。

(2)聚合物砂浆。聚合物砂浆是指在建筑砂浆中添加聚合物胶粘剂，从而改善砂浆的性能。外保温系统的施工成败主要是指保温板能否牢固地黏结在墙面上，防止后期开裂，聚合物保温砂浆可满足保温板与砂浆层的黏结强度、抗冲击性能和吸水量要求。

图 4.11 耐碱玻璃纤维网格布

(3)机械锚固件。机械锚固件是用机械方法将保温材料固定在墙体上的连接件，常用铆钉和膨胀螺栓，作为保温板固定在墙上的辅助方法。

3．粘贴保温板外保温技术的工艺流程

粘贴保温板外保温技术的基本工艺流程：清理、找平墙体基层→弹、挂控制线→贴翻包网格布→配黏结胶浆→贴保温板→填塞板缝→安装保温板装饰线条→安装膨胀塑料锚栓→护面层施工(抹面砂浆＋耐碱网布)→饰面层施工(涂料、面砖等)。

4．施工环境要求

(1)施工期间的环境空气温度不应低于 5 ℃，5 级以上大风天气和雨天不应施工。

(2)施工现场应具备通电、通水施工条件，并保持清洁的工作环境。

(3)外墙和外门窗口施工及验收完毕(门窗框已安装就位)。

(4)冬期施工时，应采取适当的保护措施。

(5)夏期施工时，应避免阳光晒。必要时，可在施工脚手架上搭设防晒布，遮挡施工墙面。

(6)系统在施工过程中，应采用必要的保护措施，防止施工墙面受到污损，待建筑泛水、密封膏等构造细部按设计要求施工完毕后，方可拆除保护物。

5．施工要点

(1)清理基层墙面。

1)找平层应与基层墙体黏结牢固，不得有脱层、空鼓、裂缝，面层不得有粉化、起皮、爆灰等现象。

2)基层墙体必须清理干净，平整度对外保温系统的施工质量影响较大，要求墙面无油渍、灰尘、污垢、脱膜剂、风化物、泥土等污物，基层墙体的表面平整度、立面垂直度不得超过5 mm。超差部分必须剔凿或用 1∶3 水泥砂浆修补平整。基层墙面若太干燥，吸水性能太强时，应先洒水喷淋湿润。

3)现浇混凝土墙面应事先拉毛，用毛刷甩界面处理剂水泥砂浆在墙面成均匀毛钉状。要求拉毛长度为 3～5 mm，做拉毛处理，不得遗漏。干燥后方可进行下一道工序。

(2)弹控制线。根据建筑立面设计和外墙外保温技术要求，在墙面弹出外门窗水平、垂直控制线及伸缩缝线、装饰线等。

(3)挂基准线。在建筑外墙大角(阳角、阴角)及其他必要处挂垂直基准钢线，每个楼层适当位置挂水平线，以控制聚苯板的垂直度和平整度。

(4)基层墙体处理完毕后，应将墙面略微湿润，以备进行粘贴聚苯板工序的施工。

(5)配制聚合物砂浆胶粘剂。根据生产厂家使用说明书提供的配合比配制聚合物砂浆胶粘剂，由专人负责，严格计量，必须严格按产品使用说明书要求进行配制，搅拌时间不得少于5 min；用手持式电动搅拌机搅拌，确保搅拌均匀。配制好的胶粘剂和抹面胶浆应避免太阳曝晒，并应在规定时限内用完，配制好的胶粘剂和抹面胶浆严禁二次加水搅拌；严禁使用普通水泥砂浆粘贴保温板。配好的浆料注意防晒避风，以免水分蒸发过快。一次配制量应在可操作时间内用完。

(6)粘贴聚苯板。保温板应按顺砌方式粘贴，竖缝应逐行错缝。保温板应粘贴牢固，不得有松动。外保温用聚苯板，标准尺寸为 600 mm×900 mm、600 mm×1 200 mm 两种，非标准尺寸或局部不规则处可现场裁切，但必须注意切口与板面垂直。整块墙面的边角处应用最小尺寸大于 300 mm 的聚苯板。采用黏结方式固定聚苯板，其黏结方式有点框法和条粘法。EPS 板与基层墙体的有效粘贴面积不得小于保温板板面面积的 40%，并宜使用锚栓辅助固定。XPS 板和 PUR 板与基层墙体的有效粘贴面积不得小于保温板板面面积的 50%，并应使用锚栓辅助固定。

1)点框法。沿聚苯板的周边用不锈钢抹子涂抹配制好的黏结胶浆，浆带宽 50 mm，厚 10 mm。当采用标准尺寸的聚苯板时，应在板面的中间部位均匀布置 8 个黏结胶浆点，每点直径为 100 mm，浆厚 10 mm，中心距 200 mm。当采用非标准尺寸的聚苯板时，板面中间部位涂抹的黏结胶浆一般不多于 6 个点，但也不少于 4 个点。点框法黏结胶浆的涂抹面积与聚苯板板面面积之比不得小于 1/3，如图 4.12(a)所示。

2)条粘法。在聚苯板的背面全涂上黏结胶浆(即粘贴胶浆的涂抹面积与聚苯板板面面积之比为 1:1)，然后将专用的锯齿抹子紧压聚苯板板面，并与板面成 45°，刮除锯齿间多余的黏结胶浆，使聚苯板面留有若干条宽为 10 mm，厚度为 13 mm，中心距为 40 mm 且平行于聚苯板长边的浆带，如图 4.12(b)所示。

聚苯板抹完黏结胶浆后，应立即将板平贴在基层墙体墙面上滑动就位。粘贴时，动作应轻柔、均匀挤压。为了保持墙面的平整度，应随时用一根长度超过 2.0m 的靠尺进行压平操作。

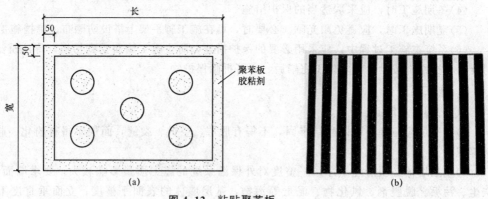

图 4.12 粘贴聚苯板

(a)点框法；(b)条粘法

排版时按水平顺序排列，上下错缝黏结，阴阳角处应做错茬处理。保温板应粘贴牢固，不得有脱层、空鼓、漏缝，粘板应用专用工具轻柔、均匀挤压聚苯板，随时用 2 m 靠尺和托线板检查平整度和垂直度。粘板时注意清除板边溢出的胶剂，使板与板之间无"碰头灰"。板缝拼严，缝宽超出 2 mm 时用相应厚度的挤塑片填塞。拼缝高差不大于 1.5 mm，否则应用砂纸或专用打磨机具打磨平整，如图 4.13 所示。

门窗洞口四角处不得拼接，应采用整个保温板切割成型，保温板拼缝应离开角部至少 200 mm，如图 4.14 所示。

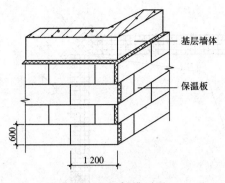

图 4.13　保温板排列图

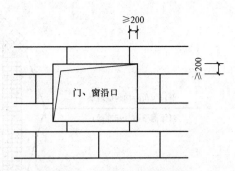

图 4.14　门窗洞口处的排列

保温板粘贴完毕后为加强固定强度，可采用铆钉固定，但锚钉主要起辅助固定作用，胶粘剂主要起负担全部荷载的作用，不能因有锚钉就不重视胶粘剂的黏结作用，所以，如果胶粘剂能满足要求也可无铆钉固定。铆钉固定法是在粘贴法的基础上设置若干锚栓固定 EPS 保温板。锚栓为高强超韧尼龙或塑料精制而成，尾部设有螺丝自攻性胀塞结构。锚栓用量为 10 层以下每平方米约 6 个，10～18 层 8 个，19～24 层 10 个，24 层以上 12 个。单个锚栓抗拉承载力极限值大于或等于 1.5 kN，适用于外墙饰面为面砖的外墙保温层施工，尤其适用于基面附着力差的既有建筑围护结构的节能改造，如图 4.15、图 4.16 所示。

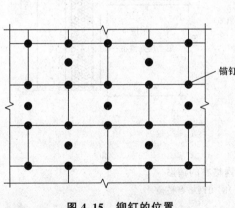

图 4.15　铆钉的位置

图 4.16　铆钉固定

（7）抹底层抹面砂浆。聚苯板安装完毕检查验收后进行聚合物砂浆抹灰。抹灰分底层和面层两次进行。在聚苯板面抹底层抹面砂浆，厚度为 2 mm。同时，将翻包网格布压入砂浆中。门窗口四角和阴阳角部位所用的增强网格布随即压入砂浆中。

（8）贴压耐碱玻璃纤维网格布。

1）底层保温层施工完，经过验收合格后，方可进行抗裂砂浆面层施工。

2）面层抗裂砂浆厚度控制在 4～5 mm（指两层罩面砂浆），抹完抗裂砂浆后，用铁抹子压入一层耐碱玻璃纤维网格布，达到网格布似露非露的效果为宜，网格布之间如有搭接时，必须满足横向 100 mm、纵向 80 mm 的搭接长度，先压入一侧，再抹一些抗裂砂浆，压入另一侧，严禁干搭。在大面积贴网格布之前，在门窗洞口四周 45°方向横贴一道 300 mm×200 mm 的加强网，如图 4.17 所示。阴阳角处网格布要压槎搭接，宽度不小于 200 mm，如图 4.18 所示。网格布铺贴要平整、无褶皱，砂浆饱满度达到 100%，同时要抹平、抹直，保持阴阳角处的方正和垂直度，注意在粘贴网格布时，应先从阴阳角处粘贴，然后大面积粘贴。

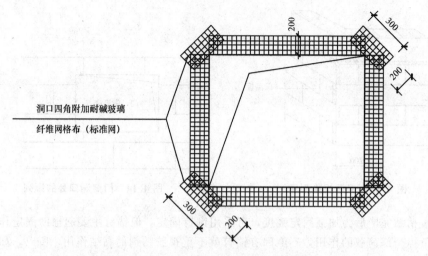

图 4.17　洞口四角附加耐碱玻璃纤维网格布

洞口四角附加耐碱玻璃
纤维网格布（标准网）

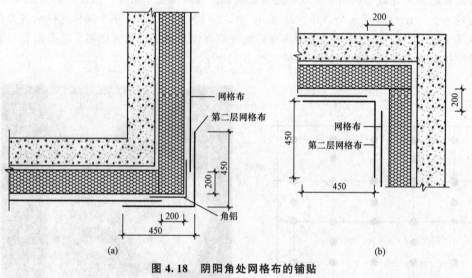

图 4.18　阴阳角处网格布的铺贴

(a)阳角网格布搭接；(b)阴角网格布搭接

(9)抹面层抹面砂浆。在底层抹面砂浆凝结前再抹一道抹面砂浆罩面，厚度为 1.2 mm，仅以覆盖网格布、微见网格布轮廓为宜。面层砂浆切忌不停揉搓，以免形成空鼓。

砂浆抹灰施工间歇应在自然断开处，方便后续施工的搭接，如伸缩、阴阳角、挑台等部位。在连续墙面上如需停顿，面层砂浆不应完全覆盖已铺好的网格布，需与网格布、底层砂浆呈台阶形坡茬，留茬间距不小于 150 mm，以免网格布搭接处平整度超出偏差。

(10)"缝"的处理。外墙外保温可设置伸缩缝、装饰缝。在结构沉降缝、温度缝处应做相应处理。留设伸缩缝时，应在进行抹灰工序时就放入分格条，等砂浆初凝后将其起出，修整缝边。缝内填塞发泡聚乙烯圆棒（条）作背衬，直径或宽度为缝宽的 1.3 倍，再分两次勾填建筑密封膏，深度为缝宽的 50%～70%。

变形缝根据缝宽和位置设置金属盖板，以射钉或螺栓紧固。

应严格按设计和有关构造图集的要求做好变形缝、滴水槽、勒角、女儿墙、阳台、水落管、装饰线条等重要节点和关键部位的施工，特别要防止渗水。

(11)装饰线条做法。

1)装饰缝应根据建筑设计立面效果处理成凹型或凸型。凸型称为装饰线,以聚苯板来体现为宜,此处网格布与抹面砂浆为断开。粘贴聚苯板时,先弹线标明装饰线条位置,将加工好的聚苯板线条粘于相应位置。线条凸出墙面超过 100 mm 时,需加设机械固定件。线条表面按普通外保温抹面做法处理。凹型称为装饰缝,用专用工具在聚苯板上刨出凹槽再抹防护层砂浆。

2)滴水线槽:滴水线槽应镶嵌牢固,窗口滴水槽处距离外墙两侧各 30 mm,滴水槽处距离墙面 30 mm,面层抹一层抗裂砂浆,外窗外边下口必须做泛水(内外高差为 10 mm),保温板损坏部分补胶粉颗粒。

3)变形缝做法:变形缝内用建筑胶粘牢 50 mm 厚软质聚氯乙烯泡沫塑料,外侧用 0.7 mm 厚的彩色钢板封堵。在变形缝处填塞的发泡聚乙烯圆棒,深度为缝宽的 50%~70%,然后嵌密封膏,施工前必须清理变形缝内的杂物。

4)涂料面层:涂料施工前,首先检查抹面聚合物胶泥上是不是有抹子刻痕,网格布是否全部埋入,然后修补面层的缺陷,或凹凸不平处,并用细砂纸打磨光滑。涂料面层按施工正常操作规范施工。

(12)成品保护。外保温施工完成后,后续工序与其他正在进行的工序应注意对成品进行保护。

1)防止施工污染。

2)吊运物品或拆脚手架时防止撞击墙面。

3)防止踩踏窗口。

4)对碰撞坏的墙面及时修补。

5)外保温工程完工后应避免高温或明火作业,采取相应的防火措施。

(13)破损部位修补。因工序穿插,操作失误或使用不当致使外保温系统出现破损的,按以下程序进行修补。

1)用锋利的刀具剜除破损处,剜除面积略大于破损面积,形状大致整齐。注意防止损坏周围的抹面砂浆、网格布和聚苯板。清除干净残余的胶粘剂和聚苯板碎粒。

2)切割好一块规格、形状完全相同的聚苯板,在背面涂抹厚度适当的胶粘剂,塞入破损部位基层墙体粘牢,表面与周围聚苯板齐平。

3)仔细把破损部位四周约 100 mm 宽度范围内的涂料和面层抹灰砂浆磨掉。注意不得伤及网格布,不得损坏底层抹面砂浆。如果不小心切断了网格布,打磨面积应继续向外扩展。如造成底层抹面砂浆破碎,应抠出碎块。

4)在修补部位四周贴胶纸带,以防造成污染。

5)用抹面砂浆补齐破损部位的底层抹面砂浆,用湿毛刷清理不整齐的边缘。对没有新抹砂浆的修补部位做界面处理。

6)剪一块面积略小于修补部位的网格布(玻纤方向横平竖直),绷紧后紧密粘贴到修补部位上,确保与原网格布的搭接宽度不小于 80 mm。

7)从修补部位中心向四周抹面层抹面砂浆,做到与周围面层顺平。防止网格布移位、皱褶。用湿毛刷修整周边不规则处。

8)待抹面砂浆干燥后,在修补部位补做外饰面,其纹路、色泽尽量与周围饰面一致。

9)待外饰面干燥后,撕去胶纸带。

4.3.2 EPS板现浇混凝土(无钢丝网)外保温技术

1. 系统构造

EPS板现浇混凝土外保温系统用于现浇混凝土剪力墙结构,以现浇混凝土外墙为基层、EPS板为保温层,EPS板内表面(与现浇混凝土接触的表面)开有矩形齿槽,内、外表面均满涂界面砂浆。施工时将EPS板置于外模板内侧,并安装辅助固定件。浇筑混凝土后,墙体与EPS板、辅助固定件结合为一体,EPS板表面做抹面胶浆薄抹面层,抹面层中满铺玻璃纤维网格布,外表面以涂料或饰面砂浆为饰面层。该技术主要用于寒冷和严寒地区,适用于现浇混凝土剪力墙结构体系外墙。

知识拓展:《外墙外保温建筑构造》(10J121)

EPS板现浇混凝土(无钢丝网)外保温构造见表4.6。

表4.6 EPS板现浇混凝土(无钢丝网)外保温构造

分类		构造示意图	系统的基本构造				
			①基层墙体	②保温层	③过渡层	④抹面层	⑤饰面层
C1型	涂料饰面	①②③④	钢筋混凝土墙体	双面经界面砂浆处理的竖向凹槽EPS板(EPS板上安装有塑料卡钉)	—	抹面胶浆复合玻纤网格布(加强型增设一层耐碱玻纤网格布)	涂料或饰面砂浆
C2型	涂料饰面	①②③④⑤	钢筋混凝土墙体	双面经界面砂浆处理的竖向凹槽EPS板(EPS板上安装有塑料卡钉)	胶粉EPS颗粒保温浆料(厚度>10 mm)	抹面胶浆复合耐碱网格布(加强型增设一层耐碱网格布)+弹性底涂(总厚度普通型3~5 mm,加强型5~7 mm)	柔性耐水腻子(工程设计有要求时)+涂料
	面砖饰面	①②③④⑤	钢筋混凝土墙体	双面经界面砂浆处理的竖向凹槽EPS板(EPS板上安装有塑料卡钉)	胶粉EPS颗粒保温浆料(厚度>10 mm)	第一遍抗裂砂浆+热镀锌金属网(四角电焊网或六角编织网),用塑料锚栓与基层墙体锚固+第二遍抗裂砂浆(总厚度为8~10 mm)	面砖黏结度+面砖+勾缝料

EPS 板现浇混凝土外墙保温系统基本构造如图 4.19 所示。

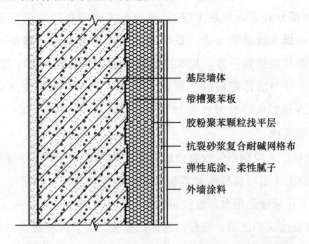

基层墙体
带槽聚苯板
胶粉聚苯颗粒找平层
抗裂砂浆复合耐碱网格布
弹性底涂、柔性腻子
外墙涂料

图 4.19 EPS 板现浇混凝土外墙外保温系统基本构造

该系统的主要特点：施工简单、安全、省工、省力、经济、与墙体结合好，并能进行冬期施工。摆脱了"人贴手抹"的手工操作安装方式，实现了外保温安装的工业化并减轻了劳动强度，有很好的经济效益和社会效益。

2. EPS 板现浇混凝土(无钢丝网)外保温施工过程

将工厂标准化生产的 EPS 模块经积木式互相错缝插接拼装成现浇混凝土墙体的外侧免拆模块，用木模板作为内外侧模板，通过连接桥将两侧模板组合成空腔构造，在空腔构造内浇筑混凝土，待混凝土硬化后，拆除复合墙体内侧模板和外侧支护，由混凝土握裹连接桥、连接桥拉结模块和模块内表面燕尾槽与混凝土机械咬合所构成的外墙外保温体系。

EPS 板现浇混凝土(无钢丝网)外保温施工流程如图 4.20 所示。

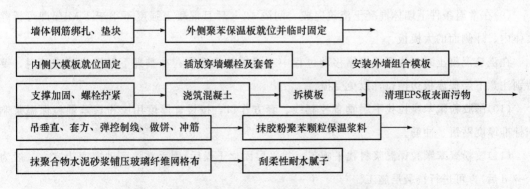

图 4.20 EPS 板现浇混凝土(无钢丝网)外保温施工流程

(1)按施工设计图做好聚苯板的排板方案。墙身钢筋绑扎完毕，水电箱盒、门窗洞口预埋完毕，检查保护层厚度确保其符合设计要求，办完隐蔽工程验收手续。

(2)弹好墙身线。在 EPS 外墙模板系统支模时，首先将 EPS 板按外墙身线就位于外墙钢筋的外侧，先根据建筑物平面图及其形状排列聚苯板，安装时首先安装阴阳角处聚苯板，然后再安装大墙面聚苯板，并且根据其特殊节点的形状预先将聚苯板裁好，将聚苯板的接缝处涂刷上胶粘剂(有污染的部分必须先清理干净)，板与板之间的企口缝在安装前涂刷聚苯板胶粘剂，随即安装。然后将聚苯板黏结上去，黏结完成的聚苯板不要再移动，在板的专用竖缝处用塑料夹子将两块聚苯板连接到一起，基本拉住聚苯板。用专用 ABS 工程塑料卡穿透聚苯板，就位时可用绑扎丝将卡子与墙体钢筋绑扎固定，绑扎时注意聚苯板底部应绑扎紧一些，使底部内收 3~5 mm，以保证拆模后聚苯板底部与上口平齐。再用专用卡子骑板缝插入机械连接两板，要求两板尽可能紧密。

(3)绑扎钢筋、垫块。外墙钢筋验收合格后，绑扎按混凝土保护层厚度要求制作好的水泥砂浆垫块。每平方米不少于 4 个，首层的聚苯板必须严格控制在统一水平上，保证以后上面聚苯板的缝隙严密和垂直。在板缝处用聚苯板胶填塞。

(4)在外侧聚苯板安装完毕之后，安装门窗洞口模板，安装内模板之前要检查钢筋、各种水电预埋件位置是否正确，并清扫模内杂物。

(5)内模板按内墙身位置线找正之后，将外墙内侧向的大模板准确就位，调整好垂直度，立模的精度要符合标准要求，并固定牢靠，使该模板成为基准模板。

(6)从内模板穿墙孔处插穿墙拉杆及塑料套管和管堵，并在穿墙拉杆的端部，套上一节镀锌薄钢板圆筒。插入聚苯板但此时暂不穿透聚苯板模板。

(7)合外模板时首先将外模板放在三脚架上，按照大模板穿墙螺栓的间距，用电烙铁给聚苯板开孔，使模板与聚苯板的孔洞吻合，孔洞不宜过大以免漏浆。此时，二次插穿墙螺栓利用镀锌薄钢板圆筒，将 EPS 板切出一个圆孔，使穿墙螺栓完全穿透墙体外模板，用穿墙螺栓将外墙外侧组合模板就位。

(8)穿墙螺栓穿透墙体后，将端头套的镀锌薄钢板圆筒摘掉，然后完成相应的外模板的调整和紧固作业。

(9)在常温条件下墙体混凝土浇筑完成，间隔 12 h 后且混凝土强度不小于 1 MPa 即可拆除墙体内、外侧面的大模板。

在浇筑混凝土时，注意振捣棒移动过程中不要损坏保温层；在整理下层甩出的钢筋时，要特别注意下层保温板边槽口，以免受损。

(10)吊胶粉聚苯颗粒找平层垂直控制线、套方作口，按设计厚度用胶粉聚苯颗粒保温浆制作标准厚度贴饼、冲筋。

(11)胶粉聚苯颗粒保温浆料找平施工。找平层固化干燥后(用手掌按不动表面为宜，一般为3~7 d 后)方可进行抗裂层施工。

(12)抹抗裂砂浆，铺压耐碱网格布。耐碱网格布按楼层间尺寸事先裁好，抹抗裂砂浆时将3~4 mm 厚抗裂砂浆均匀地抹在保温层表面，立即将裁好的耐碱网格布用铁抹子压入抗裂砂浆内。相邻网格布之间搭接宽度不应小于 50 mm，并不得使网格布皱褶、空鼓、翘边。首层应铺贴双层网格布，第一层铺贴加强型网格布，加强型网格布应对接，然后进行第二层普通网格布的铺贴，两层网格布之间抗裂砂浆必须饱满。在首层墙面阳角处设 2 m 高的专用金属护角，护角应夹在两层网格布之间。其余楼层阳角处两侧网格布双向绕角相互搭接，各侧搭接宽度不小于 150 mm。门窗洞口四角应增加 300 mm×400 mm 的附加网格布，铺贴方向 45°。

(13)刮柔性耐水腻子。刮柔性耐水腻子应在抗裂防护层干燥后施工，做到平整光洁。

3. 成品保护

(1)在抹灰前应对保温层半成品加强保护，尤其应对首层阳角加以保护。

(2)分格线、滴水槽、门窗框、管道、槽盒上残存砂浆，应及时清理干净。

(3)装修时应防止破坏已抹好的墙面，门窗洞口、边、角宜采取保护性措施。其他工种作业时不得污染或损坏墙面，严禁蹬踩窗台。

(4)涂料墙面完工后要妥善保护，不得磕碰损坏。

4. 注意事项

(1)在外墙外侧安装聚苯板时，将企口缝对齐，墙宽不合模数时，应用小块保温板补齐，门窗洞口处保温板不开洞，待墙体拆模后再开洞。门窗洞口及外墙阳角处聚苯板外侧燕尾槽的缝隙，仍用切割燕尾槽时多余楔形聚苯板条塞堵，深度为 10～30 mm。

(2)聚苯板竖向接缝时应注意避开模板缝隙处。

(3)墙体混凝土浇灌完毕后，如槽口处有砂浆存在应立即清理。

(4)穿墙螺栓孔，应以干硬性砂浆捻实填补(厚度小于墙厚)，随即用保温浆料填补至保温层表面。

(5)聚苯板在开孔或裁小块时，注意防止碎块掉进墙体内。

(6)施工门窗口应采用胶粉聚苯颗粒保温浆料进行找平。

(7)涂料应与底漆相容。

(8)应遵守有关安全操作规程。新工人必须经过技术培训和安全教育方可上岗。电动吊篮或脚手架经安全检查验收合格后，方可上人施工，施工时应有防止工具、用具、材料坠落的措施。

4.3.3　现场喷涂硬泡聚氨酯外保温系统

聚氨酯泡沫塑料的导热系数比聚苯乙烯还要小一些，所以，其保温效果良好。另外，其防火性能也优于聚苯乙烯塑料泡沫。目前聚氨酯泡沫塑料用于墙体和屋面保温可以有喷涂、粘贴、浇注等施工方法。其中，粘贴法与聚苯乙烯塑料泡沫板施工方法相同，这里不再赘述。本节主要以聚氨酯塑料泡沫喷涂法为主要学习对象进行叙述。该方法主要应用于外墙表面不规则的保温系统中，也可用于各地区需冬季保暖、夏季隔热的各类民用和工业建筑，不受建筑高度限制。

1. 系统构造

现场喷涂硬泡聚氨酯外保温系统，也称 PU 喷涂系统，该系统由界面层、聚氨酯硬泡保温层、抹面层、饰面层或固定材料等构成，是安装在外墙外表面的非承重保温构造，可用作墙体外保温、内保温和屋面保温。根据饰面层做法不同，可分为涂料饰面系统及面砖饰面系统两种，如图 4.21、图 4.22 所示。

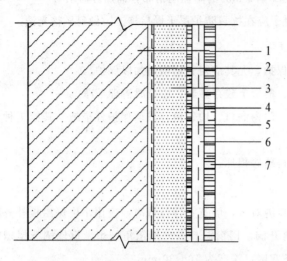

图 4.21　聚氨酯硬泡外墙外保温构造　　　　图 4.22　聚氨酯喷涂保温作业

1—基层墙体；2—防潮隔汽层(必要时)＋胶粘剂(必要时)；

3—聚氨酯硬泡保温层；4—界面剂(必要时)；

5—玻纤网布(必要时)；6—抹面胶浆(必要时)；7—饰面层

2. 现场喷涂硬泡聚氨酯外保温系统施工过程

喷涂硬泡聚氨酯外墙保温系统采用现场聚氨酯硬泡喷涂进行主体保温，采取 ZL 胶粉聚苯颗粒保温浆料找平和补充保温，充分利用了聚氨酯优异的保温和防水性能以及 ZL 胶粉聚苯颗粒外墙外保温体系的柔性抗裂性能，是技术先进、保温性能优良的外墙外保温体系。

(1)施工流程。施工流程：基层清理→吊垂线、粘贴聚氨酯预制块、聚合物砂浆找补→粘贴聚氨酯预制块→涂刷聚氨酯防潮底漆→喷涂无溶剂硬泡聚氨酯→聚氨酯界面处理→聚苯颗粒浆料找平→抗裂防护层(压入耐碱网格布)及饰面层。

(2)施工条件及准备。

1)喷涂施工时的环境温度宜为 10～40 ℃，风速应不大于 5 m/s(3 级风)，相对湿度应小于80%，雨天不得施工。当施工的环境温度低于 10 ℃时，应采取可靠的技术措施保证喷涂质量。

2)材料准备。包括聚氨酯硬质泡沫塑料、聚氨酯界面砂浆、胶粉聚苯颗粒、抹面砂浆、耐碱网格布。

3)技术准备。施工前，须编制操作程序和质量控制的技术交底；加强对进场原材料的质量验收、控制。选择具备资质的专业施工队伍，操作人员必须持证上岗；设置专职质量监督员对整个施工过程进行监控，确保施工质量。

(3)施工要点。

1)基层清理。在聚氨酯硬泡体喷涂施工前，必须将墙体基面清理干净。吊垂线、粘贴聚氨酯预制块、聚合物砂浆找补吊大墙垂直线，检查墙面平整度及垂直度，用聚合物水泥砂浆修补加固找平。

2)粘贴聚氨酯预制块。吊垂直厚度控制线，由下而上在阴角、阳角、门窗口等处粘贴已经预制好的聚氨酯预制块或板，聚氨酯预制块粘贴后应达到厚度控制线的位置。对于墙面宽度大于 2 m 处，需增加水平控制线，并做厚度标筋。

3)涂刷聚氨酯防潮底漆。满涂聚氨酯防潮底漆,用滚刷将聚氨酯防潮底漆均匀涂刷,无漏刷、透底现象。

4)喷涂无溶剂硬泡聚氨酯。

5)喷涂作业前,用塑料薄膜等将门窗、脚手架等非涂物遮挡、保护起来。

6)运送到现场的聚氨酯组合料应存放在阴凉通风的临时库房或搭建的棚子内,不应放在露天太阳直射的地方,组合料因发泡剂挥发应采用密封镀锌铁桶装。冬期施工气温低时,组合料允许加热到 25 ℃,有阻燃要求的组合料可在出厂前混入阻燃剂,也可在施工现场配入阻燃剂,但要与组合料混合均匀,混入阻燃剂的组合料发泡参数会有所变化且储存时间变短。多异氰酸酯也应存放在无太阳直射的阴凉通风场所,冬期施工气温低时,多异氰酸酯允许加热到 70 ℃,但温度不应过高。

7)发泡机到现场后接通电源,检查发泡机空运转情况,并打入物料进行循环,检查有无泄漏及堵塞情况,校准计量泵流量,按所需比例调试比例泵,比例误差不大于 4%,每次都要进行试喷,待试喷正常后再正式进行喷涂作业。

8)喷枪距墙面 0.4～0.6 m,喷枪移动速度要均匀,以 0.5～0.8 m/s 为宜。一次喷涂厚度要适宜,一次喷涂厚度一般不超过 10 mm。一次喷涂厚度太薄,泡沫体密度大,用料多,一次喷涂厚度过大,反应热难以发散,容易产生变形起鼓缺陷。喷施第一遍之后在喷涂硬泡层上插与设计厚度相等的标准厚度钉,插钉间距以 30～40 cm 为宜,并成梅花状分布。

9)喷涂过程中随时检查泡沫质量,如外观平整度,有无脱层、发脆发软、空穴、起鼓、开裂、收缩塌陷、花纹、条斑等现象,发现问题及时停机查明原因并妥善处理。喷涂作业完成 20 min 后开始清理遮挡保护部位的泡沫及修整超过 10 mm 厚的突出部位。使喷涂面凹凸不超过 5 mm。

10)聚氨酯界面处理。在聚氨酯硬泡体喷涂完成 4 h 之后,做界面处理,界面砂浆或界面素浆可用滚子均匀地涂刷于聚氨酯硬泡体表面层上,以保证聚氨酯硬泡体与聚合物水泥砂浆的黏结。

11)聚苯颗粒浆料找平。抹胶粉聚苯颗粒找平时,应分两遍施工,每遍间隔在 24 h 以上。抹头遍胶粉聚苯颗粒应压实,厚度不宜超过 1 cm。第二遍操作时应达到冲筋厚度并用大杠搓平,用抹子局部修补平整;30 min 后,用抹子再赶抹墙面,用托线尺检测后达到验收标准。找平层固化干燥后(用手掌按不动表面为宜,一般为 3～7 d)方可进行抗裂层施工。

12)抗裂防护层(压入耐碱网格布)及饰面层。抹抗裂砂浆,铺压耐碱网格布。耐碱网格布按楼层间尺寸事先裁好,抹抗裂砂浆时,将 3～4 mm 厚抗裂砂浆均匀地抹在保温层表面,立即将裁好的耐碱网格布用铁抹子压入抗裂砂浆内。相邻耐碱网格布之间搭接宽度不应小于 50 mm,并不得使网格布皱褶、空鼓、翘边。首层应铺贴双层网格布,第一层铺贴加强型网格布,加强型网格布应对接,然后进行第二层普通网格布的铺贴,两层网格布之间抗裂砂浆必须饱满。在首层墙面阳角处设 2 m 高的专用金属护角,护角应夹在两层网格布之间。其余楼层阳角处两侧网格布双向绕角相互搭接,各侧搭接宽度不小于 150 mm。门窗洞口四角应增加 300 mm×400 mm 的附加网格布,铺贴方向 45°。刮柔性腻子应在抗裂防护层固化干燥后施工,做到平整光洁。

(4)安全措施。

1)使用的施工机械、电动工具必须配备"三级配电两级保护""一机一闸一漏一箱"。

2)手持电动工具负荷线必须采用橡皮护套铜芯软电缆，并不得有接头；插头、插座应完整，严禁不用插头而将电线直接插入插座内。

3)手持电动工具使用前必须做空载检查，外观无损坏及运行正常后方可使用。

4)每台吊篮应由专门人员负责操作，并且操作人员必须无不适应高空作业的疾病和生理缺陷，使用前认真阅读说明书，并经常对吊篮进行保养。

5)操作和施工人员上吊篮必须佩戴安全帽、系安全带。

6)严禁吊篮超载使用，并且保证佩戴的稳定力矩等于或大于两倍的平台自重、额定核载及风载力矩。

7)距吊篮 10 m 范围内有高压线不得使用。

8)在雷雨、雾天、冰雹、风力大于五级时不能使用吊蓝施工。

9)作业人员离开施工现场，应先拉闸切断电源后离开，避免误碰触开关发生事故。

(5)环保措施。

1)保温材料、胶粘剂、稀释剂和溶剂等使用后，应及时封闭存放，废料及时清出室内。

2)禁止在室内使用有机溶剂清洗施工用具。

3)施工现场噪声严格控制在 90 dB 以内。

该施工工艺质量标准除满足相应规范外，同时满足下列要求：

(1)聚氨酯硬泡组合料、多异氰酸酯、DG 单组分聚氨酯防潮底漆、界面砂浆、聚合物水泥砂浆、耐碱玻纤网格布的质量应符合本规程规定的指标要求。

(2)聚氨酯硬泡体必须与墙面黏结牢固，无松动开裂起鼓现象。检查数量按每 20 m 长抽查一处，但不少于 3 处，观察并用手推拉检查。

(3)聚合物水泥砂浆必须与聚氨酯硬泡体黏结牢固，无脱层、空鼓。面层无爆灰及龟裂。检查数量按每 20 m 长抽查 1 处，但不少于 3 处，用小锤轻击和目视检查。

(4)硬泡保温层厚度应符合设计要求。用 1 mm 钢针刺入至基层表面，每 100 m² 监测 5 处，测量钢针插入深度，最薄处不应少于设计厚度。

(5)抹面层无裂缝及爆灰等缺陷，目视检查。

(6)对喷涂完毕硬泡体及抹完聚合物水泥砂浆的保温墙体，不得随意开凿打孔，若确实需要，应在聚合物水泥砂浆达到设计强度后方可进行，安装完成后其周围应恢复原状。

(7)防止重物撞击外墙保温系统。

4.3.4　岩棉板外墙外保温系统

1. 系统构造

岩板外墙外保温系统是由岩棉板保温层、固定材料(胶粘剂、锚固件等)、找平浆料层(必要时)、抹面层和饰面层构成，并固定在外墙外表面的非承重保温构造，简称岩棉板外保温系统。该系统包括岩棉板复合浆料外墙外保温系统和岩棉板单层或双层耐碱玻纤网薄抹灰外墙外保温系统。其基本构造见表 4.7、表 4.8。

表 4.7 岩棉板复合浆料外墙外保温系统基本构造

构造层	组成材料	构造示意图
基层墙体①	混凝土墙或砌体墙	
黏结层②	胶粘剂	
界面层③	界面剂	
保温层④	岩棉板/带	
界面层⑤	界面剂	
找平浆料层⑥	胶粉 EPS 颗粒或膨胀玻化微珠复合后热镀锌电焊网（用锚栓⑦及塑料圆盘⑧固定）	
抹面层⑨	抹面胶浆复合耐碱玻纤网＋防潮底漆	
饰面层⑩	饰面砂浆＋罩面漆或柔性腻子＋涂料	

表 4.8 岩棉板单层或双层耐碱玻纤网薄抹灰外墙外保温系统基本构造

防护层构成形式	构造层	组成材料	构造示意图
单层耐碱玻纤网	基层墙体①	混凝土墙或砌体墙	
	黏结层②	胶粘剂	
	界面层③	界面剂	
	保温层④	TR15 岩棉板或 TR80 岩棉带（用锚栓⑤及塑料圆盘⑥固定）	
	界面层⑦	界面剂	
	抹面层⑧	抹面胶浆一层耐碱玻纤网＋防潮底漆	
	饰面层⑨	饰面砂浆＋罩面漆	

防护层构成形式	构造层	组成材料	构造示意图
双层耐碱玻纤网	基层墙体①	混凝土墙或砌体墙	
	黏结层②	胶粘剂	
	界面层③	界面剂	
	保温层④	TR10 或 TR7.5 岩棉板	
	界面层⑤	界面剂	
	抹面层⑥	抹面胶浆复合两层耐碱玻纤网（用锚栓⑦及塑料圆盘⑧固定）＋防潮底漆	
	饰面层⑨	饰面砂浆＋罩面漆	

2. 岩棉板外墙外保温系统施工过程

(1)基层处理及要求。

1)基层为砌体的部分，用水泥砂浆进行内抹灰找平。

2)为保证保温工程的质量，减少材料的浪费，本系统要求：基层面干燥、平整，平整度小于或等于 4 mm/2 m；基层面具有一定强度，表面强度不小于 0.5 MPa；基层面无油污、浮尘或空鼓的疏松层等其他异物。

3)当基层面不符合要求时，必须采取有效措施进行处理，完成修整后方可进行保温板施工：

①基层平整度不合格时，凿除墙面过于凸起部位，用 1∶3 水泥砂浆粉刷找平，养护 5～7 d（视强度而定）。

②基层面有粉尘、疏松层时，必须铲除、清理干净，采用相关材料处理。如必要采用封闭底漆处理，清理和增强界面强度。

(2)粘贴岩棉板施工。

1)吊线。挂基准线、弹控制线时根据建筑立面设计和外保温技术要求，在建筑外墙阴阳角及其他必要处挂垂直基准线，以控制保温板的垂直度和平整度。在墙面弹出外门、窗口的水平、垂直控制线一级伸缩缝线、装饰条线、装饰缝线、托架安装线等。

2)安装铝合金托架。在勒脚部位外墙面上沿距散水 300 mm 的位置用墨线弹出水平线，沿水平线安装托架，水平线以下粘贴聚苯板，起到防潮作用。水平线以上粘贴第一层岩棉板。安装托架时保证托架处于水平的位置，两根托架之间留有 3 mm 的缝隙，托架水平方向宽度小于岩棉厚度。

3)涂刷岩棉界面剂。将界面剂先涂刷在岩棉板粘贴面，在涂刷过程中，岩棉板要轻拿轻放，以免损坏；在做抹面层施工前，再涂刷岩棉板外表面(岩棉板四周侧边不得涂刷)，涂刷要均匀，不得漏刷。

4)胶粘剂配置。胶粘剂是一种聚合物增强的水泥基预制干拌料,在施工时只需按质量比为4∶1(干粉∶水)的比例加水充分搅拌,直到搅拌均匀,稠度适中。

注意:胶粘剂应设专人进行配置。视施工环境、气候条件不同,可在一定范围内通过改变加水量来调节粘胶的施工和易性。加水搅拌后的粘胶要在2 h内用完。

在搅拌和施工时不得使用铝质容器或工具;配置好的胶粘剂严禁二次加水搅拌。

5)翻包网。门窗外侧洞口系统与门窗框的接口处、伸缩缝或墙身变形缝等需要保温终止系统的部位、勒脚、阳台、雨篷、女儿墙等系统尽端处,要采用耐碱网格布对系统的保温实施翻包。翻包网宽度约为200 mm,在保温板黏结层中的长度不小于100 mm。

6)岩棉板的粘贴。应优先采用条粘法施工时先用平边抹灰刀将粘胶均匀地涂到保温板表面上,然后使用专用的锯齿抹子,保持抹子紧贴聚苯板并拖刮出锯齿间其余的粘胶,形成胶浆条。岩棉板上抹完胶粘剂后,应先将岩棉板下端与基层墙体墙面粘贴,然后自上而下均匀挤压、滑动就位。粘贴时应轻柔,并随时用2 m靠尺和托线板检查平整度和垂直度。注意清除板边溢出的粘胶,板的侧边不得有粘胶。相邻岩棉板应紧密对接,板缝不得大于2 mm(板缝应用聚氨酯处理),且板间高差应不大于1 mm。

保温板自上而下,沿水平向铺设粘贴,竖缝必须逐行错缝1/2板长,在墙角处交错互锁,并保证墙角垂直度。

门窗洞口四角处或局部不规则处岩棉板不得拼接,采用整块岩棉板切割成型,岩棉板接缝离开角部至少200 mm,注意切割面与板面垂直。门、窗开口处不得出现板缝。

(3)第一遍抹面胶浆施工。岩棉板粘贴完成24 h,且施工质量验收合格后,可进行第一遍抹面胶浆施工。抹面胶浆施工前应根据设计要求做好滴水线条或鹰嘴线条。在门窗洞口四角沿45°方向铺贴200 mm×300 mm玻纤网加强。根据墙面上不同标高的洞口、窗口、檐线等,裁好所用的玻纤网,长度宜为3 000 mm左右。在岩棉板表面抹第一遍抹面胶浆,应均匀、平整、无褶皱。

(4)岩棉板锚固施工。第一遍抹面胶浆施工完成24 h,且施工质量验收合格后,可进行锚栓锚固施工。锚固件的安装应按设计要求,用冲击钻或电锤打孔,钻孔深度应大于锚固深度10 mm。锚栓按梅花状布置,数量每平方米不小于10个。锚栓间距不大于400 mm,从距离墙角、门窗侧壁100~150 mm及从檐口与窗台下方150 mm处开始安装。沿墙角或者门窗周边,锚栓适当加密,锚固件间距不大于250 mm。

锚栓安装时,将锚固钉敲入或拧入墙体,圆盘紧贴第一层抹面胶浆,不得翘曲,并及时用抹面胶浆覆盖圆盘及其周围。

(5)第二遍抹面胶浆施工。锚栓安装完成且施工质量验收合格后,可进行第二遍抹面胶浆施工。

抹第二遍抹面胶浆应均匀、平整,厚度为2~3 mm,并趁湿压入第二层玻纤网。玻纤网应自上向下铺设,顺茬搭接,玻纤网的上下、左右之间均应用搭接,其搭接宽度不应小于100 mm,玻纤网不得外露,不得干搭接,铺贴要平整、无褶皱。抹面胶浆施工间歇应在一个楼层处,以方便后续施工的搭接。在连续墙面上如需停顿,抹面胶浆应形成台阶型坡茬,留茬间距不小于150 mm。

(6)第三遍抹面胶浆施工。

1)第二次抹面胶浆施工初凝稍干,可进行第三层抹面胶浆施工,抹面胶浆厚度为1 mm,抹平。

2)抹面胶浆施工完成后，应检查平整度、垂直度、阴阳角方正，对不符合要求的采用抹面胶浆修补。

(7)电焊网铺设及锚固施工。

1)岩棉板粘贴完成 24 h，且施工质量验收合格以后，可进行电焊网铺设及锚固施工。

2)电焊网的铺设应压平、找直，并保持阴阳角的方正和垂直度，电焊网不平处用塑料 U 形卡卡平，然后用锚栓锚固电焊网及岩棉板。

3)电焊网搭接宽度不应小于两个完整的网格，搭接处应用镀锌钢丝绑扎牢固，电焊网搭接处不打锚栓。墙体底部、门窗洞口侧壁、墙体转角处岩棉板采用定型电焊网增强。包边网片要同岩棉板一起由锚栓锚固。

4)锚固件的安装用冲击钻或电锤打孔，钻孔深度应大于锚固深度 10 mm。

5)锚栓按梅花状布置，数量每平方米不小于 10 个。锚栓间距不大于 400 mm，从距离墙角、门窗侧壁 100～150 mm 及从檐口与窗台下方 150 mm 处开始安装。沿墙角或者门窗周边，锚栓适当加密，锚固件间距不大于 250 mm。

6)锚栓安装时，将锚固钉敲入或拧入墙体，圆盘紧贴电焊网，不得翘曲。

(8)找平层施工。施工前用找平砂浆做标准厚度灰饼，然后抹找平砂浆，用大杠刮平，并修补墙面达到平整度要求。施工时，还应注意门窗洞口及阴阳角的垂直、平整及方正。

(9)抹面层施工。

1)在找平层施工完成后 3～7 d，且施工质量验收合格后，方可进行抹面层施工。

2)在门窗洞口四角沿 45°方向铺贴 200 mm×300 mm 玻纤网增强。采用护角线条时，护角线条应先用抹面胶浆粘贴在找平层外，外层玻纤网覆盖护角线条。

3)根据墙上下不同标高处的洞口、窗口、檐线等，裁好所用的玻纤网，长度为 3 000 mm 左右。

4)抹第一遍抹面胶浆，厚度为 2～3 mm，随即压入玻纤网，铺贴要平整、无褶皱，24 h 后，在其表面抹第二遍抹面胶浆，厚度为 1～2 mm，以面层凝固后露出玻纤网暗格为宜，抹面胶浆总厚度为 3～5 mm。

5)玻纤网应自上向下铺设，顺茬搭接，玻纤网的上下、左右之间均应搭接，搭接宽度不应小于 100 mm，玻纤网不得外露，不得干搭接，铺贴要平整、无褶皱。

6)抹面胶浆施工间歇应在一个楼层处，以便施工的搭接。在连续墙面上如需停顿，抹面胶浆应形成台阶型坡茬，留茬间距不小于 150 mm。

7)抹面胶浆施工后，检查平整度、垂直度及阴阳角方正，不符合要求的采用抹面胶浆进行修补。

(10)成品保护。施工过程中和施工结束后，应做好半成品及成品的保护，防止污染和损坏；各构造层材料在完全固化前，应防止淋水、撞击和振动。墙面损坏及使用脚手架的预留孔洞应用相同材料修补。

4.3.5　胶粉聚苯颗粒保温浆料外墙外保温系统

1. 系统构造

该系统是由界面层、保温层、抗裂防护层和饰面层组成，其基本构造如图 4.23 所示。保温层由胶粉料和聚苯颗粒轻骨料加水搅拌成胶粉聚苯颗粒保温浆料抹于墙体表面形成，可视为一种保温砂浆。饰面层可以是弹性涂料，也可以粘贴面砖或干挂石材。这种技术具有材料配套、施工方便，保温层连续，整体性好，施工适应性强，工程造价较低等优点。而且保温层主体材料采用的是废弃的聚苯颗粒，符合"绿色环保"的理念。但由于该保温材料是混合砂浆聚苯颗粒，其保温性能略有下降。要达到与粘贴聚苯板相当的保温隔热效果，其保温层厚度应有所增加，如图 4.23 所示。

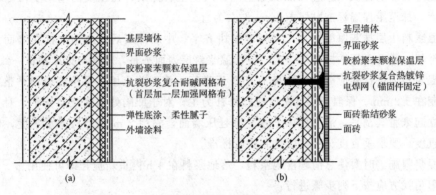

图 4.23 胶粉聚苯颗粒外墙外保温系统基本构造

(a)涂料饰面；(b)面砖饰面

2. 胶粉聚苯颗粒保温浆料外墙外保温的施工过程

(1)基层墙面处理。保温施工前应会同相关部门做好结构验收的确认，外墙面基层的垂直度和平整度应符合现行国家施工验收规范要求。进行保温层隐蔽施工前应做好如下检查工作，确认墙体的平整度、垂直度允许偏差在验收标准规定之内。

1)外墙面的阳台栏杆、雨漏管托架、外挂消防梯等外挂件应安装完毕并验收合格。墙面的暗埋管线、线盒、预埋件、空调孔应提前安装完毕且验收合格，并应考虑到保温层厚度的影响。

2)外窗辅框应安装完毕并验收合格。

3)墙面脚手架孔、模板穿墙孔及墙面缺损处用水泥砂浆修补完毕并验收合格。

4)主体结构的变形缝、伸缩缝应提前做好处理。

5)彻底清除基层墙体表面浮灰、油污、隔离剂、空鼓及风化物等影响墙面施工的物质。墙体表面凸起物不小于 10 mm 时应剔除。

6)各种材料的基层墙面均应用涂料滚刷、满刷界面砂浆，注意界面砂浆层不宜施工过厚。

(2)吊垂直线、弹控制线，贴饼。保温浆料施工前应在墙面做好施工厚度标志，应按以下步骤进行贴饼：

1)每层首先用 2 m 杠尺检查墙面平整度，用 2 m 托线板检查墙面垂直度。

2)在距每层顶部约 10 cm 处，同时距大墙阴、阳角约 10 cm 处，根据大墙角已挂好的钢垂直控制线厚度，用界面砂浆粘贴 5 cm×5 cm 聚苯板块作为标准贴饼。

3)待标准贴饼固定后，在两水平贴饼间拉水平控制线，具体做法为将带小线的小圆钉插入标准贴饼，拉直小线，使小线控制比标准贴饼略高 1 mm，在两贴饼之间按 1.5 m 间隔水平粘贴若干标准贴饼。

4)用线坠吊垂直线，在距楼层底部约 10 cm，大墙阴、阳角 10 cm 处粘贴标准贴饼(楼层较高时应两人共同完成)之后按间隔 1.5 m 左右沿垂直方向粘贴标准贴饼。

5)每层贴饼施工作业完成后水平方向用 2～5 m 小线拉线检查贴饼的一致性，垂直方向用

2 m托线板检查垂直度，并测量灰饼厚度，作记录，计算出超厚面积工程量。

（3）保温层施工。

1）保温浆料应分层作业完成施工，每次抹灰厚度宜控制在20 mm左右，分层抹灰施工至设计保温层厚度，每层施工时间间隔为24 h。

2）保温浆料底层抹灰顺序应按照从上至下、从左至右抹灰，在压实的基础上可尽量加大施工抹灰厚度，抹至距保温标准贴饼差1 cm左右为宜。

3）保温浆料中层抹灰厚度要抹至与标准贴饼齐平。中层抹灰后，应用大杠在墙面上来回搓抹，去高补低，最后再用铁抹子压一遍，使保温浆料层表面平整，厚度与标准贴饼一致。

4）保温浆料面层抹灰应在中层抹灰4～6 h后进行，施工前应用杠尺检查墙面平整度，墙面偏差应控制在±2 mm。保温面层抹灰时应以修补为主，对于凹陷处用稀浆料抹平，对于凸起处可将抹子立起来将其刮平，最后用抹子分遍再赶压墙面，先用2 m杠尺检验水平度，后用托线板检验垂直度，要求垂直度、平整度达到验收标准。

5）保温浆料施工时要注意清理落地浆料，落地浆料在4 h内重新搅拌即可使用。

6）阴阳角找方应按下列步骤进行：

①用木方尺检查基层墙角的直角度，用线坠吊垂直检验墙角的垂直度。

②保温浆料的中层灰抹后应用木方尺压住墙角保温浆料层上下搓动，使墙角保温浆料基本达到垂直，然后角部用阴、阳角抹子压光。

③保温浆料面层大角抹灰时要用方尺、抹子反复测量抹压修补操作，确保垂直度±2 mm，直角度±2 mm。

④门窗侧口的墙体与门窗边框连接处应预留出相应的保温层的厚度，并对已做好门窗边框表面成品进行保护。

⑤门窗辅框安装验收合格后方可进行门窗口部位的保温抹灰施工，门窗口施工时应先抹门窗侧口、窗上口部分的保温层，再抹大墙面的保温层。窗台口部分应先抹大墙面的保温层，再抹窗台口部分的保温层。施工前应按门窗口的尺寸截好单边八字靠尺，作口应贴尺施工以保证门窗口处方正与内、外尺寸的一致性。

7）做门、窗口滴水槽应在保温浆料施工完成后，在保温层上用壁纸刀沿线划开设定宽度的凹槽，槽深15 mm左右，先用抗裂砂浆填满凹槽，然后将滴水槽嵌入预先划好的凹槽中，并保证与抗裂砂浆黏结牢固，收去滴水槽两侧檐口浮浆，滴水槽应镶嵌牢固、水平。滴水槽施工时应注意槽镶嵌的位置距窗侧口的墙面不应大于2 cm，距外保温墙面不应超过3 cm。

8）保温浆料施工完成后应按检验批的要求做全面的质量检验。在自检合格的基础上，整理好施工质量记录报总包方和相关方进行隐蔽检查验收。

（4）抗裂防护层及饰面层施工。

1）对于涂料饰面要待保温层施工结束3～7 d后（强度达到用手掌按不动墙面为判断标准）且保温层厚度、平整度隐蔽验收合格以后，方可进行抗裂层施工。

2）抗裂层施工前应先将耐碱涂塑玻纤网格布按楼层高度分段裁好，裁成长度为3 m左右的布块。耐碱涂塑玻纤网格布的包边应剪掉。

3）按施工配比要求配制搅拌抗裂砂浆，注意砂浆应随搅随用，严禁使用过时砂浆。现场用砂时应过2.5 mm的筛网，否则抗裂砂浆层过于粗糙影响工程质量。

4）抹抗裂砂浆时，厚度应控制在3～5 mm，抹完宽度、长度相当于耐碱玻纤网格布面积的抗裂砂浆后，应立即用铁抹子将耐碱玻纤网格布压入新抹的抗裂砂浆中。网布之间搭接宽度应不小于50 mm，先将底部网格布搭接处压入抗裂砂浆中，然后再抹一些抗裂砂浆将上面搭接的网格布压入抗裂砂浆中，搭接处要充满抗裂砂浆，严禁在网格布搭接处不抹抗裂砂浆或不满抹抗裂砂浆的干搭现象，最后要沿网格布纵向用铁抹子再压一遍收光，消除面层的抹子印。网格布压入程度以可见暗露网眼，但表面看不到裸露的网格布为宜。

5)阴角处耐碱网格布要单面压槎搭接，其宽度应不小于150 mm；阳角处应双向包角压槎搭接，其宽度应不小于200 mm。网格布施工时根据架子情况可横向铺贴施工，也可竖向铺贴施工，但要注意要顺槎顺水搭接，严禁逆槎逆水搭接。

6)网布铺贴要紧贴墙面保证平整，无褶皱，砂浆饱满度应达到100%，不应出现大面积露布之处，大墙面要抹平、找直，阴阳角处要保证方正和垂直度。

7)首层墙面应铺贴双层耐碱网格布，第一层铺贴网格布，网格布之间应采用对接方法进行铺贴(不搭槎)，其一层铺贴施工完成后，进行二层网格布的铺贴，铺贴方法如前所述，两层网格布之间的耐裂应饱满，严禁干贴。

8)建筑物首层外保温应在阳角处双层网格布之间设专用金属护角，护角高度一般为2 m。在其一层网格布铺贴好后，应放金属护角，用抹子在护角孔处拍压出耐裂砂浆，抹二遍耐裂砂浆压网格布，网格布覆盖包裹住护角，保证护角部位坚实、牢固、耐冲击。

9)大面积铺贴网格布之前，应在门窗洞口处沿45°角方向先粘贴一道网格布，网格布尺寸宜为300 mm×400 mm，粘贴部位如图4.24所示。

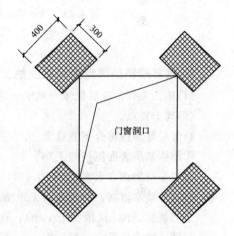

图4.24 门窗洞口处增贴一道网格布示意

10)耐裂面层口角处需做压平修整时，可用鬃刷蘸取适量水涂刷新抹抗裂砂浆表面后再进行压光作业，可有效地防止耐裂砂浆粘抹子。压后的窗台口处要平直，不要有毛刺，窗口阳角应用阳角抹子赶压修整顺直。

11)抗裂层施工完成后应按检验批的要求对工程质量进行全面检查，检查方法同保温层平整度、垂直度检验方法。在自检合格的基础上，整理好施工质量记录报总包方和相关方进行隐蔽检查验收。

12)耐裂砂浆抹完后，严禁在此面层上抹普通水泥砂浆做腰线、套口线或刮涂刚性腻子等达不到柔性指标的外墙装饰材料。

13)在抗裂砂浆施工2 h后刷弹性底涂，使其表面形成防水透气层。

14)待抗裂砂浆基层干燥，保温抗裂层验收合格后方可进行饰面层施工，对平整度达不到装饰要求的部位应刮柔性耐水腻子进行找补，这些部位包括平整度不够的墙面、阴角、阳角、色带以及需要找平的部位，涂刮耐水腻子找平施工时，应用靠尺对墙面及找平部位进行检验，对于局部不平整处，应先刮柔性耐水腻子进行修复，刮涂柔性耐水腻子宜在柔性耐水腻子未干前进行打磨，打磨柔性耐水腻子宜用0号粗砂纸加打磨板进行打磨。大面积涂刮腻子应在局部修补之后进行，大面积涂刮腻子宜分两遍进行，但两遍涂刮方向应相互垂直。

15)浮雕涂料可直接在弹性底涂上进行喷涂，其他涂料在腻子层干燥后进行刷涂或喷涂。若干挂石材，则根据设计要求直接在保温面层上进行干挂石材。

4.3.6 气凝胶绝热厚型涂料外墙外保温系统

1. 系统构造

气凝胶绝热厚型涂料外墙外保温系统的基本构造由墙体基层、腻子层、底涂层、中涂层和面涂层构成，如图 4.25 所示。

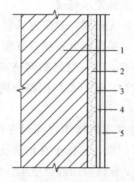

图 4.25 气凝胶绝热厚型涂料外墙外保温系统的基本构造
1—墙体基层；2—腻子层；3—底涂层；4—中涂层；5—面涂层

2. 气凝胶绝热厚型涂料系统施工要求

(1)施工流程：基层处理→腻子→底涂漆→气凝胶绝热厚质中涂漆→气凝胶绝热面涂漆。

(2)施工要点。

1)基层处理应符合下列规定：

①墙体基层表面应清理干净。

②当基层表面含水率大于 10％时，宜晾干至 10％以下；当基层表面含水率小于或等于 8％时，宜进行喷水湿润，晾至表面无水渍后，用界面处理剂进行界面处理。

③当基层表面 pH 值大于 10 时，宜用耐碱腻子刮涂封闭。

2)腻子批涂应符合下列规定：

①应分道施工，宜为 2～3 道，每道厚度不应大于 2 mm，腻子与基层间及腻子层间应黏结牢固。

②每道腻子打磨后应扫除粉尘，最后一道腻子应打磨至平整。

3)气凝胶绝热涂漆应符合下列规定：

①底涂漆涂饰宜采用混涂、刷涂或喷涂工艺，应自上而下、先细部后大面施工。

②中涂漆涂饰宜采用批涂或喷涂施工。批涂施工应分道进行，每道厚度不应大于 1 mm，各层间应压实黏结牢固；喷涂施工可一次成型至规定厚度。对有特殊要求的工程，可增加气凝胶绝热厚质中涂漆的涂饰遍数。

③面涂漆施工应在同一墙面或同一作业面同一颜色的涂饰应用相同批号的材料；涂饰宜采用辊涂、刷涂或喷涂工艺。辊涂和刷涂时，应充分盖底、不透虚影、表面均匀。喷涂时，应控制涂料黏度和喷枪压力，保持涂层均匀、不露底、不流坠、色泽均匀；涂饰施工应自上而下、先细部后大面进行，涂饰施工分段应以墙面分格缝(线)、阴阳角或落水管为分界线，并应做好接茬部位的处理；面涂漆宜涂饰两道。

④涂饰工程后一道材料应在前一道材料表面干燥后进行施工。

⑤涂饰材料应涂饰均匀，各层涂饰材料应结合牢固。

⑥气凝胶绝热厚型涂料系统施工完毕，应按材料的特点进行养护。

⑦被污染的部位，应在涂饰材料未干时清除。

4.4　保温系统的防火问题

目前，建筑外墙外保温系统防火是墙体节能技术重点关注的问题之一，经过近30年来外保温技术在我国的应用和发展，其在建筑节能方面取得了较大的社会效益和经济效益，但是随着该技术在实际工程中的应用，保温材料的防火问题逐渐浮出水面，成为建筑节能领域专家学者、工程技术人员关注的主要问题，也是近年来我国建筑火灾发生的重要诱因之一。

4.4.1　墙体节能施工导致的火灾案例

1. 上海"11·15"胶州路高层公寓大楼火灾案例

(1)建筑基本情况。上海市静安区胶州路728号教师公寓于1997年12月建成投入使用，为钢筋混凝土剪力墙结构，地上28层，地下1层，建筑高度为85 m，总建筑面积约为18 472 m^2；其中，地下1层为设备用房、停车库，地上1层为办公室及商业用房，地上2~4层主要为居住用房，部分用于办公，地上5层及以上为居民住宅；整个建筑共有居民156户，440余人。

2010年9月24日，上海市静安区建设和交通委员会组织对教师公寓进行建筑节能综合改造施工，施工内容包括外立面搭设脚手架、外墙喷涂聚氨酯硬泡保温材料、更换外窗等。

该建筑外墙外保温系统的结构由外及内依次为饰面层、薄抹灰外保护层、现场喷涂发泡的硬泡聚氨酯。发生火灾时，建筑外墙地上1层至地上14层的聚氨酯泡沫发泡喷涂作业已完成；北侧外立面地上8层以下及东侧、西侧、南侧三面地上14层以下已完成无机材料抹平，但未覆盖玻纤网格布和进行其他防护层与饰面层施工；北侧外立面地上9~14层未完成找平作业，保温材料裸露。

(2)起火过程及灭火。2010年11月15日13：00左右，上海迪姆物业管理有限公司雇佣无证电焊工人吴某某、王某某将电焊机、配电箱等工具搬至10层处，准备加固建筑北侧外立面10层凹廊部位的悬挑支撑。14时14分，吴某某在连接好电焊作业的电源线后，用点焊方式测试电焊枪是否能作业时，溅落的金属熔融物引燃北墙外侧9层脚手架上找平掉落的聚氨酯泡沫碎块、碎屑。吴某某、王某某发现起火后，使用现场灭火器进行扑救，但未扑灭，见火越烧越大，两人随即通过脚手架逃离现场。

聚氨酯泡沫碎块、碎屑被引燃后，立即引起墙面喷涂的聚氨酯保温材料及脚手架上的毛竹排、木夹板和尼龙安全网燃烧，并在较短时间内形成大面积的脚手架立体火灾。燃烧后产生的热量直接作用在建筑外窗玻璃表面，使外窗玻璃爆裂，火势通过窗口向室内蔓延，引燃住宅内的可燃装修材料及家具等可燃物品，形成猛烈燃烧，导致大楼整体燃烧。

上海消防总队接警后，共调集122辆消防车、1 300余名消防队员参加灭火救援，上海市启动应急联动预案，调集本市公安、供水、供电、供气、医疗救护等10余家应急联动单位紧急到场协助处置。经全力扑救，大火于15时22分被控制，18时30分基本扑灭。

(3)火灾伤亡及损失情况。火灾造成58人死亡、71人受伤，直接经济损失1.58亿元。地上1层消防控制室、办公室及沿街商铺被烧毁；地上2~28层92户室内装修及物品基本烧毁，

56户部分烧毁，14户受到高温、烟熏、水渍等；地下室设备房设备及车库内停放的21辆小汽车全部被水浸泡。

（4）火灾原因。一是建筑外墙保温工程不应使用燃烧性能为 B_3 级易燃外墙保温材料；二是施工现场消防安全管理漏洞多，使用无证电焊工违法施工，且缺乏有效的安全监管；三是关于外墙保温系统的安全技术标准和法律、法规亟待完善和补充。

2. 沈阳皇朝万鑫大厦"2·3"火灾案例

（1）建筑基本情况。沈阳皇朝万鑫大厦原设计保温系统是墙体自保温系统，后改为幕墙保温系统。A座外墙外保温材料为模塑聚苯乙烯保温板，幕墙材料为铝塑板及铝单板，保温材料与外幕墙之间有宽 170～600 mm 的空腔。B座外墙外保温材料为挤塑聚苯乙烯保温板，幕墙材料为铝塑板及铝单板，保温材料与外幕墙之间有宽 190～600 mm 的空腔。幕墙系统与地面连接处以胶条密封，水平空隙以胶条连接，无防火分隔。窗口处聚苯乙烯保温板与窗附框平齐并满粘胶粘剂，聚苯乙烯保温板与窗附框黏结紧密。

（2）起火简要经过及灭火。经调查，2011年2月3日0时，沈阳皇朝万鑫国际大厦A座住宿人员李某、冯某某二人，在位于沈阳皇朝万鑫国际大厦B座室外南侧停车场西南角处（与B座南墙距离 10.80 m，与西南角距离 16 m），燃放两箱烟花，引燃B座 11 层 1109 房间南侧室外平台地面塑料草坪，塑料草坪被引燃后，引燃铝塑板结合处可燃胶条、泡沫棒、挤塑聚苯板，火势迅速蔓延、扩大，致使建筑外窗破碎，引燃室内可燃物，形成大面积立体燃烧。

沈阳消防支队指挥中心接警后，共调集7个公安消防支队和2个企业专职消防队的113辆消防车、581名消防队员前往救火，用近4个小时将火势扑灭。

（3）火灾伤亡及损失情况。火灾烧毁建筑B座幕墙保温系统；A座幕墙保温系统南立面被烧毁，东立面约 1/2、西立面约 4/5 被烧毁；B座地上 11～37 层以及A座地上 10～45 层的室内装修、家具不同程度被烧毁，其中B座过火面积约为 9 814 m^2，A座过火面积为 1 025 m^2，合计过火面积为 10 839 m^2，直接财产损失 9 384 万元。由于疏散及时，火灾未造成人员伤亡。

（4）火灾成因分析及主要教训。一是建筑外墙或幕墙使用铝塑板和保温材料的燃烧性能低，B座使用的挤塑聚苯乙烯保温板的燃烧性能等级为 B_2 级，A座使用的模塑聚苯乙烯保温板的燃烧性能等级为 B_3 级，这类保温材料一着即燃。二是外保温系统未做防火封堵、防护层等防火保护措施，建筑幕墙与每层楼板、隔墙处的缝隙，未按《建筑设计防火规范（2018年版）》（GB 50016—2014）的要求采用防火封堵材料进行封堵。A座和B座除地上 11 层窗户下方保温材料表面设置了薄抹灰防护层外，其他区域外墙保温材料表面未设置防护层。三是A座与B座之间的防火间距不足。A座在使用甲级防火窗后，与B座之间的防火间距缩减至 6.50 m，按照《建筑设计防火规范（2018年版）》（GB 50016—2014）是符合规定的，但设计时没有考虑到建筑外墙采用了厚达 60 mm 和 80 mm 的聚苯乙烯保温材料。火灾发生后，在大面积的外墙燃烧时产生的大量飞火和通过窗口发射出的高强度辐射热的作用下，A座外墙的幕墙保温系统被引燃。

以上案例是近年来由于外墙保温材料引起的火灾事故。目前，世界上大多数国家都使用有机保温材料作为建筑保温材料，这些材料（如聚苯乙烯泡沫塑料、聚氨酯泡沫塑料等）普遍都具有导热系数小、质量轻、施工方便、保温效果好的优点，但同时也存在易燃烧、防火差的缺点。EPS板现在在美国一些地区已经被禁止用于墙体保温、在英国也被禁止用于 18 m 以上建筑，但是在我国，EPS板却正在大规模推广使用。另外，一些生产塑料泡沫板的厂家为降低成本，采用废旧聚苯塑料做原料，对产品不做阻燃处理或处理不到位，直接导致了部分市面上的 EPS 板遇火即燃，燃烧过程中产生滴落、浓烟，从而增加了火灾发生的可能性，也加剧了火灾的危害性。

4.4.2 建筑材料的燃烧性能要求

我国建筑材料及制品燃烧性能的基本分级为 A、B_1、B_2、B_3，建筑材料及制品的燃烧性能等级见表 4.9。

表 4.9 常用建筑材料燃烧性能分级和示例

燃烧性能等级	名称	举例
A	不燃材料（制品）	钢材、混凝土、砖、砌块、石膏板、岩棉、玻璃棉、STP 真空保温板
B_1	难燃材料（制品）	纸面石膏板、胶粉聚苯颗粒浆料
B_2	可燃材料（制品）	经阻燃处理的聚苯乙烯（EPS、XPS）、聚氨酯、聚乙烯木制品
B_3	易燃材料（制品）	有机涂料

根据《建筑设计防火规范（2018 年版）》（GB 50016—2014），对于建筑保温系统材料选用有如下要求：

(1)建筑的内、外保温系统，宜采用燃烧性能为 A 级的保温材料，不宜采用 B_2 级保温材料，严禁采用 B_3 级保温材料；设置保温系统的基层墙体或屋面板的耐火极限应符合本规范的有关规定。

(2)建筑外墙采用内保温材料时，保温系统应符合下列规定：

1)对于人员密集场所，用火，燃油、燃气等具有火灾危险性的场所以及各类建筑内的疏散楼梯间、避难走道、避难间、避难层等场所或部位，应采用燃烧性能为 A 级的保温材料。

2)对于其他场所，应采用低烟、低毒且燃烧性能不低于 B_1 级的保温材料。

3)保温系统应采用不燃材料做防护层，采用燃烧性能为 B_1 级的保温材料时，防护层的厚度不应小于 10 mm。

(3)建筑外墙采用保温材料与两侧墙体构成无空腔复合保温结构体时，该结构体的耐火极限应符合本规范的有关规定；当保温材料的燃烧性能为 B_1、B_2 级时，保温材料两侧的墙体应采用不燃材料且厚度均不应小于 50 mm。

设置人员密集场所的建筑，其外墙外保温材料的燃烧性能为 A 级。

(4)与基层墙体、装饰层之间无空腔的建筑外墙外保温系统，其保温材料应符合下列规定，见表 4.10。

1)住宅建筑。

①建筑高度大于 100 m 时，保温材料的燃烧性能为 A 级。

②建筑高度大于 27 m，但不大于 100 m 时，保温材料的燃烧性能不应低于 B_1 级。

③建筑高度不大于 27 m 时，保温材料的燃烧性能不应低于 B_2 级。

2)除住宅建筑和设置人员密集场所的建筑外，其他建筑。

①建筑高度大于 50 m 时，保温材料的燃烧性能为 A 级。

②建筑高度大于 24 m，但不大于 50 m 时，保温材料的燃烧性能不应低于 B_1 级。

③建筑高度不大于 24 m 时，保温材料的燃烧性能不应低于 B₂ 级。

（5）除设置人员密集场所的建筑外，与基层墙体、装饰层之间有空腔的建筑外墙外保温系统，其保温材料应符合下列规定：

1）建筑高度大于 24 m 时，保温材料的燃烧性能为 A 级。

2）建筑高度不大于 24 m，保温材料的燃烧性能不应低于 B₁ 级。

（6）当建筑的外墙外保温系统采用燃烧性能为 B₁、B₂ 级保温材料时，应符合下列规定：

1）除采用 B₁ 级保温材料且建筑高度不大于 24 m 的公共建筑或采用 B₁ 级保温材料且建筑高度不大于 27 m 的住宅建筑外，建筑外墙上门、窗，建筑的外墙耐火完整性不应低于 0.50 h。

2）应在保温系统中每层设置水平防火隔离带。防火隔离带应采用燃烧性能为 A 级的材料，防火隔离带的高度不应小于 300 mm。

表 4.10　与基层墙体、装饰层之间无空腔的建筑外墙外保温系统的技术要求

建筑及场所	建筑高度/m	A 级保温材料	B₁ 级保温材料	B₂ 级保温材料
人员密集场所	—	应采用	不允许	不允许
住宅建筑	$h>100$	应采用	不允许	不允许
	$27<h\leqslant100$	宜采用	可采用：每层设置防火隔离带；建筑外墙上门、窗的耐火完整性不应低于 0.50 h	不允许
	$h\leqslant27$	宜采用	可采用，每层设置防火隔离带	可采用：每层设置防火隔离带；建筑外墙上门、窗的耐火完整性不应低于 0.50 h
除住宅建筑和设置人员密集场所的建筑外的其他建筑	$h>50$	应采用	不允许	不允许
	$24<h\leqslant50$	宜采用	可采用：每层设置防火隔离带；建筑外墙上门、窗的耐火完整性不应低于 0.50 h	不允许
	$h\leqslant24$	宜采用	可采用，每层设置防火隔离带	可采用：每层设置防火隔离带；建筑外墙上门、窗的耐火完整性不应低于 0.50 h

注：1. 防火隔离带应采用燃烧性能为 A 级的材料，防火隔离带的高度不应小于 300 mm；

2. 当住宅建筑与其他功能合建时，住宅部分的外保温系统按照住宅的建筑高度确定，非住宅部分按照公共建筑的要求确定

4.4.3 防火隔离带

防火隔离带是指设置在可燃、难燃保温材料外墙中，按水平方向分布，采用不燃保温材料制成，以阻止火灾沿外墙面或在外墙外保温系统内蔓延的防火构造，为此需要具有一定的设计宽度和长度且与墙体无空腔黏结构造，并由 A 级不燃保温材料构成，常用燃烧性能为 A 级的岩棉板、泡沫玻璃、无机保温砂浆等。当前，我国建筑保温的有关规范允许在部分建筑中使用燃烧性能为 B_1、B_2 等级的保温材料，但一般要求设置防火隔离带。如图 4.26 所示，图中在 2 层与 2 层之间、4 层与 5 层之间的粗实线即为防火隔离带。

防火隔离带的基本构造应与外墙外保温系统相同，并宜包括胶粘剂、防火隔离带保温板、锚栓、抹面胶浆、玻璃纤维网格布、饰面层等，图 4.27 所示为防火隔离带构造图。

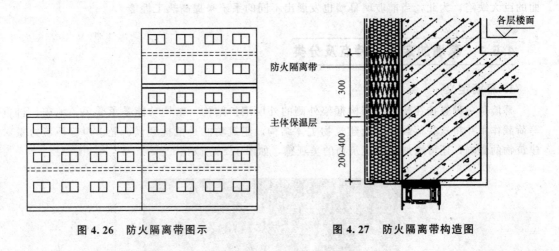

图 4.26　防火隔离带图示　　　　　图 4.27　防火隔离带构造图

防火隔离带设置要求如下：

(1)防火隔离带应与基层墙体可靠连接，应能适应外保温系统的正常变形而不产生渗透、裂缝和空鼓，应能承受自重、风荷载和室外气候的反复作用而不产生破坏。

(2)宜优先选用岩棉带防火隔离带。

(3)采用岩棉带时应进行表面处理，可采用界面剂或界面砂浆进行涂覆处理，也可采用玻璃纤维网格布聚合物砂浆进行包覆处理。

(4)防火隔离带和外墙外保温系统应使用相同的抹面胶浆，且抹面胶浆应将保温材料和锚栓完全覆盖。

(5)防火隔离带宽度为 300 mm，厚度宜与外保温系统厚度相同，防火隔离带连接方式应为粘锚结合。锚栓应压住底层玻璃纤维网布。锚栓间距不应大于 600 mm，锚栓距离保温板端部不应小于 100 mm，每块保温板上的锚栓数量不应少于 1 个。当采用岩棉带时，锚栓的扩压盘直径不应小于 100 mm。

(6)防火隔离带部位应加铺底层玻璃纤维网格布。底层玻璃纤维网格布垂直方向超出防火隔离带尺寸不应小于 100 mm，水平方向可对接，对接位置离防火隔离带保温板接缝位置距离不应小于 100 mm。面层玻璃纤维网格布的上下如有搭接，搭接位置距离隔离带不应小于 200 mm，目的在于减少隔离带与大面材料接缝处开裂的概率。

(7)防火隔离带保温板应与基层墙体全面积粘贴。防火隔离带保温层施工应与外墙外保温系统保温层同步进行，不应在外墙外保温系统保温层中预留位置，然后再粘贴防火隔离带保温板。

（8）防火隔离带保温板与外墙外保温系统保温板之间应拼接严密，宽度超过 2 mm 的缝隙应用外墙外保温系统保温材料填塞。

（9）门窗洞口应先做洞口周边的保温层，再做大面保温板和防火隔离带；最后做抹面胶浆抹面层。抹面层应连续施工，并应完全覆盖隔离带和保温层。在窗角处应连续施工，不应留槎。

（10）防火隔离带工程应作为建筑节能工程的分项工程进行验收。

4.5   玻璃幕墙的节能设计与施工

玻璃幕墙是近几十年来建筑外墙的流行形式，特别是在我国，更被看作是中国建筑国际化的必备元素。然而，随着玻璃幕墙的大量使用，人们也开始认识到该种结构形式在建筑能耗方面的巨大缺陷，为此，当前玻璃幕墙也发展出不同的系统来提高热工性能。

4.5.1 幕墙的定义、特点及分类

1. 幕墙定义

幕墙是一种悬挂在建筑物结构框架外侧的外墙围护结构。结构功能是承受风、地震、自重等荷载作用并将这些荷载传递至建筑物主体结构。建筑功能是抵抗气候、光、声等环境力量对建筑物的影响，还可增加整体建筑物的美观感，如图 4.28 所示。

图 4.28 玻璃幕墙建筑

2. 幕墙特点

(1)是完整的结构体系，直接承受荷载，并传递至主体结构。

(2)包封主体结构，不使主体结构外露。

(3)幕墙悬挂于主体结构之上，并且相对于主体结构可以活动。

3. 建筑幕墙的发展历程

(1)第一代"准幕墙"(1850—1950年)。第一代"准幕墙"具有现代幕墙雏形，做法是将幕墙板材直接固定在立柱上而无横梁过渡。其缺点是渗水、噪声、保温问题无法解决。

(2)第二代幕墙(1950—1980年)。第二代幕墙的做法是采用压力平衡手段来解决明框幕墙的渗水问题，并设立了内排水系统和渗水排出孔道；大量应用反射及Low-E玻璃，提高保温性能；单元式幕墙开始应用，提高工厂化程度，减少现场作业量。

(3)第三代幕墙(1985年至今)。第三代幕墙的做法是结构密封材料应用广泛(隐框幕墙)；发明工厂预制板式拼装体系(确保水密性)；不透光但能换气的窗间墙(冬天保温，夏天换气)；采用新材料、新方法(钢索桁架点支式幕墙)；可视的外表面。

(4)正在发展中的第四代幕墙——主动墙。该类幕墙具有以下类型：

1)热通道幕墙：预制幕墙的外层利用双层玻璃形成温室效应。夏天，将暖风送至顶部并通过空气总管加热生活用水；冬天，利用室内形成的温室效应，并通过一个装置将暖空气送入室内。

2)水流管网热通道幕墙：预制幕墙外层利用竖框或横梁的管腔作为水中或其他液体的通道。太阳辐射热通过玻璃积蓄在墙体或实心板中，用来加热盥洗用水或建筑采暖用水。

3)热能与储能飞轮：利用热通道技术和设备将暖空气或热空气送入楼板的管中或槽中；在夏天或晴天，可将热能积蓄在保温良好的池中，以备冬天或冷天使用。

4)生态主动墙：将植物植于预制幕墙的双层玻璃之间，使其与阳光一起作为能量生成装置(光合作用)和湿度平衡装置。

5)光电主动墙：预制幕墙通过墙上太阳能电池产生能量，并将其转换为计算机和办公设备所需的电能，也可以通过蓄电池储存以备用。

4. 建筑幕墙分类

(1)按面板材料，可分为玻璃幕墙、石材幕墙、金属幕墙、光电幕墙。

(2)按框架材料，可分为铝合金幕墙、彩色钢板幕墙、不锈钢幕墙。

(3)按加工程度和安装工艺，可分为构件式幕墙、单元式幕墙。

1)构件式幕墙：在工厂制作元件和组件(立柱、横梁、玻璃)，再运往工地，将立柱用连接件安装在主体结构上，再将横梁连接在立柱上，形成框格后安装玻璃。

2)单元式幕墙：在工厂加工竖框、横框等元件，用这些元件拼装成组合框，将面板安装在组合框上，形成单元组件。可直接运往工地固定在主体结构上，通过在工地安装好的内侧连接件，连接在主体结构上。

5. 玻璃幕墙分类

(1)框式玻璃幕墙：玻璃面板直接嵌固在框架内或通过胶结材料黏结在框架上构成框式玻璃幕墙；框架由铝型材横梁和立柱组成，是支承结构。按照幕墙表现形式(玻璃镶嵌)可分为明框玻璃幕墙、隐框玻璃幕墙、半隐框玻璃幕墙。

(2)点式玻璃幕墙：玻璃面板通过金属连接件和紧固件在其角部以点连接的形式连接于支承结构。支承结构有单柱式、桁架式、拉杆拉索等。

(3)全玻璃幕墙：玻璃面板通过胶结材料、金属连接件与玻璃肋相连构成全玻璃幕墙；玻璃肋是玻璃面板的支承梁。

4.5.2 节能幕墙的设计

1. 建筑幕墙设计措施

建筑幕墙设计宜采取以下措施，来改善幕墙的保温、隔热性能：

(1)建筑的玻璃幕墙面积不宜过大；空调建筑或空调房间应尽量避免在东、西朝向大面积采用玻璃幕墙；采暖建筑应尽量避免在北朝向大面积采用玻璃幕墙。

(2)在有保温性能要求时，建筑玻璃幕墙应采用中空玻璃、Low-E 中空玻璃、充惰性气体的Low-E 中空玻璃、两层或多层中空玻璃等。严寒地区可采用双层玻璃幕墙提高保温性能。

在有遮阳要求时，建筑玻璃幕墙宜采用吸热玻璃、镀膜玻璃(包括热反射镀膜、Low-E 镀膜、阳光控制镀膜等)、吸热中空玻璃、镀膜(包括热反射镀膜、Low-E 镀膜、阳光控制镀膜等)中空玻璃等。

(3)保温型玻璃幕墙应采取措施，避免形成跨越分隔室内外保温玻璃面板的冷桥。主要措施包括采用隔热型材、连接紧固件采取隔热措施、采用隐框结构等。

保温型幕墙的非透明面板应加设保温层，保温层可采用岩棉、超细玻璃棉或其他不燃保温材料制作的保温板。

(4)保温型玻璃幕墙周边与墙体或其他围护结构连接处应采用有弹性、防潮型的保温材料填塞，缝隙应采用密封剂或密封胶密封。

(5)空调建筑的向阳面，特别是东、西朝向的玻璃幕墙，应采取各种固定或活动式遮阳装置等有效的遮阳措施。在建筑设计中宜结合外廊、阳台、挑檐等处理方法进行遮阳。

建筑玻璃幕墙的遮阳应综合考虑建筑效果、建筑功能和经济性，合理采用建筑外遮阳并和特殊的玻璃系统相配合。

(6)医院、办公楼、旅馆、学校等公共建筑采用玻璃幕墙时，在每个有人员经常活动的房间，玻璃幕墙均应设置可开启的窗扇或独立的通风换气装置。

(7)当建筑采用双层玻璃幕墙时，严寒、寒冷地区宜采用空气内循环的双层形式；夏热冬暖地区宜采用空气外循环的双层形式；夏热冬冷地区和温和地区应综合考虑建筑外观、建筑功能和经济性采用不同的形式。

空调建筑的双层幕墙，其夹层内应设置可以调节的活动遮阳装置。

(8)严寒、寒冷、夏热冬冷地区建筑玻璃幕墙应进行结露验算，在设计计算条件下，其内表面温度不应低于室内的露点温度。

(9)建筑幕墙的非透明部分，应充分利用幕墙面板背后的空间，采用高效、耐久的保温材料进行保温，在严寒、寒冷地区，幕墙非透明部分面板的背后保温材料所在空间应充分隔汽密封，阻止结露。幕墙与主体结构间(除结构连接部位外)不应形成冷桥。

(10)空调建筑大面积采用玻璃幕墙时，根据建筑功能、建筑节能的需要，可采用智能化的控制系统等，智能化的控制系统应能够感知天气的变化，能结合室内的建筑需求，对通用装置、通风换气装置等进行实时监控，达到最佳的室内舒适效果和降低空调能耗。

2. 智能型呼吸式幕墙基本概念

根据《建筑幕墙》(GB/T 21086—2007)的定义，智能型呼吸式幕墙是由外层幕墙、热通道和内层幕墙(或门、窗)构成，且在热通道内可以形成空气有序流动的建筑幕墙。根据结构形式可分为以下类型(图 4.29、图 4.30)。

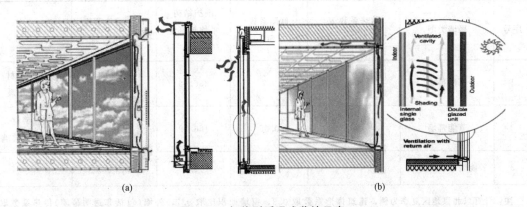

图 4.29　智能型呼吸式幕墙示意
(a)示意一；(b)示意二

图 4.30　外通风智能型呼吸式幕墙(上海西门子中心)

(1)外通风式：进出风口在室外。炎热气候下打开进出风口，利用烟囱效应带走大量热量，能大幅度节约制冷能耗。寒冷气候下关闭进出风口，能形成温室效应，也可节约采暖能耗。

(2)内通风式：进出风口在室内。利用机械装置抽取室内废气进入热通道，形成流动的保温、隔热层，能大幅度节约采暖能耗。炎热气候下也可节约制冷能耗。

(3)混合通风式：在外层幕墙和内层幕墙各设有一个进风口，并在热通道底部设置一个与内、外层幕墙进风口相连的密封箱，通过控制密封箱的工作状态，实现外通风和内通风之间的相互转换。

3. 智能型呼吸式幕墙的优点

(1)节能效果明显。不同类型幕墙的节能效果比较见表 4.11。

表 4.11　不同类型幕墙的节能效果比较

序号	幕墙类型	传热系数 K /[W·(m²·K)⁻¹]	遮阳系数 SC	围护结构平均热流量 /(W·m⁻²)	围护结构节能百分比/%	备注
1	基准幕墙	6	0.7	336.46	0	非隔热型材 非镀膜单玻
2	节能幕墙	2.0	0.35	166.99	50.4	隔热型材 镀膜中空玻璃
3	智能型呼吸式幕墙	<1.0	0.2	101.16	69.9(39.5)	

注：计算以北京地区夏季为例，建筑体形系数取 0.3，窗墙面积比取 0.7，外墙（包括非透明幕墙）传热系数取 0.6 W/(m²·K)，室外温度取 34 ℃，室内温度取 26 ℃，夏季垂直面太阳辐照度取 690 W/m²，室外风速取 1.9 m/s，内表面换热系数取 8.3 W/m²

（2）隔声。采用 6 mm 厚玻璃的单层幕墙，开启扇关闭时隔声量约为 30 dB，但当开启扇打开时，其隔声能力很差，隔声量仅为 10 dB；采用智能型呼吸式幕墙，风口和开启扇关闭时隔声量可达到 42 dB，且在开启外层幕墙风口和内层幕墙开启扇时，仍有较高的隔声能力，其隔声量可达到 30 dB。

（3）性价比高。

4.5.3　节能幕墙的施工

1. 幕墙工程的一般规定

幕墙工程是外墙非常重要的装饰工程，其设计计算、所用材料、结构形式、施工方法等，关系到幕墙的使用功能、装饰效果、结构安全、工程造价、施工难易等各个方面。因此，为确保幕墙工程的装饰性、安全性、易装性和经济性，在幕墙的设计、选材和施工等方面，应严格遵守下列规定：

（1）幕墙及其连接件应具有足够的承载力、刚度和相对于主体结构的位移能力。幕墙构架立柱的连接金属角码与其他连接件应采用螺栓连接，并应有防松动措施。

（2）隐框、半隐框幕墙所采用的结构黏结材料，必须是中性硅酮结构密封胶，其性能必须符合《建筑用硅酮结构密封胶》（GB 16776—2005）的规定；硅酮结构密封胶必须在有效期内使用。

（3）立柱和横梁等主要受力构件，其截面受力部分的壁厚应经过计算确定，且铝合金型材的壁厚应大于或等于 3.0 mm，钢型材壁厚应大于或等于 3.5 mm。

（4）隐框、半隐框幕墙构件中，板材与金属之间硅酮结构密封胶的黏结宽度，应分别计算风荷载标准值和板材自重标准值作用下硅酮结构密封胶的黏结宽度，并选取其中较大值，且应大于或等于 7.0 mm。

（5）硅酮结构密封胶应打注饱满，并应在温度 15～30 ℃、相对湿度大于 50%、洁净的室内进行；不得在现场的墙上打注。

（6）幕墙的防火除应符合《建筑设计防火规范（2018 年版）》（GB 50016—2014）的有关规定外，还应符合下列规定：

1）应根据防火材料的耐火极限决定防火层的厚度和宽度，并应在楼板处形成防火带。

2)防火层应采取隔离措施。防火层的衬板应采用经过防腐处理，且厚度大于或等于1.5 mm的钢板，但不得采用铝板。

3)防火层的密封材料应采用防火密封胶。

4)防火层与玻璃不应直接接触，一块玻璃不应跨两个防火分区。

(7)主体结构与幕墙连接的各种预埋件，其数量、规格、位置和防腐处理必须符合设计要求。

(8)幕墙的金属框架与主体结构预埋件的连接、立柱与横梁的连接及幕墙面板的安装，必须符合设计要求，安装必须牢固。

(9)单元幕墙连接处和吊挂处的铝合金型材的壁厚应通过计算确定，并应大于或等于5.0 mm。

(10)幕墙的金属框架与主体结构应通过预埋件连接，预埋件应在主体结构混凝土施工时埋入，预埋件的位置必须准确。当没有条件采用预埋件连接时，应采用其他可靠的连接措施，并应通过试验确定其承载力。立柱应采用螺栓与角码连接，螺栓的直径应经过计算确定，并应大于或等于10 mm。不同金属材料接触时应采用绝缘垫片分隔。幕墙上的抗裂缝、伸缩缝、沉降缝等部位的处理，应保证缝的使用功能和饰面的完整性。幕墙工程的设计应满足方便维护和清洁的要求。

2. 玻璃幕墙的基本技术要求

(1)对玻璃的基本技术要求。玻璃幕墙所用的单层玻璃厚度，一般为6 mm、8 mm、10 mm、12 mm、15 mm、19 mm；夹层玻璃的厚度，一般为(6+6)mm、(8+8)mm(中间夹聚氯乙烯醇缩丁醛胶片，干法合成)；中空玻璃厚度为(6+d+5)mm、(6+d+6)mm、(8+d+8)mm(d为空气厚度，可取6 mm、9 mm、12 mm)等。幕墙宜采用钢化玻璃、半钢化玻璃、夹层玻璃。有保温隔热性能要求的幕墙宜选用中空玻璃。

(2)对骨架的基本技术要求。用于玻璃幕墙的骨架，除应具有足够的强度和刚度外，还应具有较高的耐久性，以保证幕墙的安全使用和寿命。如铝合金骨架的立梃、横梁等要求表面氧化膜的厚度不应低于AA15级。

为了减少能耗，目前提倡应用断桥铝合金骨架。如果在玻璃幕墙中采用钢骨架，除不锈钢其他应进行表面热渗镀锌。黏结隐框玻璃的硅酮密封胶(工程中简称结构胶)十分重要，结构胶应有与接触材料的相容性试验报告，并有保险年限的质量证书。

点式连接玻璃幕墙的连接件和连系杆件等，应采用高强金属材料或不锈钢精加工制作，有的还要承受很大预应力，技术要求比较高。

3. 有框玻璃幕墙的施工工艺

(1)施工工艺。幕墙施工工艺流程：测量、放线→调整和后置预埋件→确认主体结构轴线和各面中心线→以中心线为基准向两侧排基准竖线→按图样要求安装钢连接件和立柱、校正误差→钢连接件满焊固定、表面防腐处理→安装横框→上、下边封修→安装玻璃组件→安装开启窗扇→填充泡沫棒并注胶→清洁、整理→检查、验收。

窗间墙、窗槛墙之间采用防火材料堵塞，隔离挡板采用厚度为1.5 mm的钢板，并涂防火涂料2遍。

(2)避雷设施安装。均压环应与主体结构避雷系统相连，预埋件与均压环通过截面面积不小于48 mm²的圆钢或扁钢连接。圆钢或扁钢与预埋件均压环进行搭接焊接，焊缝长度不小于75 mm。位于均压环所在层的每个立柱与支座之间应用宽度不小于24 mm、厚度不小于2 mm的铝条连接，保证其导电电阻小于10 Ω。

4. 隐框玻璃幕墙的施工简述

隐框玻璃幕墙是指金属框架构件全部不显露在外表面的玻璃幕墙。隐框玻璃幕墙的玻璃是用硅酮结构密封胶黏结在铝框上,铝框用机械方式固定在幕料上。玻璃与铝框之间完全靠结构胶黏结,结构胶要受玻璃自重和风荷载、地震等外力作用及温度变化的影响,因而结构胶的性能及打胶质量是隐框玻璃幕墙安全性的关键环节之一,如图4.31所示。

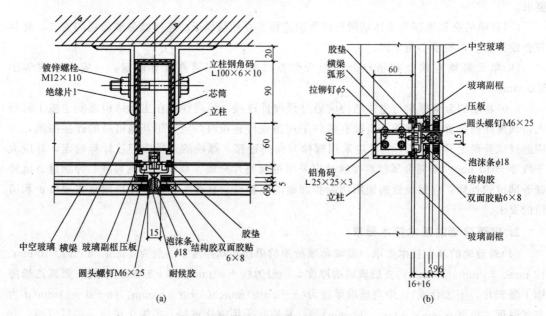

图4.31 隐框玻璃幕墙组成及节点

(a)隐框玻璃幕墙水平节点;(b)隐框玻璃幕墙垂直节点

思 考 题

1. 墙体保温设计有哪些做法?

2. 外墙外保温技术有哪些优点?

3. 塑料泡沫板薄抹灰外墙外保温系统的构造有哪些?

4. 塑料泡沫板薄抹灰外墙外保温系统的施工要点有哪些?

5. 塑料泡沫板现浇混凝土(无钢丝网)外保温系统的施工要点有哪些?

6. 硬泡聚氨酯现场喷涂外墙外保温系统的施工要点有哪些?

7. 岩棉板外墙外保温系统的施工要点有哪些?

8. 胶粉聚苯颗粒保温浆料外墙外保温系统的施工要点有哪些?

9. 查阅相关资料,了解目前气凝胶的应用进展。

10. 建筑材料按照燃烧性能是怎样分类的?各有哪些代表材料?

项目 5　屋面节能技术

知识目标

1. 熟悉屋面节能对建筑总体节能效果的重要性。
2. 掌握倒置式屋面的施工要求。
3. 掌握隔热屋面的作用原理。

能力目标

1. 能够编写屋面节能施工方案。
2. 能够对屋面节能施工质量进行检查和评定。

素质目标

1. 培养认真、严谨的工作态度。
2. 培养团队合作精神和职业素养。

思政引领

请扫码观看。

视频：工匠精神

　　屋面是建筑物围护结构的主要部分，在建筑物围护结构中，屋面传热约占建筑物围护结构的 6%～10%，对于多层建筑约占 10%，高层建筑约占 6%，而别墅等低屋建筑要占 12%以上。因此，屋面建筑节能是建筑围护结构节能的重要组成部分。

5.1　屋顶节能设计与构造

知识拓展：《屋面工程技术规范》(GB 50345—2012)

　　屋面节能设计除要考虑保温外，在南方地区和北方部分地区还要考虑隔热，主要通过采用铺设保温材料、架空通风屋面、绿化屋面等技术实现。屋面保温设计绝大多数为外保温构造，这种构造受周边热桥影响较小。为了提高屋面的保温能力，屋顶的保温节能设计要采用导热系数小、轻质高效、吸水率低(或不吸水)、有一定抗压强度、可长期发挥作用且性能稳定可靠的保温材料作为保温隔热层。

　　屋面保温层的构造应符合下列规定：

(1)保温层设置在防水层上部时，保温层的上面应做保护层。

(2)保温层设置在防水层下部时，保温层的上面应做找平层。

(3)屋面坡度较大时，保温层应采取防滑措施。

(4)吸湿性保温材料不宜用于封闭式保温层。

5.1.1 屋面的保温材料

按施工方式的不同,屋面保温层可分为散料保温层、现浇式保温层、板块保温层等。

(1)板材——憎水性水泥膨胀珍珠岩保温板、聚苯乙烯塑料泡沫板、聚氨酯塑料泡沫保温板、硬质和半硬质的玻璃棉或岩棉保温板。

(2)块材——水泥聚苯空心砌块等。

(3)卷材——玻璃棉毡和岩棉毡等。

(4)散料——膨胀珍珠岩、发泡聚苯乙烯颗粒等。

5.1.2 保温层的位置(正置式和倒置式)

| 35厚500×500预制钢筋混凝土大阶砖 |
| 25厚粗砂保护层 |
| 塑料薄膜隔离层 |
| 40厚挤压型聚苯乙烯板 |
| 高分子卷材一层 |
| 20厚1:3水泥砂浆找平 |
| 1:8水泥膨胀珍珠岩找坡,最薄处20厚 |
| 现浇钢筋混凝土屋面结构层 |

根据保温层和防水层的位置关系,可分为正置式屋面和倒置式屋面,如图 5.1、图 5.2 所示,早期屋面保温层多使用膨胀珍珠岩等吸水率较高的材料,所以实践中多将保温层置于防水层之下,以保证雨、雪不会传入保温层导致材料受潮从而失去保温能力。目前,随着各种吸水率低、耐气候性强的憎水保温材料的大量使用(如聚苯乙烯泡沫塑料板和聚氨酯泡沫塑料板)的出现,倒置式屋面广泛应用于节能屋面设计中,其具有保护防水层、施工方便、提高屋面使用寿命等优点。

图 5.1 保温层和防水层的位置关系

(a)

(b)

图 5.2 屋面保温层和防水层施工图

(a)正置式屋面;(b)倒置式屋面

5.1.3 倒置式屋面

1. 倒置式屋面的技术要求

(1)倒置式屋面将保温层设置在防水层之上,大大减弱了防水层受大气、温差、紫外线照射的影响,使防水层不易老化,可延长防水层的使用寿命。

(2)倒置式屋面省去了传统屋面中的隔汽层及保温层上的水泥砂浆找平层,简化了施工工序,且易于维修。

(3)倒置式屋面应采用吸水率低的保温隔热材料。除采用挤塑聚苯板外,还可选用聚氨酯硬泡体喷涂保温层、聚氨酯泡沫板等。

（4）倒置式屋面保温隔热材料上应采用卵石或块体材料做保护层兼压置材料，防止大风将保温隔热材料刮走。

（5）倒置式屋面应选用防水性、耐霉烂性和耐腐蚀性好的防水材料，不得采用以植物纤维或含植物纤维做胎体的防水材料。

2. 倒置式屋面保温层施工要点

（1）防水层施工。防水层应根据不同的防水材料，采用与其相适应的施工方法，防水层应有一定厚度，具有足够的耐穿刺性、耐霉性和适当延伸性能，具有满足施工要求的强度，其他性能（如耐高温、低温柔性、耐紫外线和雨水冲刷能力）都可以低一些。如采用 0.5～1 mm 厚的聚氨酯防水涂料与 1～2 mm 厚的再生橡胶防水卷材复合使用，涂膜层既是无接缝的防水层，又是卷材的黏结层，也可以采用聚合物改性沥青涂料和再生橡胶卷材或改性沥青卷材复合。如果采用合成高分子材料，如三元乙丙防水卷材、氯化聚乙烯防水卷材等效果更好。

（2）保温层施工。倒置式屋面的保温层必须采用低吸水率（<6%）的保温材料，块体的保温材料，可直接干铺或采用专用的胶粘材料粘铺在防水层的表面。当选用聚苯乙烯泡沫塑料板做保温层时，不得采用含有有机溶剂的胶粘剂粘贴。

块体保温材料的接缝，可以是企口缝，也可以是平缝，但要求接缝必须拼接严密，以免发生"热桥"的现象。

当采用现场发泡的硬质聚氨酯做保温层时，须对形成的保温层进行分格处理，以防止产生收缩裂缝。分格缝内应用弹性的密封材料嵌填密实。

（3）保护层施工。

1）非上人屋面。

①屋面采用卵石或砂作保护层时，应铺设一层纤维织物，块材保护层可干铺或坐浆铺砌。

②铺压前应在保温层表面铺设一层不低于 250 g/m³ 的聚酯纤维无纺布作保护隔离层，无纺布之间的搭接宽度不宜小于 100 mm。

③铺压卵石时，应严防水落口被堵塞，使其排水畅通；也可采用平铺预制混凝土块材的方法进行压置处理，但块材的厚度不宜小于 30 mm，且应具有一定的强度。

④保护层材料的质量应能满足在当地最大风力时，保温层不被掀起及保温层在屋面发生积水状态下不浮起的要求。

2）上人屋面。

①上人屋面可采用混凝土块体材料做保护层。施工时应用水泥砂浆坐浆铺砌，要求铺砌平整，接缝横平竖直，用水泥砂浆嵌填密实。

②块体保护层应留设分格缝，其分格面积不宜大于 100 m²，分格缝的纵横间距不宜大于 10 m，分格缝的宽度宜为 20 mm，并用密封材料封闭严实；也可在保温层上铺设聚酯无纺布或干铺油毡后，直接浇筑厚度不小于 40 mm 并配置双向钢筋网片的细石混凝土作保护层。保护层应留设分格缝，其纵横间距不宜大于 6 m，分格缝的宽度宜为 20 mm，缝内用密封材料嵌填密实。

（4）细部构造处理。

1）天沟、檐沟、泛水部位的保温层难以全面覆盖防水层。在这些部位的防水层应选择耐老化、性能优良的卷材或卷材与涂膜进行多道设防，并在防水层的表面涂刷一层具有反射阳光功能的浅色涂料作保护层。

2）对水落口、伸出屋面的管道根，以及天沟、檐沟等节点部位，应采用卷材与涂料、密材料等复合，形成黏结牢固、封闭严密的复合防水构造。

5.1.4 坡屋面的节能

1. 坡屋面的构造

坡屋面是坡度较大的屋面，坡度一般大于10%。在现代城市建设中，根据建筑风格及景观的要求（如别墅、大屋盖等），常采用坡屋面，且用瓦材装饰屋顶的较多。如彩色沥青瓦用于小别墅，西班牙瓦、小青瓦用于公共建筑等，如图5.3、图5.4所示。

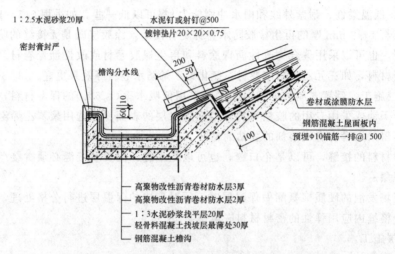

图5.3 钢筋混凝土坡屋面上设保温层檐口处构造示意

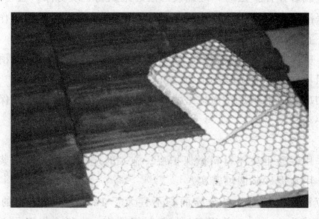

图5.4 可用于坡屋面保温的聚苯乙烯板材

2. 技术特点及要求

（1）坡屋面宜选用吸水率小、导热系数小、表观密度小的保温隔热材料，如挤塑聚苯板、聚氨酯硬泡体喷涂等。

（2）坡屋面的防水层，当选用彩色沥青瓦时，防水层则设置在最上面，兼有装饰作用。

（3）坡屋面屋顶采用西班牙瓦、小青瓦、水泥瓦等，防水层宜选用耐水性、耐腐蚀性优良的防水涂料，如聚氨酯防水涂料、丙烯酸防水涂料等，易于施工。

（4）坡屋面保温隔热材料也可采用聚氨酯硬泡体喷涂施工，保温防水一体化。

5.2   屋面保温层施工技术

5.2.1   聚苯乙烯(EPS/XPS)保温板屋面施工

1. 工艺流程

基层处理→弹线→保温层铺设→质量验收。

2. 操作要点

(1)基层处理。

1)现浇钢筋混凝土屋面板：将屋面板表面清理干净，灰浆、杂物全部清除，基层应干燥。

2)装配式钢筋混凝土屋面板：应用强度等级不小于 C20 的细石混凝土将板缝灌填密实。当板缝宽度大于 40 mm 或上窄下宽时，应在缝中放置构造钢筋，细石混凝土浇捣密实。板端缝应进行密封处理。必要时，屋面板接缝应用一布二涂防水附加层进行加强处理。

(2)弹线。

1)当设计屋面无隔汽层时，即可在结构上弹线、铺设保温层。弹线时按设计坡度及流水方向，找出屋面坡度走向，确定保温层的厚度范围。

2)当设计屋面有隔汽层时，应先进行隔汽层施工，然后再铺设保温层。

隔汽层采用涂料时应满刷。涂刷均匀，薄厚一致，一般三遍成活儿。隔汽层采用卷材时，一般采用单层卷材空铺，搭接缝采用黏结。

封闭式保温层，在屋面与墙的连接处，隔汽层应沿墙向上连续铺设，并确保高出保温层上表面不小于 150 mm。

(3)保温层铺设。

1)干铺保温层。聚苯板可直接铺设在结构层或隔汽层上，紧靠需隔热保温的表面，铺平、垫稳、缝对齐。分层铺设时，上、下两层板的接缝应相互错开，表面两块相邻聚苯板板边厚度应一致。板间的缝隙应用同类材料的碎屑嵌填密实。

2)粘贴保温层。聚苯板也可采用黏结法铺设。用黏结材料平粘在屋面基层上，应贴严、粘牢。板缝间或缺棱掉角处应用聚苯板碎屑加黏结材料拌匀后填补严密。

粘贴聚苯板的胶粘剂一般采用水乳型高分子乳液胶粘剂，如 EVA 乳液、丙烯酸乳液或醋酸乙烯乳液配制的胶粘剂。不得用溶剂型胶粘剂。溶剂型胶粘剂会将聚苯板溶化，降低保温性能。

3. 质量要求

(1)保温层应紧贴(靠)基层，铺平垫稳，拼缝严密，上、下层错缝，接缝嵌填密实。

(2)保温层厚度达到设计要求，厚度偏差不得大于 4 mm。

(3)质量检查数量，应按屋面面积每 100 m² 抽查 1 处，每处 10 m²，且不得小于 3 处。

4. 成品保护及安全注意事项

(1)保温层在施工中及完工后，应采取保护措施。推小车应铺脚手板，不得损坏保温层。

(2)保温层完工后，经质量验收合格，应及时铺抹水泥砂浆找平层，以保证保温效果。

(3)聚苯板易燃，材料贮存、运输应注意防火。

(4)聚苯板保温层施工时，现场严禁明火，并配备消防器材和灭火设施。

(5)聚苯板保温材料搬运时应轻拿轻放，防止损伤断裂、缺棱掉角，保证外形完整。

(6)干铺聚苯板保温层可在负温下施工。粘贴(水乳型胶粘剂)聚苯板保温层宜在 5 ℃以上施工。

(7)雨天、雪天、5 级风以上的天气不得进行保温层施工。

(8)倒置式屋面聚苯板保温层上宜采用卵石、块材或水泥砂浆做覆盖保护,铺设厚度按要求设计,并应均匀一致。

5.2.2　现场喷涂硬泡聚氨酯屋面保温系统

现场喷涂硬泡聚氨酯屋面保温系统采用现场喷涂硬聚氨酯泡沫塑料对平屋面或坡屋面进行保温,采用轻质砂浆对保温层进行找平及隔热处理,并用抗裂砂浆复合耐碱网格布进行抗裂处理,保护层采用防紫外线涂料或块材等。由于聚氨酯同时也是一种防水材料,所以用于屋面时具有集防水、保温于一体的功能。

1. 工艺流程

基层处理→弹线→保温层铺设→质量验收。

2. 操作要点

(1)清理基层。当施工作业基面的表面有浮灰或油污时,喷涂上的聚氨酯硬泡防水保温层会从作业基面上拱起或脱离,即为脱层或起鼓。因此,必须将基层表面的灰浆、油污、杂物彻底清理干净。

(2)硬泡聚氨酯喷涂。

1)硬泡聚氨酯防水保温层施工应使用现场连续喷涂施工的专用喷涂设备。

2)硬泡聚氨酯防水保温材料必须在喷涂施工前配制好。两组分液体原料(多元醇和异氰酸酯)与发泡剂等添加剂必须按工艺设计配比准确计量,投料顺序不得有误,混合应均匀,热反应应充分,输送管路不得渗漏,喷涂应连续均匀。

3)基层检查、清理、验收合格后即可喷涂施工。根据防水保温层厚度,一个施工作业面可分几遍喷涂完成,每遍喷涂厚度宜在 10～15 mm。当日的施工作业必须当日连续喷涂施工完毕。屋面上的异形部位应按"细部构造"进行喷涂施工。

4)硬泡聚氨酯材料喷涂施工后 20 min 内严禁上人行走。

5)硬泡聚氨酯防水保温层检验、测试合格后,方可进行防护层施工。

6)硬泡聚氨酯防水保温层喷涂施工,应喷涂 1 组 3 块 200 mm×200 mm 同厚度试块,以备材料的性能检测。

(3)保护层施工。

1)硬泡聚氨酯防水保温层表面应设置一层防紫外线照射的保护层。保护层可选用耐紫外线的保护涂料或聚合物水泥保护层。

2)当采用聚合物水泥保护层时,可将聚合物水泥刮涂在保温层表面,要求分 3 次刮涂,保护层厚度在 5 mm 左右,每遍刮涂间隔时间不少于 24 h。

3. 质量要求

(1)硬泡聚氨酯防水保温层不应有渗漏现象。

(2)硬泡聚氨酯防水保温层的厚度应符合设计要求。

(3)硬泡聚氨酯防水保温层表面应平整,最大喷涂波纹应小于 5 mm;而且不应有起鼓、断裂等现象。

(4)硬泡聚氨酯材料的密度、抗压强度、导热系数、尺寸稳定性、吸水率等性能指标应符合要求。

(5)平屋面、天沟、檐沟等的表面排水坡度应符合设计要求。

(6)屋面与山墙、女儿墙、天沟、檐沟及凸出屋面结构的连接处的连接方式与结构形式应符合设计要求。

(7)防水保温层表面的防紫外线涂料保护层,不应有漏喷、裂纹、皱褶、脱皮等现象。

4. 成品保护及安全注意事项

(1)聚氨酯硬泡体保温材料喷涂施工后 20 min 内,严禁上人行走。

(2)保温层完工后,应及时做保护层。聚合物水泥保护层上料、施工时应铺垫脚手板,避免破坏保温层。

(3)喷涂施工现场环境温度不宜低于 15 ℃,温度低则发泡不完全。空气相对湿度宜小于85%,风力宜小于 3 级。

(4)喷涂施工时,操作人员应佩戴防护用品。确保安全施工。

(5)两组分材料在喷涂加热过程中应注意防火,材料贮存应远离火源,防止发生火灾。

5.3　屋面的隔热

5.3.1　热反射屋面

热反射屋面是指在屋面面层利用表面材料的颜色和光滑度对热辐射的反射作用隔热,可用于平屋顶和坡屋顶。例如,屋面采用淡色砾石屋面或表面铺设铝箔,对反射降温都有明显效果,适用于炎热地区,如图 5.5 所示。

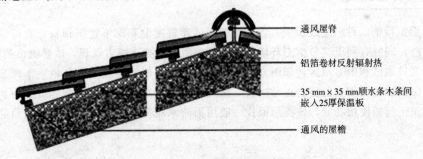

图 5.5　热反射屋面构造图

5.3.2　架空屋面

架空屋面是指在屋面上设置架空层,通过屋面自然通风将屋面的热量带走。一般由架空构件、通风空气间层、支撑构件和基层组成,如图 5.6 所示。

架空通风隔热间层设于屋面防水层上,其隔热原理为:一方面利用架空的面层遮挡直射阳光;另一方面利用间层通风散发一部分层内的热量,将层内的热量不间断地排除。其适用于具有隔热要求的屋面工程。架空层宜在通风较好的建筑上采用,不宜在寒冷地区采用,高层建筑林立的城市地区,空气流动较差,也会影响架空屋面的隔热效果。

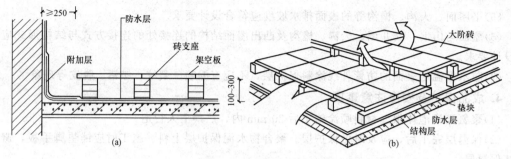

图 5.6　架空屋面构造

(a)平屋面架设通风隔热层构造示意；(b)大阶砖中间出风口

架空屋面设置要点如下：

(1)架空隔热屋面应在通风较好的平屋面建筑上采用，夏季风量小的地区和通风差的建筑上适用效果不好，尤其在高女儿墙情况下不宜采用，应采取其他隔热措施。寒冷地区也不宜采用，因为到冬天寒冷时也会降低屋面温度，反而使室内降温。

(2)架空的高度一般为 100～300 mm，并要视屋面的宽度、坡度而定。如果屋面宽度超过 10 m，应设通风屋脊，以加强通风强度。

(3)架空屋面的进风口应设在当地炎热季节最大频率风向的正压区，出风口设在负压区。

(4)架空板的铺设应平整、稳固；缝隙宜采用水泥砂浆或水泥混合砂浆嵌填。

(5)架空隔热板距女儿墙不小于 250 mm，以利于通风，避免顶裂山墙。

(6)架空板支座底面的柔性防水层上应采取增设卷材或柔软材料的加强措施，以免损坏已完工的防水层。

5.3.3　种植屋面

种植屋面是指铺以种植土或设置容器种植植物的建筑屋面和地下建筑顶板，除可以起到屋面隔热的作用外，同时有利于调节生态环境，改善空气质量，美化城市景观，改善城市的热岛效应，可广泛用于北方地区和南方地区，如图 5.7 所示。种植屋面包括屋顶绿化及地下车库顶板花园式绿化。为了保证种植屋面上的植物正常生长，做到土层湿润并排除积水，又能做到防水层不渗不漏，满足建筑工程的使用功能，该类屋面比一般屋面防水难度大。因此，对种植屋面的构造必须高度重视。

图 5.7　种植屋面示意

1. 种植屋面的构造

种植屋面的构造如图5.8所示。

(1)种植介质层。种植屋面应具有
良好水土保持功能的种植植被。要求种
植土具有自重轻、不板结、保水保肥、
适于植物生长、施工简便和经济环保等
功能。

(2)隔离过滤层。为了防止种植土
流失，应在种植土下设置一层隔离过滤
层。一般采用聚酯无纺布(每平方米质
量宜为200~250 g)或玻纤毡。

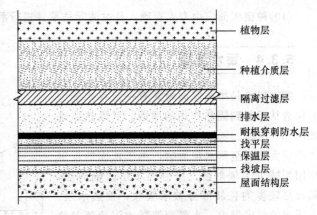

图5.8　种植屋面的构造

植物层
种植介质层
隔离过滤层
排水层
耐根穿刺防水层
找平层
保温层
找坡层
屋面结构层

(3)排(蓄)水层。隔离过滤层的下部为排(蓄)水层。在大雨或人工灌水过多时种植土吸水饱和，多余的水应排出屋面，防止植物烂根。排水层可采用专用的塑料排(蓄)水板或橡胶排(蓄)水板；也可采用粒径20~40 mm的卵石或轻质陶粒。

(4)耐根穿刺层。植物根有很强的穿刺能力，一般的防水材料经受不住植物根生长穿刺，导致屋面渗漏。因此在种植屋面中必须在柔性防水层上空铺或黏结一层耐植物根穿刺的材料。

耐根穿刺层宜选用合金防水卷材、铜复合胎基改性沥青根阻防水卷材、聚氯乙烯防水卷材、高密度聚乙烯土工膜、金属铜胎改性沥青防水卷材、聚乙烯丙纶防水卷材等。

(5)防水层。种植屋面的防水层应采用耐腐蚀、耐霉烂、耐水性好及耐久性优良的防水材料。

(6)保温层。保温层应采用吸水率低、导热系数小，并具有一定强度的保温材料。宜选用挤塑聚苯板、聚氨酯硬泡体喷涂等。保温层的厚度由热工计算确定。

(7)屋面结构层。种植屋面必须根据屋面的结构和荷载能力，在建筑物整体荷载允许范围内实施。

2. 设置要点

(1)新建种植屋面工程的结构承载力设计必须包括种植荷载，即有建筑屋面改造成种植屋面时，荷载必须在屋面结构承载力允许的范围内。

(2)种植屋面工程设计应遵循"防、排、蓄、植并重，安全、环保、节能、经济，因地制宜"(简单、适用、新型)的原则，以及施工环境和工艺的可操作性。

知识拓展：《种植屋面工程
技术规程》(JGJ 155—2013)

(3)种植屋面防水层的合理使用年限不应少于15年，应采用两道或两道以上防水设防，上道必须为耐根穿刺防水层，防水层的材料应相容。

(4)种植设计宜以覆土种植与容器种植相结合，生态和景观相结合。

(5)简单式种植屋面绿化面积宜占屋面总面积的80%以上；花园式种植屋面绿化面积宜占屋面总面积的60%以上。

(6)种植屋面不宜设计为倒置式屋面。

(7)种植土厚度不宜小于100 mm。

(8)种植屋面的结构层宜采用现浇钢筋混凝土。

(9)屋面防水层完工后，应做蓄水试验，蓄水24 h无渗漏为合格。

（10）种植屋面应由专人管理，及时清除枯草并进行洒水养护。

5.3.4　蓄水屋面

蓄水屋面是指在屋面设置有一定存水能力的构造从而起到隔热作用的屋面。其隔热原理如图5.9所示。

当太阳射至蓄水屋面时，由于水面的反射作用而减少了辐射热。投射到水层的辐射热，其含热较多的长波部分被水吸收，加热水层。由于水的热容量大，水深则消耗太阳的辐射热量多，增加水层温度少，水面由蒸发、对流及辐射三种形式散热，其中蒸发散热占散热量的70%～80%，水在蒸发时，要消耗大量的汽化热，水温越高，蒸发越大，水蒸发带走了热量。由于水的导热系数低，深蓄水表面吸收太

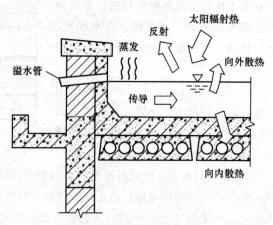

图5.9　蓄水屋面隔热原理

阳辐射热后，不易迅速向下传导，使混凝土的导热面的温度低于水表面温度。而混凝土的导热系数较高，下表面吸收室内热迅速传递给上表面后，被水吸收，经过传导作用而传至水表面蒸发扩散。随着水层深度增加，屋面内、外表面及室内温度相对降低，可见深蓄水屋面的热稳定性比较好。由于水的热容量大、比热高，故又可起到保温的作用。

1. 蓄水屋顶的构造

蓄水屋顶在构造上有开敞式和封闭式两种。

（1）开敞式蓄水屋面适用于夏季需要隔热而冬季不需要保温或兼顾保温的地区。夏季屋顶外表面温度最高值随蓄水层深度增加而降低，并具有一定热稳定性。水层浅、散热快，理论上以25～40 mm的水层深度散热最快。实践表明，这样浅的水层容易蒸发干涸。在工程实践中一般浅水层采用100～150 mm，中水层采用200～350 mm，深水层采用500～600 mm。如在蓄水顶的水面上培植水浮莲等水生植物，屋顶外表面温度可降低5 ℃左右，适宜夜间使用的房间的屋顶。开敞式蓄水屋顶可用刚性防水屋面，也可用柔性防水屋面。

（2）封闭式蓄水屋面上有盖板的蓄水屋顶。盖板有固定式和活动式两种：

1）固定式盖板。有利于冬季保温，做法是在平屋顶的防水层上用水泥砂浆砌筑砖或混凝土墩，然后将设有隔蒸汽层的保温盖板放置在混凝土墩上。板间留有缝隙，雨水可从缝隙流入。蓄水高度大于160 mm，水中可养鱼。人工供水的水层高度可以由浮球自控。如果落入的雨水超过设计高度时，水经溢水管排出。另外，在女儿墙上设有溢水管供池水溢泄。

2）活动式盖板。可在冬季白昼开启保温盖板，利用阳光照晒水池蓄热，夜间关闭盖板，借池水所蓄热量向室内供暖。夏季相反，白天关闭隔热保温盖板，减少阳光照晒，夜间开启盖板散热，也可用冷水更换池内温度升高的水，借以降低室温。

2. 设置要点

（1）蓄水屋面的坡度不宜大于0.5%。

（2）蓄水屋面应划分为若干蓄水区，每区的边长不宜大于10 m，在变形缝的两侧应分成两个互不连通的蓄水区；长度超过40 m的蓄水屋面应设分仓缝，分仓隔墙可采用混凝土或砖砌体。

（3）蓄水屋面应设排水管、溢水口和给水管，排水管应与水落管或其他排水出口连通。

（4）蓄水屋面的蓄水深度宜为150～200 mm。

（5）蓄水屋面泛水的防水层高度应高出溢水口 100 mm。

（6）蓄水屋面应设置人行通道。

1. 简述正置式屋面与倒置式屋面的构造异同、倒置式屋面的优点。

2. 倒置式屋面保温层的施工要点有哪些？

3. 聚苯乙烯保温板用于屋面保温层的施工要点有哪些？

4. 硬泡聚氨酯喷涂屋面的施工要点有哪些？

5. 简述热反射屋面的隔热原理。

6. 简述架空屋面的隔热原理和构造层次。

7. 简述种植屋面的构造层次和设置要点。

8. 简述蓄水屋面的隔热原理和设置要点。

项目 6　门窗节能技术

◎ 知识目标

1. 熟悉门窗节能对建筑总体节能效果的重要性。
2. 掌握门窗节能的措施要求。

◎ 能力目标

1. 能够编写门窗节能施工方案。
2. 能够对门窗节能施工质量进行检查和评定。

◎ 素质目标

1. 培养认真、严谨的工作态度。
2. 培养团队合作精神和职业素养。

◎ 思政引领

党的二十大报告指出：中国式现代化是人与自然和谐共生的现代化。人与自然是生命共同体，无止境地向自然索取甚至破坏自然必然会遭到大自然的报复。我们坚持可持续发展，坚持节约优先、保护优先、自然恢复为主的方针，像保护眼睛一样保护自然和生态环境，坚定不移走生产发展、生活富裕、生态良好的文明发展道路，实现中华民族永续发展。

建筑门窗是建筑物表面围护结构的重要部分，其满足了人们对在建筑物中通风、采光及心理需要的一系列要求，但同时，又可以说其是建筑物保温隔热性能最薄弱的部位，是影响建筑节能效果和室内热环境质量的主要因素。无论是在寒冷的冬季，还是在炎热的夏季都直接影响到建筑内部的热舒适度和能耗情况，且这种影响是错综复杂的。例如，当今建筑物窗户面积的扩大化一方面使得室内采光优良，具有降低室内采光的能耗及提高室内光线舒适度等优点，但另一方面窗户自身的材料和结构又使得窗户与实心结构的外墙相比，在冬季保温和夏季隔热方面都有明显劣势。此种矛盾的对立促使门窗的设计和生产要满足阻止冷风渗透、防止雨水渗漏、保温、隔热、隔声、抵抗风压、防火等各方面要求。因此，提高门窗的综合性能是影响建筑物能耗的重要方面。

建筑物通过门窗与外界环境之间的热交换主要有传导、辐射和对流 3 种方式。其中，太阳辐射作为主要的热辐射源是夏季室内温度过高的主要因素。另外，在冬季，通过窗户缝隙的冷风渗透是窗户保温性能的重要因素。过去，我国建筑的外门窗普遍存在保温、隔热性能差，密封性能差的问题，随着节能材料的发展，许多节能门窗材料开始在我国大规模推广使用。

热量通过门窗传递的途径有 3 个：一是热能通过门窗框、扇及玻璃进行热传递；二是通过玻璃接收和传递太阳辐射的热量；三是通过门窗的缝隙形成空气渗漏而进行的热交换。门窗保温隔热技术系统就是指增加门窗传递阻力而采用新工艺、新技术、新材料等各种技术措施。衡量门窗的节能效果主要是门窗的保温功能和隔热功能。

保温功能是降低建筑的采暖能耗和提高室内热环境质量，这主要使门窗具有较高的总热阻值，从而能够减少通过窗户的传热损失。整窗传热系数用 K 值来表示，其单位为 $W/(m^2 \cdot K)$，传热系数 K 值是热阻值 R 的倒数。

门窗的隔热功能是减少门窗的太阳辐射得热量，从而起到降低夏季空调负荷（特别是其峰值）和改善室内环境的作用。门窗的隔热功能采用遮阳系数 SC 来衡量。

6.1 建筑门窗节能设计要求

1. 传热系数

《公共建筑节能设计标准》(GB 50189—2015)中 3.3.1 条规定的严寒 A、B 区甲类公共建筑门窗热工性能限值见表 6.1。

表 6.1 严寒 A、B 区甲类公共建筑门窗热工性能限值

围护结构部位		传热系数≤0.30	0.30<传热系数≤0.50
		传热系数 $K/[W \cdot (m^2 \cdot K)^{-1}]$	
单一立面外窗（包括透光幕墙）	窗墙面积比≤0.20	≤2.7	≤2.5
	0.20<窗墙面积比≤0.30	≤2.5	≤2.3
	0.30<窗墙面积比≤0.40	≤2.2	≤2.0
	0.40<窗墙面积比≤0.50	≤1.9	≤1.7
	0.50<窗墙面积比≤0.60	≤1.6	≤1.4
	0.60<窗墙面积比≤0.70	≤1.5	≤1.4
	0.70<窗墙面积比≤0.80	≤1.4	≤1.3
	窗墙面积比>0.80	≤1.3	≤1.2

表 6.1 仅列出严寒 A、B 区甲类公共建筑的门窗传热系数要求，其他气候分区的数值此处不再列出，请自行查阅该标准，标准链接在本书项目 3。

2. 应控制窗墙面积比，区别不同朝向控制窗墙比

窗墙面积比的确定要综合考虑多方面的因素，其中最主要的是不同地区冬、夏季日照情况（日照时间长短、太阳总辐射强度、阳光入射角大小）、季风影响、室外空气温度、室内采光设计标准以及外窗开窗面积与建筑能耗等因素。一般普通窗户（包括阳台门的透明部分）的保温隔热性能比外墙差很多，窗墙面积比越大，采暖和空调能耗也越大。因此，从降低建筑能耗的角度出发，必须限制窗墙面积比。

按照《公共建筑节能设计标准》(GB 50189—2015)规定：严寒地区甲类公共建筑各单一立面窗墙面积比（包括透光幕墙）均不宜大于 0.60；其他地区甲类公共建筑各单一立面窗墙面积比（包括透光幕墙）均不宜大于 0.70。尽量避免东西向开大窗，提高窗户的遮阳性能，可用固定式或活

动式遮阳。

按照《建筑节能与可再生能源利用通用规范》(GB 55015—2021)的规定，居住建筑的窗墙面积比应符合表 6.2 的规定；其中每套住宅应允许一个房间在一个朝向上的窗墙面积比不大于 0.6。

表 6.2　居住建筑窗墙面积比限值

朝向	窗墙面积比				
	严寒地区	寒冷地区	夏热冬冷地区	夏热冬暖地区	温和 A 区
北	≤0.25	≤0.30	≤0.40	≤0.40	≤0.40
东、西	≤0.30	≤0.35	≤0.35	≤0.30	≤0.35
南	≤0.45	≤0.50	≤0.45	≤0.40	≤0.50

3. 窗户的可开启面积应满足要求

单一立面外窗(包括透光幕墙)的有效通风换气面积应符合下列规定：

(1)甲类公共建筑外窗(包括透光幕墙)应设可开启窗扇，其有效通风换气面积不宜小于所在房间外墙面积的 10%；当透光幕墙受条件限制无法设置可开启窗扇时，应设置通风换气装置。

(2)乙类公共建筑外窗有效通风换气面积不宜小于窗面积的 30%。

窗户的可开启面积与室内的空气质量和热舒适性密切相关，对于公共建筑，由于一般室内人员密度比较大，通过开窗通风，可以使建筑室内空气流动加快，保证室外的新鲜空气进入室内，以保障室内人员的健康；同时，在夏季，还可以通过自然通风带走室内热量，降低室内温度，提高人体舒适度。所以，针对窗户的可开启面积应有必要的设置要求。

严寒地区建筑的外门应设置门斗；寒冷地区建筑面向冬季主导风向的外门应设置门斗或双层外门，其他外门宜设置门斗或应采取其他减少冷风渗透的措施；夏热冬冷、夏热冬暖和温和地区建筑的外门应采取保温隔热措施。

4. 建筑窗户遮阳措施

建筑窗户遮阳是指在建筑物窗户处设置遮挡物以阻挡阳光直接射进室内。夏季，当阳光直射入室内，会使得房间过热，特别是局部过热。如果阳光直射到人体上，人就会感到不舒适，影响工作、学习和生活，甚至影响健康。强烈的阳光直射入室还会影响室内的照度分布，产生眩光，使人容易疲劳，不利于正常工作，并使室内的家具、衣物、书籍等褪色、变质。另外，对于有空调的房间，透过窗户射入的太阳辐射热会增高室温，增加空调设备的负荷，造成室温的波动和空调费用的增加。

窗户遮阳的目的就是使阳光不能直射入室，避免上述各种不利情况的产生；并起到调光，降低室温，改善室内热环境、光环境的作用。但遮阳对室内的采光和通风也有不利的影响。设置遮阳设施应根据气候、技术、经济、使用房间的性质及要求等条件，综合决定遮阳隔热、通风采光等功能。同时，应考虑到冬季房间得热和采光的要求。

按构造的形式，可将遮阳分为水平遮阳、垂直遮阳、挡板式遮阳和综合式遮阳，如图 6.1 所示。

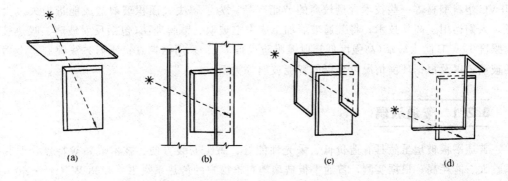

图 6.1 遮阳形式

(a)水平式；(b)垂直式；(c)挡板式；(d)综合式

(1)水平式。在住宅中常见的遮阳形式为水平式。这种形式的遮阳能够有效地遮挡高度角较大的、从窗口上方投射下来的阳光。水平遮阳时要仔细考虑不同季节、不同时间的阴影变化。故它适用于接近南向的窗口、低纬度地区的北向附近的窗口。

(2)垂直式。垂直式遮阳在商业建筑中应用较多，居住建筑应用较少。垂直式遮阳能够有效地遮挡高度角较小的、从窗侧斜射过来的阳光。但对于高度角较大的、从窗口上方投射下来的阳光，或接近日出、日没时平射窗口的阳光，它不起遮挡作用。故垂直式遮阳主要适用于东北、正北和西北向附近的窗口。

(3)挡板式。挡板式遮阳为窗口前方设置和窗面平行的挡板或挡板与水平遮阳成垂直遮阳而成的遮阳形式。这种形式的遮阳能够有效地遮挡高度角较小的、正射窗口的阳光。故它主要适用于东、西向附近的窗口。

(4)综合式。综合式遮阳能够有效地遮挡高度角中等的、从窗前斜射下来的阳光，遮阳效果比较均匀。故它主要适用于东南向或西南向附近的窗口。

除上述形式外，还有一种设于室内的遮阳，如一般的窗帘、弹簧卷帘、活动遮阳百叶板、保温盖板等。这类设施都可以在不同程度上起到遮阳的效果。但这些设于房间内的设施，其主要缺点是遮阳与自然通风会产生一定的矛盾。另外，阳光的辐射热量虽在一定程度上得到了遮挡，但其相当一部分的热量还会滞留在室内，使房间的温度最终可能升高。

在设计遮阳时应根据地区的气候特点和房间的使用要求及窗口所在朝向，将遮阳做成永久性或临时性的遮阳装置。

永久性遮阳即在窗口设置各种形式的遮阳板；临时性遮阳即在窗口设置轻便的布帘、各种金属或塑料百叶等。在永久性遮阳设施中，按其构件能否活动或拆卸，又可分为固定式或活动式两种。

活动式遮阳可视一年中季节的变化、一天中时间的变化和天空的阴晴情况，任意调节遮阳板的角度。在寒冷季节，为了避免遮挡阳光，争取日照，这种遮阳设施灵活性大，还可以拆除。

6.2　建筑节能门窗选用要求

目前，节能门窗设计的重点是改善材料的保温隔热性能和提高门窗的密闭性能。从门窗材料来看，近些年出现了铝合金断热型材、铝木复合型材、钢塑整体挤出型材、塑木复合型材及

UPVC 塑料型材等一些技术含量较高的节能产品。为了解决大面积玻璃造成能量损失过大的问题，人们运用了高新技术，将普通玻璃加工成中空玻璃、镀膜玻璃（包括反射玻璃、吸热玻璃）、高强度 Low-E 防火玻璃（高强度低辐射镀膜防火玻璃）、采用磁控真空溅射方法镀制含金属银层的玻璃，以及根据环境情况可变色的智能玻璃等类型。

6.2.1　普通玻璃

普通平板玻璃虽然具有造价低、采光性能好、施工安装方便、技术成熟等特点，但其传热系数大、能耗高。根据实测，普通平板玻璃塑料框窗户的传热系数 $K=4.63$ W/(m²·K)，气密性系数 $A=1.2$ m³/(m·h)；节能效果较好的双层玻璃塑料框窗的传热系数 $K=2.37$ W/(m²·K)，气密性系数为 $A=0.53$ m³/(m·h)。两者的 K 值和 A 值之比分别为 50% 和 44.1%。因此，平板玻璃的直接使用范围越来越受到限制，且最终将被淘汰。

6.2.2　节能玻璃

1. 中空玻璃

由两层或多层玻璃间隔成空气间层，气层充入干燥气体或惰性气体，四边用胶接、焊接或熔结工艺加以密封而形成。目前，中空玻璃的空气间层厚度分别为 6 mm、9 mm、12 mm、15 mm 等规格。中空玻璃最大的特点是传热系数小，且具有良好的隔热、保温性能，同时具有防结露、隔声和降噪等功能。几种中空玻璃传热系数比较见表 6.3。

表 6.3　几种中空玻璃传热系数比较

中空玻璃	传热系数 $K/[\text{W}\cdot(\text{m}^2\cdot\text{K})^{-1}]$	
	冬季夜间条件下	夏季白天条件下
5C＋12A＋5C	2.84	3.18
5A＋12A＋5C	2.84	3.29
5SA＋12A＋5C	2.84	3.34
5S＋12A＋5C	1.98	2.15
5SA＋12A＋5S	1.98	2.27

注：表中 12A 表示中空玻璃间距为 12 mm。5C、5A、5SA 和 5S 分别为 5 mm 厚普通透明玻璃（Clear）、天蓝色玻璃（Azurlite）、天蓝色镀膜隔热玻璃（Solarcool Azurlite)和热反射低辐射镀膜玻璃（Sungatesoo)

2. 镀膜玻璃

镀膜玻璃是在普通玻璃表面涂镀一层或多层金属、金属氧化物、其他薄膜或者金属的离子渗入玻璃表面或置换其表面层，使之成为无色或有色的薄膜。其中，热反射膜玻璃有较好的光学控制能力，对波长为 $0.3\sim0.5$ μm 的太阳光有良好的反射和吸收能力，能够明显减少太阳光的辐射热能向室内的传递，保持室内温度的稳定，从而达到节能的效果。

目前，在我国常用的镀膜玻璃为低辐射镀膜玻璃（Low-E），是采用优质浮法玻璃表面均匀地镀上特殊的金属膜系，由此极大地降低了玻璃表面辐射率，并提高了玻璃的光谱选择性，是在玻璃表面镀上多层金属或其他化合物组成的膜系产品。该种玻璃产品是用低辐射塑料薄膜张悬在 2 片或 3 片玻璃之间形成的双中空玻璃结构。可以采用单面和双面镀膜的低辐射镀膜玻璃；同时其构造形式采用双层或三层中空玻璃，以两层玻璃之间的密闭空气层为防止热传导的主要方式。普通中空玻璃提高保温隔热性能的途径是增加隔热层厚度或数量，但这些途径都会大大增加窗体的厚度和质量，进而对建筑的整体设计和成本造成负面影响。使用低辐射薄膜玻璃可以在基本不增加厚度和质量的情况下增加隔热层数量，使原来普通中空玻璃难以达到的隔热保温性能成为可能，如图 6.2、图 6.3 所示。

镀膜玻璃可使可见光有效地透过膜系和玻璃，保持了室内明亮，而肉眼看不见的红外线 80％以上被膜系反射(特别是远红外线几乎完全被其反射回去而不透过玻璃)。

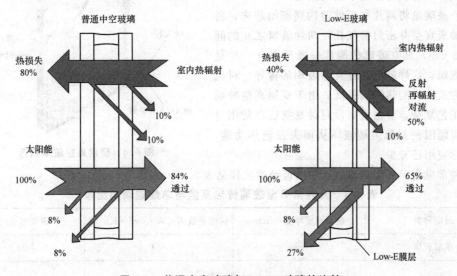

图 6.2　普通中空玻璃与 Low-E 玻璃的比较

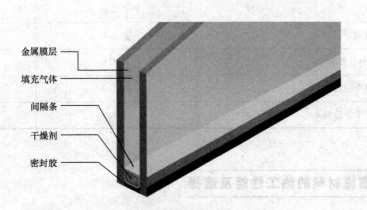

图 6.3　低辐射镀膜中空玻璃构造

3. 光致变色玻璃

玻璃受紫外线或日光照射后，在可见光谱($380 \text{ nm} < \lambda < 780 \text{ nm}$)区产生光吸收而自动变色，光照停止后可自动恢复到初始的透明状态。即夏日太阳直射时，颜色自动变深起到遮阳的作用；而阳光非直射时，又自动恢复到采光状态。具有这种性质的玻璃称为光致变色玻璃。光致变色玻璃是光敏玻璃的一种，也称可逆光敏玻璃。

4. 吸热玻璃

在平板玻璃成分中，加入微量镍、铁、钴、硒等元素，制成的着色透明玻璃称为吸热玻璃。吸热玻璃具有吸收可见光和红外线的特性，无论是哪一种色调的玻璃，当其厚度 $\delta = 6$ mm 时，均可吸收 40% 左右的太阳辐射。所以，当太阳直射的情况下，进入室内的辐射热减少了 40% 左右，从而可以减轻空调设备的负荷，达到节能的目的。

5. 真空玻璃

真空玻璃是一种新型玻璃深加工产品，是基于保温瓶原理研发而成，如图 6.4 所示。真空玻璃的结构与中空玻璃相似，其不同之处在于真空玻璃空腔内的气体非常稀薄，几乎接近真空。

真空玻璃是将两片平板玻璃四周密闭起来，将其间隙抽成真空并密封排气孔，两片玻璃之间的间隙为 0.3 mm，真空玻璃的两片一般至少有一片是低辐射玻璃，这样就将通过真空玻璃的传导、对流和辐射方式散失的热降到最低。由于双层真空玻璃的生产工艺复杂，价格偏高，同时真空层在使用过程中有可能因密封原因被破坏从而失去绝热功能，所以实际应用还较少。

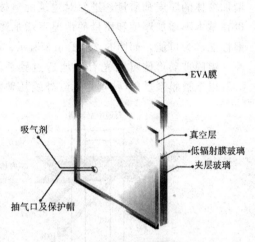

图 6.4 窗用真空玻璃构造

几种常见窗玻璃传热系数与单层玻璃的比较见表 6.4。

表 6.4 几种常见窗玻璃传热系数与单层玻璃的比较

玻璃种类	玻璃间层厚度 d/mm	传热系数 K/[W·(m²·K)⁻¹]	透光率 τ/%
单层玻璃	—	6.4	90
双层中空玻璃	6	3.4	84
	12	3.0	84
三层中空玻璃	12	2.0	72
三层低辐射镀膜中空玻璃	12	1.6	70~80
双层彩色热反射膜中空玻璃	12	1.8	30~60
双层低辐射膜氩气中空玻璃	12	1.3	30~60

6.2.3 窗框材料的热工性能及选择

窗框设计施工中，传热系数大，且气密性差的钢框和铝合金窗框大量使用，增大了外窗的耗能量。根据实测结果，一般单层钢或铝型材框窗的传热系数为 4.7 W/(m²·K) < $K \leqslant 6.4$ W/(m²·K)，大约为一块烧结普通砖土砖的传热系数 K 值的 2~3 倍，即使是节能效果较好的单框双玻璃窗或双层窗（相对单层框或单层玻窗），其传热系数也远远大于烧结普通砖墙，故窗型的选择对节能的影响也非常大。

1. 断热铝合金型材

自 20 世纪 90 年代后期断热铝合金门窗引入国内并开始在工程上使用以来，经过 20 年的发展，已经逐渐成为建筑用门窗产品的主流，该产品继承了传统非断热铝合金门窗坚固耐用、密封性好、装饰性强的优点，更有传统非断热铝合金门窗所欠缺的保温节能、内外型材表面可做不同颜色、不同处理方式等方面的特点。开启方式也从早期的内外开、推拉等比较单一的开启形式发展到现在的内倾内开、折叠推拉、提升推拉、中悬翻转、推拉上悬等多种具有复合式开启功能的开启形式。

断桥式铝合金窗的原理是利用 PA66 尼龙将室内外两层铝合金既隔开又紧密连接成一个整体，构成一种新的隔热型的铝型材(图 6.5)。依其连接方式不同，可分为穿条式及注胶式两种。用这种型材做门窗，其隔热性优越，彻底解决了铝合金传导散热快、不符合节能要求的致命问题，同时采取一些新的结构配合形式，彻底解决了"铝合金推拉窗密封不严"的难题。该产品两面为铝材，中间用 PA66 尼龙做断热材料。这种创新结构设计，兼顾了尼龙和铝合金两种材料的优势，同时满足装饰效果和门窗强度及耐老性能的多种要求。断桥式铝合金窗具有以下优点：

(1)保温性好：断桥铝型材中的 PA66 尼龙导热系数低，可整体降低窗框的传热系数。

(2)隔声性好：其结构经精心设计，接缝严密，试验结果表明，其隔声 30 dB，符合相关标准。

(3)耐冲击：由于断桥铝型材外表面为铝合金，因此它比塑钢窗型材耐冲击。

图 6.5 断桥铝合金窗框

(4)气密性好：断桥铝型材窗各隙缝处均装有多道密封胶条，气密性好。

(5)水密性好：门窗设计有防雨水结构，将雨水完全隔绝于室外。

(6)防火性好：铝合金为金属材料，不燃烧。

(7)防盗性好：断桥式铝合金窗配置优良五金配件及高级装饰锁，使盗贼束手无策。

(8)免维护：断桥式铝合金窗型材不易受酸碱侵蚀，不会变黄褪色，几乎不必保养。

2. 塑料门窗

塑料门窗是近年来国内外发展较快的一类新型建筑门窗，其主体材料聚氯乙烯(PVC)塑料异型材具有良好的绝热性能。与传统的金属门窗相比，塑料门窗有着优良的保温、隔热性能。塑料门窗具有以下主要优点：

(1)PVC 塑料隔热性能好。PVC 窗材的热导率为铝窗材的 1/125，是钢窗材的 1/357。

(2)生产 PVC 塑料能耗低。生产单位质量 PVC 塑料的能耗为铝窗材的 1/8.8，是钢窗材的 1/4.5。

(3)密封性能好。由 PVC 塑料制成的门窗可采取全周边密封、双级密封甚至多级密封结构，大大降低空气渗透量，减少了由于空气渗透造成的热量损失，同时提高了隔声效果。另外，PVC 塑料广泛用于钢塑、木塑等复合材料门窗的制造。

塑料门窗由于防火问题目前较少单独使用，常常要与金属框结合使用。

3. 玻璃钢材料

玻璃钢材料即玻璃纤维增强塑料(FRP)，也可以作为窗框材料使用，具有非常好的节能效果。其用于外窗框时具有质轻、耐腐蚀、寿命长和机械强度高的特点。

6.2.4 提高门窗的气密性

应采取措施减少窗户的空气渗透量。门窗存在墙与框、框与扇、扇与玻璃之间的装配缝隙，就会产生室内外空气交换，从建筑节能的角度讲，在满足室内卫生换气的条件下，通过门窗缝隙的空气渗透量过大，就会导致冷、热耗增加，因此必须控制门窗缝隙的空气渗透量。

加强门窗的气密性可采取以下措施：

(1)通过提高门窗用型材的规格尺寸、准确度、尺寸稳定性和组装的精确度以增加开启缝隙部位的搭接量，减少开启缝的宽度达到减少空气渗透的目的，即提高门窗的生产精度和安装精度。

(2)采用气密条，提高外窗气密水平。各种气密条由于所用材料、断面形状、装置部位等情况不同，密封效果也略有差异。

(3)改进密封方法，对于框与扇和扇与玻璃之间的间隙处理，目前国内均采用双级密封的方法，而国外在框扇之间已普遍采用三级密封的做法。加设密封条是改善门窗节能的重要途径。聚氨酯泡沫填缝剂具有良好的粘结力和优异的弹性，可自行发泡并可随时使用泡沫填充材料，现已得到广泛应用。

聚氨酯发泡密封胶系列产品，品种规格较多，现常用于塑钢门窗的为单组分聚氨酯发泡密封胶。当把发泡密封胶喷注到缝隙或孔洞中时，其体积迅速膨胀，在所产生的膨胀压力作用下，迅速扩散到裂缝深处和材质之间的孔隙中，与空气中的水分作用，交联固化，最终使发泡密封胶与材质之间形成极强的结合。发泡密封胶不仅具有密封连接作用，而且具有防水、绝缘、隔热和消声作用。

(4)门窗开启方式的选择。在我国北方地区，建筑要注意冬季的保温设计。建筑入口应设计门斗与门扇，外廊与楼梯间要少设窗扇，以减少冷空气对建筑物的渗透而达到保温节能。推拉窗在开启过程中窗扇上下形成明显的对流交换，热冷空气的对流形成较大的热损失，节能效果不理想。同时，推拉窗的连接件在使用一段时间后容易产生变形，从而出现窗户在完全关闭后密封性变差的情况，导致室内热量的散失，所以从节能的角度考虑，应减少推拉窗的使用。平开窗、悬窗、固定窗的密闭性好，节能效果好。对大面积的窗户应以固定扇为主，同时结合通风要求考虑开启扇。

6.3 门窗的施工技术

断热铝合金、塑钢门窗的施工要求相近，下面以断热铝合金门窗施工为例介绍其施工要点。

1. 施工放线

(1)同一立面的门窗的水平及垂直方向应该做到整齐一致。这样，应先检查预留洞口的偏差。对于尺寸偏差较大的部位，应及时提请有关单位，并采取妥善措施处理。

(2)在洞口弹出门、窗位置线，门、窗可以立于墙的中心线部位，也可将门、窗立于内侧，使门、窗框表面与饰面相平。不过，将门、窗立于洞口中心线的做法用得较多，因为这样便于室内装饰收口处理。特别是有内窗台板时，这样处理更好。

(3)对于门，除上面提到的确定位置外，还要特别注意室内地面的标高。地弹簧的表面，应该与室内地面饰面标高一致。

2. 门窗框安装

(1)按照弹线位置将门窗框立于洞内，调整正、侧面垂直度，水平度和对角线合格后，用对拔木楔做临时固定。木楔应垫在边、横框能够受力部位，以防止铝合金框料由于被挤压而变形。

（2）铝合金门、窗框上的锚固板与墙体的固定方法有射钉固定法、膨胀螺栓固定法及燕尾铁脚固定法等。

（3）锚固板是铝合金门、窗框与墙体固定的连接件，锚固板的一端固定在门、窗框的外侧，另一端固定在密实的洞口墙体内。

（4）铝合金门、窗框与洞口的间隙，应采用矿棉条或玻璃棉毡条分层填塞，缝隙表面留5～8 mm深的槽口嵌填密封材料。

（5）锚固板的间距应控制在500 mm内。如有条件时，锚固板方向宜在内、外交错布置。

（6）对于需增设角钢或槽钢加固的带型窗、大型窗拼接处，则其上、下部要与预埋钢板焊接，预埋件可按每1 000 mm间距在洞口均匀设置。

（7）严禁在铝合金门、窗上连接地线进行焊接工作，当固定铁码与洞口预埋件焊接时，门、窗框上要盖上橡胶石棉布，防止焊接时烧坏门窗。

（8）在施工中注意不得损坏门窗上面的保护膜；如表面沾上了水泥砂浆，应随时擦净，以免腐蚀铝合金，影响外表美观。

（9）施工完成后，剥去门、窗上的保护膜，如有油污、脏物，可用醋酸乙酯擦洗（醋酸乙酯是易燃品，操作时应特别注意防火）。

3. 填缝所用的材料

填缝所用的材料原则上按设计要求选用。但无论使用何种填缝材料，其目的均是密闭和防水。铝合金门窗框与洞口墙体应采用弹性连接，框周缝隙宽度宜在20 mm以上，缝隙内分层填入矿棉或玻璃棉毡条等软质材料。框边须留5～8 mm深的槽口，待洞口饰面完成并干燥后，清除槽口内的浮灰渣土，嵌填防水密封胶。

4. 门窗扇安装

门窗扇安装必须是在土建施工基本完成的条件下方可进行，以保护其免遭损伤。框装扇必须保证框扇立面在同一平面内，就位准确，启闭灵活。平开窗的窗扇安装前，先固定窗铰，然后再将窗铰与窗扇固定。推拉门窗应在门窗扇拼装时于其下横底槽中安装好滑轮，注意使滑轮框上有调节螺钉的一面向外，该面与下横端头边平齐。对于规格较大的铝合金门扇，当其单扇框宽度超过900 mm时，在门扇框下横料中须采取加固措施，通常的做法是穿入一条两端带螺纹的钢条。安装时应注意要在地弹簧连杆与下横安装完毕后再进行，也不得妨碍地弹簧座的对接。

5. 玻璃安装

（1）玻璃裁割。裁割玻璃时，应根据门窗扇（固定扇则为框）的尺寸来计算下料尺寸。一般要求玻璃侧面及上、下部都应与金属面留出一定的间隙，以适应玻璃胀缩变形的需要。

（2）玻璃就位。当玻璃单块尺寸较小时，可用双手夹住就位，如果单块玻璃尺寸较大，为便于操作，就需用玻璃吸盘。

（3）玻璃密封与固定。玻璃就位后，应及时用胶条固定。密封固定的方法有以下三种：

1）用橡胶条嵌入凹槽挤紧玻璃，然后在胶条上面放硅酮系列密封胶。

2）用10 mm长的橡胶块将玻璃挤住，然后在凹槽中注入硅酮密封胶。

3）将橡胶条压入凹槽、挤紧，表面不再注胶。玻璃应放在凹槽的中间，内、外侧的间隙不应少于2 mm，否则会造成密封困难；但也不宜大于5 mm，否则胶条起不到挤紧、固定的作用。玻璃的下部不能直接坐落在金属面上，而应用3 mm厚的氯丁橡胶垫块将玻璃垫起。

6. 清理、交工

清理铝合金门、窗交工前，应将型材表面的塑料胶纸撕掉。如果发现塑料胶纸在型材表面留有胶痕，宜用香蕉水清理干净，玻璃应进行擦洗，对浮灰或其他杂物，应全部清理干净。待定位销孔与销对上后，再将定位销完全调出，并插入定位销孔中。最后，用双头螺杆将门拉手上在门扇边框两侧。

思 考 题

1. 为什么说门窗是建筑围护结构中最薄弱的地方？

2. 门窗的节能设计要考虑哪些方面？请查阅相关标准中的要求回答。

3. 结合本项目内容，同时查阅相关资料(如百度搜索等)，讲一讲现在市面上的节能玻璃和窗框材料有哪些，各有哪些优缺点。

4. 简述如何提高门窗的气密性。

5. 简述断热铝合金窗的施工要点。

项目 7　楼地面节能技术

◉ **知识目标**

掌握楼地面节能的措施要求。

◉ **能力目标**

1. 能够编写楼地面节能施工方案。
2. 能够对楼地面节能施工质量进行检查和评定。

◉ **素质目标**

1. 培养认真、严谨的工作态度。
2. 培养精益求精的工匠精神。

◉ **思政引领**

我们已经分别学习了墙体、屋面、门窗的节能施工，加上本项目的楼地面节能部分，大家应该对建筑围护结构的节能技术有了全面了解。我们在学习中一直紧贴国家的相关规范标准进行学习，培养学生的责任意识、质量意识，希望大家在今后工作中严格按照国家规范标准进行施工，培养精益求精的工匠精神。

7.1　楼地面的热工性能指标

(1)居住建筑不同气候分区楼地面的传热系数及热阻限值按表 7.1 的规定选取。

表 7.1　居住建筑不同气候分区楼地面的传热系数及热阻限值

气候分区	楼地面部位	传热系数 $K/[\text{W} \cdot (\text{m}^2 \cdot \text{K})^{-1}]$ 或保温材料层热阻 $R/[(\text{m}^2 \cdot \text{K}) \cdot \text{W}^{-1}]$	
		≤3 层	>3 层
严寒地区 A区/B区/C区	架空或外挑楼板	$K \leq 0.25/0.25/0.30$	$K \leq 0.35/0.35/0.40$
	非供暖地下室顶板（上部为供暖房间时）	$K \leq 0.35/0.40/0.45$	$K \leq 0.35/0.40/0.45$
	分隔供暖与非供暖空间的隔墙、楼板	$K \leq 1.20/1.20/1.50$	$K \leq 1.20/1.20/1.50$
	分隔供暖设计温度温差大于 5 K 的隔墙、楼板	$K \leq 1.50/1.50/1.50$	$K \leq 1.50/1.50/1.50$
	周边地面	$R \geq 2.0/1.80/1.80$	$R \geq 2.0/1.80/1.80$

气候分区	楼地面部位	传热系数 K/[W·(m²·K)⁻¹]或保温材料层热阻 R/[(m²·K)·W⁻¹]	
		≤3 层	>3 层
寒冷 A 区/B 区	架空或外挑楼板	$K{\leqslant}0.35/0.35$	$K{\leqslant}0.45/0.45$
	非供暖地下室顶板 （上部为供暖房间时）	$K{\leqslant}0.50/0.50$	$K{\leqslant}0.50/0.50$
	分隔供暖与非供暖 空间的隔墙、楼板	$K{\leqslant}1.50/1.50$	$K{\leqslant}1.50/1.50$
	分隔供暖设计温度温差 大于 5 K 的隔墙、楼板	$K{\leqslant}1.50/1.50$	$K{\leqslant}1.50/1.50$
	周边地面	$R{\geqslant}1.60/1.50$	$R{\geqslant}1.60/1.50$
夏热冬冷 A 区/B 区	底面接触室外空气 的架空或外挑楼板	$K{\leqslant}1.00/1.20$	$K{\leqslant}1.00/1.20$
	楼板	$K{\leqslant}1.80/1.80$	$K{\leqslant}1.80/1.80$
夏热冬暖 A 区/B 区	未作要求	—	
温和 A 区/B 区	底面接触室外空气 的架空或外挑楼板	$K{\leqslant}1.00/—$	$K{\leqslant}1.00/—$

(2)甲类公共建筑不同气候分区楼地面的传热系数及热阻限值按表 7.2 的规定选取，乙类公共建筑不同气候分区楼地面的传热系数及热阻限值按表 7.3 的规定选取。

表 7.2　甲类公共建筑不同气候分区楼地面的传热系数及热阻限值

气候分区	楼地面部位	传热系数 K/[W·(m²·K)⁻¹]或保温材料层热阻 R/[(m²·K)·W⁻¹]	
		≤0.30	0.30<体形系数≤0.50
严寒地区 A 区/B 区/C 区	底面接触室外空气 的架空或外挑楼板	$K{\leqslant}0.35/0.35/0.38$	$K{\leqslant}0.30/0.30/0.35$
	地下车库与供暖 房间之间的楼板	$K{\leqslant}0.5/0.50/0.70$	$K{\leqslant}0.50/0.50/0.70$
	周边地面	$R{\geqslant}1.10/1.10/1.10$	$R{\geqslant}1.10/1.10/1.10$
寒冷地区	底面接触室外空气 的架空或外挑楼板	$K{\leqslant}0.50$	$K{\leqslant}0.45$
	地下车库与供暖 房间之间的楼板	$K{\leqslant}1.00$	$K{\leqslant}1.00$
	周边地面	$R{\geqslant}0.60$	$R{\geqslant}0.60$
夏热冬冷地区	底面接触室外空气 的架空或外挑楼板	$K{\leqslant}0.70$	
夏热冬暖地区	未作要求	—	
温和 A 区/B 区	底面接触室外空气 的架空或外挑楼板	$K{\leqslant}1.50/—$	

表 7.3　乙类公共建筑不同气候分区楼地面的传热系数及热阻限值

气候分区	楼地面部位	传热系数 $K/[\mathrm{W}\cdot(\mathrm{m}^2\cdot\mathrm{K})^{-1}]$
严寒地区 A 区/B 区/C 区	底面接触室外空气的架空或外挑楼板	$K\leqslant0.45/0.45/0.50$
	地下车库与供暖房间之间的楼板	$K\leqslant0.5/0.50/0.70$
寒冷地区	底面接触室外空气的架空或外挑楼板	$K\leqslant0.60$
	地下车库与供暖房间之间的楼板	$K\leqslant1.00$
夏热冬冷地区	底面接触室外空气的架空或外挑楼板	$K\leqslant1.00$
夏热冬暖地区	未作要求	—
温和 A 区/B 区	未作要求	—

7.2　楼地面的节能设计

1. 楼板的节能设计

楼板分层间楼板(底面不接触室外空气)和底面接触室外空气的架空或外挑楼板(底部自然通风的架空楼板),传热系数 K 有不同的规定。保温层可直接设置在楼板上表面(正置法)或楼板底面(反置法),也可采取铺设木搁栅(空铺)或无木搁栅的实铺木地板。

(1)保温层在楼板上面的正置法,可采用铺设硬质挤塑聚苯板、泡沫玻璃保温板等板材或强度符合地面要求的保温砂浆等材料,其厚度应满足建筑节能设计标准的要求。

(2)保温层在楼板底面的反置法,可如同外墙外保温做法一样,采用符合国家、行业标准的保温浆体或板材外保温系统。

(3)底面接触室外空气的架空或外挑楼板宜采用反置法的外保温系统。

(4)铺设木搁栅的空铺木地板,宜在木搁栅间嵌填板状保温材料,使楼板层的保温和隔声性能更好。

2. 底层地面的节能技术

底层地面的保温、防热及防潮措施应根据地区的气候条件,结合建筑节能设计标准的规定采取不同的节能技术。

(1)寒冷地区采暖建筑的地面应以保温为主,在持力层以上土层的热阻已符合地面热阻规定值的条件下,最好在地面面层下铺设适当厚度的板状保温材料,进一步提高地面的保温和防潮性能。

(2)夏热冬冷地区应兼顾冬天采暖时的保温和夏天制冷时的防热、防潮,也宜在地面面层下铺设适当厚度的板状保温材料,提高地面的保温及防热、防潮性能。

(3)夏热冬暖地区底层地面应以防潮为主,宜在地面面层下铺设适当厚度的保温层或设置架空通风道以提高地面的防热、防潮性能。

3. 地面辐射采暖技术

地面辐射采暖是成熟、健康、卫生的节能供暖技术,在我国寒冷和夏热冬冷地区已推广应用,深受用户欢迎。

地面辐射采暖技术的设计、材料、施工及其检验、调试及验收应符合《辐射供暖供冷技术规程》(JGJ 142—2014)的规定。

为提高地面辐射采暖技术的热效率，不宜将热管铺设在有木搁栅的空气间层中，地板面层也不宜采用有木搁栅的木地板。合理而有效的构造做法是将热管埋设在导热系数较大的密实材料中，面层材料宜直接铺设在埋有热管的基层上。

不能直接采用低温(水媒)地面辐射采暖技术在夏天通入冷水降温，必须有完善的通风除湿技术配合，并严格控制地面温度使其高于室内空气露点温度，否则会形成地面大面积结露。

4. 地面的防潮设计

夏热冬冷和夏热冬暖地区的居住建筑底层地面，在每年的梅雨季节都会由于湿热空气的差异而产生地面结露，特别是夏热冬暖地区更为突出。底层地板的热工设计除热特性外，还必须同时考虑防潮问题。防潮设计措施如下：

(1)地面构造层的热阻应不少于外墙热阻的1/2，以减少热量向基层的传热，提高地表面温度。

(2)面层材料的导热系数要小，使地表面温度易于紧随室内空气温度变化。

(3)面层材料有较强的吸湿性，具有对表面水分的"吞吐"作用，不宜使用硬质的地面砖或石材等作面层。

(4)采用空气层防潮技术，勒脚处的通风口应设置活动遮挡板。

(5)当采用空铺实木地板或胶结强化木地板作面层时，下面的垫层应有防潮层。

5. 楼地面节能工程常用保温材料

(1)用于楼面工程的保温、隔热材料的厚度和热导率必须符合设计要求和有关标准的规定，各种保温板和保温层厚度不得有偏差。

(2)填充层为建筑地面节能工程的控制重点，可采用松散、板块、整体保温材料和吸声材料等铺设而成。其构造简图如图7.1所示。

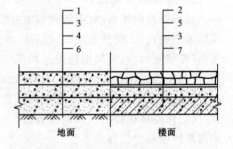

图7.1　填充层构造简图

1—松散填充层；2—板结块填充层；3—找平层；
4—垫层；5—隔离层；6—基层；7—楼层结构层

建筑地面常用的保温隔热材料如下：

1)松散保温材料。松散保温材料包括膨胀石、膨胀珍珠岩等以散装颗粒组成的材料。

2)整体保温材料。整体保温材料是指用松散保温材料和水泥等胶凝材料按设计配合比拌制、浇筑，经固化而形成的整体保温材料。整体保温材料可采用国家有关规定的膨胀蛭石、膨胀珍珠岩等松散保温材料，以水泥为胶结材料或和轻骨料混凝土等拌和铺设。

3)板状保温材料。板状保温材料是指用水泥、沥青或其他有机胶结材料与松散保温材料，按一定比例拌和加工而成的板状制品，如水泥膨胀珍珠岩板、水泥膨胀蛭石板、沥青膨胀珍珠岩板、沥青膨胀蛭石板等。此外，还有聚苯乙烯泡沫塑料板、硬质聚氨酯泡沫塑料、加气混凝土板、泡沫玻璃、矿物棉板、微孔混凝土等。

(3)低温热水地板辐射采暖系统中的绝热板材宜采用聚苯乙烯或聚氨酯泡沫板，其物理性能应符合现行有关规范或标准的要求。地面辐射供暖专用管的性能及参数要求详见采暖节能工程。

7.3　楼地面保温隔热层施工技术

1. 工艺流程

(1)松散保温材料铺设填充层的工艺流程：清理基层表面→抄平、弹线→管根、地漏局部处理及预埋件管线→分层铺设散状保温材料、压实→质量检查验收。

(2)整体保温材料铺设填充层的工艺流程：清理基层表面→抄平、弹线→管根、地漏局部处理及管线安装→按配合比拌制材料分层铺设、压实→检查验收。

(3)板状保温材料铺设填充层的工艺流程：清理基层表面→抄平、弹线→管根、地漏局部处理及管线安装→干铺或粘贴板状保温材料→分层铺设、压实→检查验收。

2. 操作工艺

(1)松散保温材料铺设填充层的操作工艺。检查材料的质量，其表观密度、导热系数、粒径应符合相关标准的规定。如粒径不符合要求可进行过筛，使其符合要求。清理基层表面，弹出标高线。地漏、管根局部用砂浆或细石混凝土处理好，暗敷管线安装完毕。松散材料铺设前，预埋间距 $800\sim1\,000$ mm 木龙骨(防腐处理)、半砖矮隔断或抹水泥砂浆矮隔断一条，高度符合填充层的设计厚度要求，控制填充层的厚度。虚铺厚度不宜大于 150 mm，应根据其设计厚度确定需要铺设的层数，并根据试验确定每层的虚铺厚度和压实程度，分层铺设保温材料，每层均应铺平压实，压实采用压滚和木夯，填充层表面应平整。

(2)整体保温材料铺设填充层的操作工艺。所用材料质量应符合国家有关标准的规定。按设计要求的配合比拌制整体保温材料。水泥、沥青膨胀珍珠岩、膨胀蛭石应采用人工搅拌，避免颗粒破碎。水泥为胶结料时，应将水泥制成水泥浆后，边拨边搅。当以热沥青为胶结料时，沥青加热温度不应高于 240 ℃，使用温度不宜低于 190 ℃。膨胀珍珠岩、膨胀蛭石的预热温度宜为 $100\sim120$ ℃，拌和时以色泽一致、无沥青团为宜。铺设时应分层压实，其虚铺厚度与压实程度通过试验确定，表面应平整。

(3)板状保温材料铺设填充层时的操作工艺。所用材料应符合设计要求，水泥、沥青等胶结料应符合国家有关标准的规定。板状保温材料应分层错缝铺贴，每层应采用同一厚度的板块，厚度应符合设计要求。板状保温材料不应破碎、缺棱掉角，铺设时遇有缺棱掉角、破碎不齐的，应锯平拼接使用。干铺板状保温材料时，应紧靠基层表面，铺平、垫稳，分层铺设时，上、下接缝应互相错开。用沥青粘贴板状保温材料时，应边刷、边贴、边压实，务必使沥青饱满，防止翘曲。用水泥砂浆粘贴板状保温材料时，板间缝隙应用保温砂浆填实并勾缝。保温砂浆配合比一般为 1∶1∶10(水泥∶石灰膏∶同类保温材料碎粒，体积比)。板状保温材料应铺设牢固，表面平整。

思 考 题

1. 简述相关节能标准中对楼地面层传热系数要求的异同。

2. 楼地面保温层可选用哪些材料？其施工工艺有哪些？

项目 8　建筑给水排水节能技术

◎ 知识目标

1. 掌握建筑给水系统的节能设计及要求。
2. 掌握太阳能热水系统的组成及运行原理。
3. 熟悉建筑中水系统的运行原理。
4. 熟悉海绵城市的内涵及技术要求。

◎ 能力目标

能够针对不同建筑选用适宜的建筑给水排水的节水及节能技术。

◎ 素质目标

树立"绿水青山"的环保理念。

◎ 思政引领

党的二十大报告指出：深入推进环境污染防治。坚持精准治污、科学治污、依法治污，持续深入打好蓝天、碧水、净土保卫战。加强污染物协同控制，基本消除重污染天气。统筹水资源、水环境、水生态治理，推动重要江河湖库生态保护治理，基本消除城市黑臭水体。加强土壤污染源头防控，开展新污染物治理。提升环境基础设施建设水平，推进城乡人居环境整治。全面实行排污许可制，健全现代环境治理体系。严密防控环境风险。

我国经济高速发展的同时，造成了对环境的破坏，各个城市不同程度地存在着环境污染的问题。随着人们环保与节能意识的逐渐增强，在城市建筑设计中，建筑给水排水工程中的节水节能问题日益受到业内人士的重视。如何在建筑设计过程中实现合理用能和达到节能设计标准要求，也是衡量设计人员优秀与否的重要方面。因此，对于新建建筑工程，设计人员及有关管理部门应在前期设计过程中做到统筹考虑、全面规划，在强调供水安全可靠性的同时，避免不必要的水电浪费，同时做好既有建筑给水系统的挖潜改造工作，降低资源消耗、减少污染，实现最大程度的节水节能，最终实现与自然的和谐统一。

建筑给水排水节能设计主要包括对建筑内各种水资源的有效利用，即将给水（冷水、热水）、消防用水、污（废）水、雨水等系统进行统筹规划，以达到低耗、节水、减排的效果。目前，我国对建筑给水排水综合利用的建设方面已处于发展阶段，目前研究应用的主要是单项的节水途径和设计，如选用节水器具、推行水卡以控制用水量增长、施行定额用水和阶梯水价、推广雨水利用等中水回用技术。

8.1 建筑给水系统的节水和节能

建筑给水系统存在的常见问题主要是管网压力过高或过低、水压水量分配不均衡，导致管网工作压力浪费或管网漏损严重，造成供水安全保障程度低，直接后果就是不能从系统上节水节能。建筑给水系统的节能包括对现有建筑给水系统的改造和对新建建筑设计阶段给水方式的优选，充分挖掘其中节水节能的巨大潜力。提高给水系统节水和节能的措施有以下具体办法。

1. 实施分质供水

应当按照"高质高用、低质低用"的用水原则，对建筑中水、雨水、海水等非传统水源进行利用，大幅度提高建筑节水率与非传统水源利用率。具体实施目标：普通生活用水水质达到《生活饮用水卫生标准》（GB 5749—2022），有条件的可以安装直饮水供水系统；人工湖等景观环境用水水质达到《城市污水再生利用 景观环境用水水质》（GB/T 18921—2019）标准；室内冲厕、道路广场浇洒、洗车、绿化用水水质达到《城市污水再生利用 城市杂用水水质》（GB/T 18920—2020）标准。一般而言，仅用中水替代自来水冲厕一项，住宅建筑节水率即可超过 10%。

2. 避免给水管网漏损

防止给水管网漏损是提高节水效率的重要途径。目前，城市给水管网漏损率一般都高于 10%，造成了严重的水资源浪费。建筑管网漏损主要集中在室内卫生器具、屋顶水箱和管网漏水，表现为跑冒滴漏，重点发生在给水系统的附件、配件、设备等的接口处。为避免管网漏损，可采取以下措施。

（1）给水系统中使用的管材、管件，应符合现行产品行业标准的要求，同时采取管道涂衬、管内衬软管、管内套管道、管道防腐等措施避免管道损漏。

（2）选用优质阀门。阀门是流体输送系统中的控制部件，具有截止、调节、导流、防止逆流、稳压、分流或溢流泄压等功能。用于给水系统的阀门必须做到结构简单、关闭严密、开启灵活、质量优良。

（3）合理限定给水的压力。给水压力不宜过低，以防止不能满足供水高度的要求，同时应特别注意避免持续高压或压力骤变，以防止管道因压力过高被损坏而浪费水。

（4）选用高灵敏度计量水表，尤其要防止水表测量范围过大，并根据水平衡测试标准安装分级计量水表，安装率达 100%。采用水平衡测试法检测管道漏损量。

（5）加强管道基础处理和覆土工程施工监督，控制管道埋深，把好施工质量关。

（6）加强日常的管网检漏工作是避免供水管网损坏大量漏水的有效措施，也是给水系统消除水资源浪费的重要工作。

3. 合理利用市政管网余压、限定给水系统出流水压

城市市政给水管网压力普遍为 0.2～0.4 MPa，5 层以内的建筑的供水压力一般是能够满足的。但随着经济的快速发展，土地资源越来越紧张，为了提高土地的利用率，城市出现了越来越多的多于 5 层的小高层、高层、超高层建筑，这些建筑如果整幢采用同一给水系统供水，则垂直方向管线过长，下层管道中的静水压力很大，会产生系统超压。在《建筑给水排水设计标准》（GB 50015—2019）中规定了卫生器具的额定流量，该额定流量是为了满足使用要求，在一定流出水头作用下的给水流量。当给水配件前压力大于流出水头时，给水配件单位时间的出流量大于额定流量的现象称为超压出流。此现象引起的超出额定流量的出流量称为超压出流量。超压出流量未产生正常的使用效益，而是在人们的使用过程中流失，造成的浪费不易被人察觉，因此被称为"隐形"水量浪费。另外，发生超压时，由于水压过大，易产生噪声、水击及管道振动，缩短给水管道及管件的使用寿命，水压过大在龙头开启时会形成射流喷溅，影响用户的正常使用。在有条件的情况下，可以适当降低分区压力，或采用入户设减压阀等方式，控制各卫生器具配水装置处的静水压等。防止超压出流的有效措施是采用分区供水方式，分区供水方式可以充分利用市政给水管网压力，有效地减少二次加压的能量消耗，如图 8.1 所示。

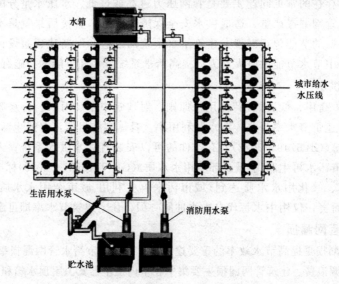

图 8.1　分区供水方式示意

4. 采用节水型管材和节水型器具

(1)管材选用。给水系统的管材普遍采用如 PE 管、PP-R 管、不锈钢管、铝塑复合管、钢塑复合管等(图 8.2)，已经在输送水的过程中减少水的漏损。

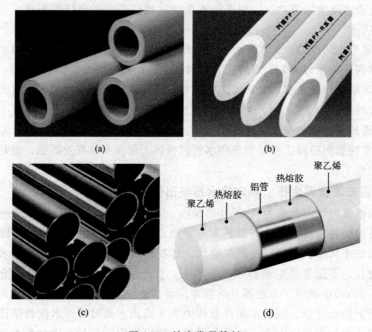

图 8.2　给水常用管材
(a)PE 管；(b)PP-R 管；(c)不锈钢管；(d)铝塑复合管

（2）卫生器具及配水附件的选用。卫生器具及配水附件位于供水系统的最终端，它的节水性能对给水排水系统整体节能效果起着举足轻重的作用，因此选用节水节能型卫生器具及配水附件就显得十分必要。

目前，陶瓷阀芯水龙头、水利式水龙头、电容感应式延时自动关闭水龙头等节水型水龙头已广泛使用，此类水龙头封闭严密，感应灵敏，关闭速度是老式旋转式水龙头的 1/10，节水效果显著。

据资料显示，在普通住宅内采用 6 L 左右的小容量水箱可以比 9 L 容量水箱节水 12%，在办公楼内使用效果更佳，可节水近 1/3。对于生活淋浴、盥洗等用水器具的节水则主要从改善给水配件的性能来实现，如采用脚踏开关淋浴器、充气水龙头、节水延时自闭阀等，该类配件均能在不同程度上起到节水节能的功效，并且节能效果和建筑高度成正比，即建筑物越高其节能效果越明显；公共卫生建筑内，传统的定时冲洗对水的浪费极大，目前较为先进的光电数控控制或红外线作用的器具效果非常突出，值得推广。对水的节约可以减少输送水过程中的能源消耗，从而达到节能的目的。

《节水型卫生洁具》(GB/T 31436—2015)规定：节水型坐便器分为节水型和高效节水型两类。标准规定节水型坐便器应不大于 5.0 L；高效节水型坐便器单档或双档的大档用水量不大于 4.0 L。节水型蹲便器分为节水型和高效节水型两类。节水型单档蹲便器或节水型双档蹲便器的大档蹲便器用水量不大于 6.0 L，节水型蹲便器的小档冲洗用水量不大于标称大档用水量的 70%；高效节水型蹲便器单档或双档的大档冲洗用水量不大于 5.0 L。节水型小便器的平均用水量应不大于 3.0 L，高效节水型小便器平均用水量应不大于 1.9 L。洁具用水占家庭生活用水的 80%，新标准实施将节约厨卫用水量 30% 以上。该标准可以从生产端引导卫浴企业生产更节水节能的产品。

5. 防止二次污染

（1）优先采用变频调速泵供水。采用变频调速泵供水后，取代了传统的水池—水泵—水箱的加压方式，可极大地降低二次供水受污染的可能性。

（2）独立设置生活水池与消防水池。一方面分建后生活水池池容减小，减少了定期换水的次数；另一方面，消防试水后可回流至消防水箱，减少了水的直接浪费。

（3）在水的使用全过程进行污染控制，如选用高品质管材管件、强化二次消毒、提高施工质量等。

8.2 建筑热水系统的节能技术

1. 太阳能热水系统简介

我国大部分地区位于北纬 40° 以北，日照充足，太阳能资源比较丰富，随着太阳能技术的逐渐成熟，其技术成本也在逐渐下降，应用范围越来越广。目前，太阳能热水系统已在酒店，医院，游泳馆，公共浴池，商品住宅，体育类、高档办公类、展馆类等建筑中大量应用。利用太阳能制备生活热水，减少了大量的传统能源的消耗，减少了对环境的污染。目前，太阳能热水器按集热器形式分为平板型集热器、全玻璃真空管集热器、玻璃—金属真空管集热器三类。这三类热水器都具有集热效率高、保温性能好、操作简单、维修方便等优点，且热水系统可安装在屋顶、墙壁及阳台等位置，如图 8.3 所示，十分方便于建筑设计。太阳能热水系统由集热器、储水箱、循环管道、控制系统等组成，如图 8.4 所示。

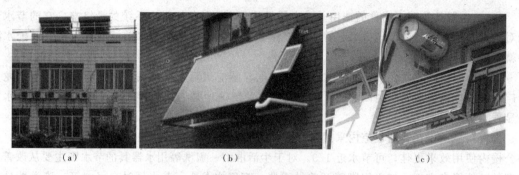

图 8.3　太阳能热水器安装位置示意

(a)屋顶；(b)墙壁；(c)阳台

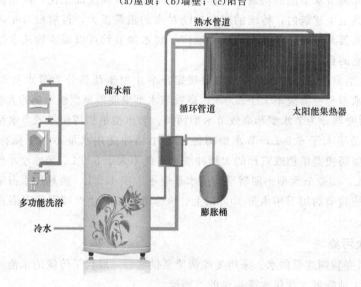

图 8.4　太阳能热水系统组成示意

2. 太阳能热水系统的形式

（1）自然循环系统。自然循环系统是仅利用传热工质内部的温度梯度产生的密度差进行循环的太阳能热水系统。在自然循环系统中，为了保证必要的热虹吸压头，储水箱的下循环管应高于集热器的上循环管。这种系统结构简单，不需要附加动力，如图 8.5 所示。

（2）强制循环系统。强制循环系统是利用机械设备（水泵）等外部动力迫使传热工质通过集热器（或换热器）进行循环的太阳能热水系统。强制循环系统通常采用温差控制、光电控制及定时器控制等方式，如图 8.6 所示。

（3）直流式系统。直流式系统是冷水一次流过集热器加热后，进入储水箱至用热水处的非循环太阳能热水系统。直

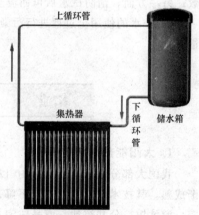

图 8.5　太阳能热水自然循环系统

流式系统一般可采用非电控温控阀或温控器控制方式。直流式系统通常也可称为定温放水系统，如图 8.7 所示。

（4）带辅助能源的太阳能热水系统。为保证民用建筑的太阳能热水系统可以全天候运行，通常将太阳能热水系统与使用辅助能源的加热设备联合使用，构成带辅助能源的太阳能热水系统。

辅助能源为电力、热力网、燃气等，辅助能源设计按现行设计规范进行，如图 8.8 所示。

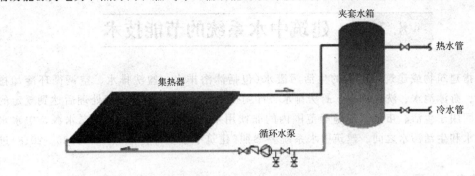

图 8.6　太阳能热水强制循环系统

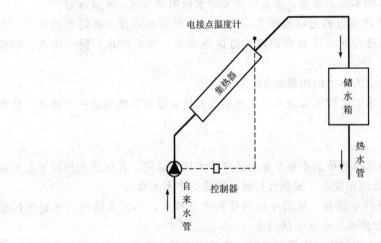

图 8.7　太阳能直流式热水系统示意

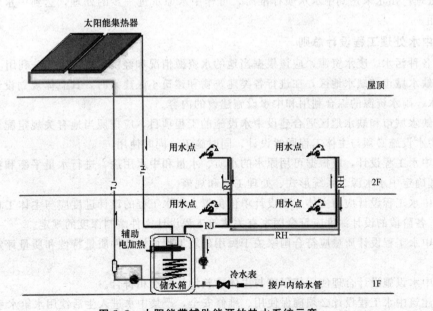

图 8.8　太阳能带辅助能源的热水系统示意

8.3　建筑中水系统的节能技术

中水是指建筑物或建筑小区内的生活污废水（包括沐浴排水、盥洗排水、空调循环冷却排水、冷凝水、游泳池水、洗衣排水、厨房排水、冲厕排水等杂排水）经过适当处理后达到规定的水质标准，回用于生活、市政、环境等范围内的非饮用水。可以说，中水是第二水源，中水水质介于自来水和生活污水之间。建筑中水系统要参照《建筑中水设计标准》(GB 50336—2018)进行设计。

1. 建筑中水水源

(1)建筑中水水源可取自建筑的生活排水和其他可以利用的水源。

(2)中水水源应根据排水的水质、水量、排水状况和中水回用的水质、水量选定。

(3)建筑中水水源可选择的项目和选取顺序为卫生间、公共室的浴盆、淋浴等的排水；盥洗排水；空调循环冷却系统排污水；冷凝冷却水；游泳池排水；洗衣排水；厨房排水；厕所排水。

(4)用作中水水源的水量宜为中水回用量的110%～115%。

(5)医疗废水、放射性废水、生物污染废水、重金属及其他有毒有害物质超标的排水严禁作为中水原水。

2. 建筑小区中水水源

(1)建筑小区中水水源的选择要依据水量平衡和经济技术比较确定，并应优先选择水量充裕稳定、污染物浓度低，水质处理难度小、安全且居民易接受的中水水源。

(2)建筑小区中水可选择的水源有：建筑小区内建筑物杂排水；小区或城市污水处理厂出水；小区附近污染较轻的工业排水；小区生活污水。

(3)当城市污水处理厂出水达到中水水质标准时，建筑小区可直接连接中水管道使用。当城市污水处理厂出水未达到中水水质标准时，可作中水原水进一步的处理，达到中水水质标准后方可使用。

3. 中水处理工程设计总则

(1)各种污水、废水资源，应该根据当地的水资源情况和经济发展水平充分利用。

(2)缺水城市和缺水地区，在进行各类建筑物和建筑小区建设时，其总体规划设计应包括污水、废水、雨水资源的综合利用和中水设施建设的内容。

(3)缺水城市和缺水地区适合建设中水设施的工程项目，应按照当地有关规定配套建设中水设施。中水设施必须与主体工程同时设计、同时施工、同时使用。

(4)中水工程设计，应根据可用原水的水质、水量和中水用途，进行水量平衡和技术经济分析，合理确定中水水源、系统形式、处理工艺和规模。

(5)中水工程设计应由主体工程设计单位负责。中水工程的设计进度应与主体工程设计进度相一致，各阶段的设计深度应符合国家有关建筑工程设计文件编制深度的规定。

(6)中水工程设计质量应符合国家关于民用建筑工程设计文件质量特性和质量评定实施细则的要求。

(7)中水设施设计合理使用年限应与主体建筑设计标准相符合。

(8)建筑中水工程设计必须确保使用、维修安全，严禁中水进入生活饮用水给水系统。

4. 中水处理工程常用工艺

中水处理设施由原水收集、储存、处理及供给等设施构成，中水系统是目前现代化住宅功能配套设施之一，资料显示，采用建筑中水后居住小区用水量可节约 30％～40％，废水排放量可减少 35％～50％。在以上几种中水水源内，盥洗废水水量最大，其使用时间较均匀、水质较好且较稳定等，因此其应作为建筑中水首选水源。但目前建筑中水技术具有运行效果稳定性差且造价较高等缺点，因此在设计过程中应综合技术、管理、投资等多方面因素来选择新的优良的处理工艺，中水处理一般流程如图 8.9 所示。

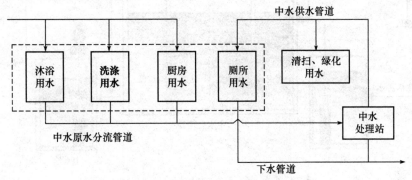

图 8.9　以优质杂排水为水源的中水处理工艺流程图

根据中水水源的不同，常用的中水处理工艺如下。

(1)物化处理工艺(以优质杂排水或杂排水为水源)，如图 8.10 所示。

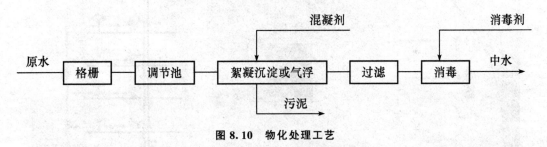

图 8.10　物化处理工艺

(2)物化与生化相结合的处理工艺(以优质杂排水或杂排水为水源)，如图 8.11 所示。

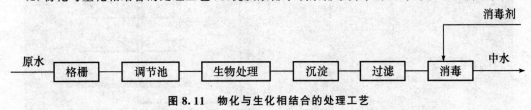

图 8.11　物化与生化相结合的处理工艺

(3)预处理与膜分离相结合的处理工艺(以优质杂排水或杂排水为水源)，如图 8.12 所示。

原水——格栅——调节池——微絮凝过滤——精密过滤——膜分离——消毒——中水

图 8.12　预处理与膜分离相结合的处理工艺

如图 8.13、图 8.14 所示是两种以生活污水为水源的中水处理工艺流程图。

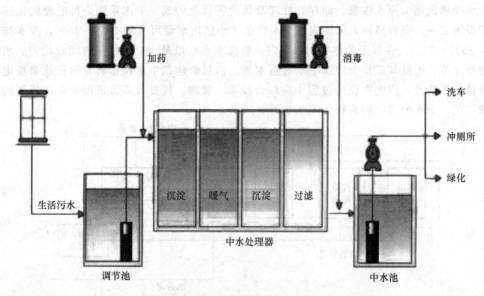

图 8.13　以生活污水为水源的中水处理工艺流程图一

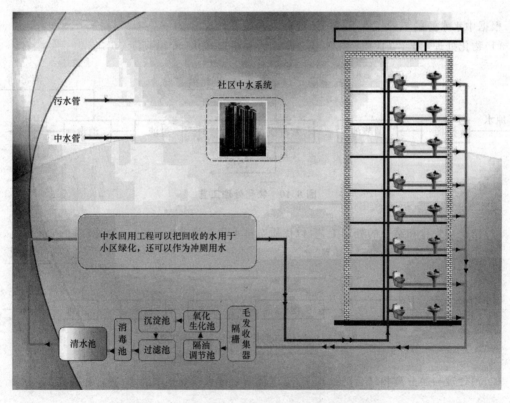

图 8.14　以生活污水为水源的中水处理工艺流程图二

8.4　建筑雨水利用及"海绵城市"建设

　　"海绵城市"，即比喻城市像海绵一样，在适应环境变化和应对自然灾害等方面具有良好的"弹性"。下雨时吸水、蓄水、渗水、净水，需要时将蓄存的水"释放"并加以利用，从而让水在城市中的迁移活动更加"自然"。

　　"海绵城市"建设的重点是构建"低影响开发雨水系统"，强调通过源头分散的小型控制设施，维持和保护场地自然水文功能，有效缓解城市不透水面积增加造成的洪峰流量增加、径流系数增大、面源污染负荷加重等城市问题。"海绵体"既包括河、湖、池塘等水系，也包括绿地、花园、可渗透路面这样的城市配套设施。"海绵城市"让城市像海绵一样"呼吸"，更具生态魅力，如图 8.15、图 8.16 所示。

　　城市在城镇化建设中使用大量硬质铺装，会使屋面、路面等设施下垫面硬化，破坏原有自然"海绵体"，在汛期会出现内涝灾害频发、交通瘫痪，严重影响人们出行和日常生活，同时也会引起水生态恶化和水环境污染等一系列问题。2014 年 2 月《住房和城乡建设部城市建设司2014 年工作要点》中指出，大力推行低影响开发建设模式，加快研究建设海绵型城市的政策措施；2014 年 11 月《海绵城市建设技术指南》发布；2014 年年底至 2015 年年初，海绵城市建设试点工作全面铺开，产生第一批 16 个试点城市；2015 年 9 月，国务院常务会议中要求提高城镇化质量，大力建设海绵城市；2017 年 3 月国务院的政府工作报告首次将海绵城市建设纳入政府宏观规划的重点工作任务。经过近十年的发展，目前我国在海绵城市建设方面取得较大进展，一定程度上缓解了城市内涝问题，也同时提升了城市的自然生态景观。

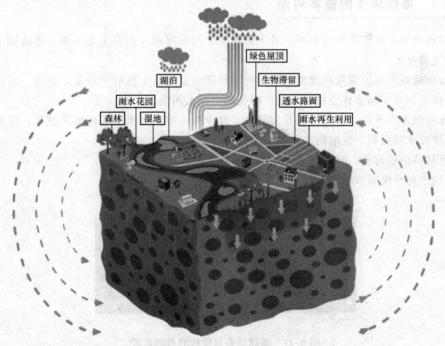

海绵城市是指城市能够像海绵一样，在适应环境变化和应对自然灾害等方面具有良好的"弹性"，下雨时吸水、蓄水、渗水、净水，需要时将蓄存的水"释放"并加以利用。

图 8.15　海绵城市示意

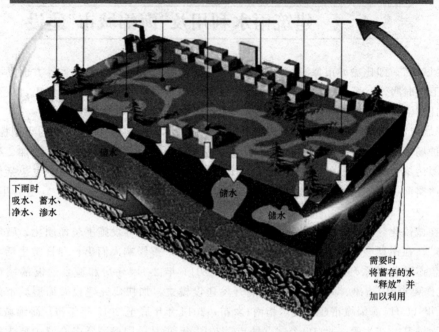

下雨时
吸水、蓄水、
净水、渗水

储水

储水

储水

需要时
将蓄存的水
"释放"并
加以利用

图 8.16　海绵城市水的循环收集与释放示意

8.4.1　海绵城市的基本内涵

(1)对城市原有生态系统的保护。最大限度保护原有河湖水系和生态体系、维持城市开发前的自然水文特征。

(2)对被破坏生态的恢复和修复。对传统粗放建设破坏的生态给予恢复,保持一定比例的生态空间,促进城市生态多样性提升,推广河长制治理水污染。

(3)推行低影响开发。合理控制开发强度、减少对城市原有水生态环境的破坏,保留足够生态用地,增加水域面积,促进雨水积存、渗透和净化。

(4)通过减少径流量,减少暴雨对城市运行的影响。

海绵城市与传统城市的比较如图 8.17 所示。

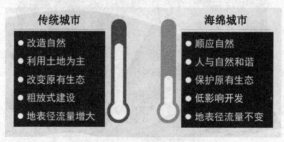

传统城市
● 改造自然
● 利用土地为主
● 改变原有生态
● 粗放式建设
● 地表径流量增大

海绵城市
● 顺应自然
● 人与自然和谐
● 保护原有生态
● 低影响开发
● 地表径流量不变

图 8.17　海绵城市与传统城市的比较

8.4.2 海绵城市设计举例

设计一：建筑与小区

(1)建筑屋面和小区路面径流雨水应通过有组织的汇流与转输，经截污等预处理后引入绿地内的以雨水渗透、储存、调节等为主要功能的低影响开发设施。

(2)因空间限制等原因不能满足控制目标的建筑与小区，径流雨水还可通过城市雨水管渠系统引入城市绿地与广场内的低影响开发设施。

(3)低影响开发设施的选择应因地制宜、经济有效、方便易行，如结合小区绿地和景观水体优先设计生物滞留设施、渗井、湿塘和雨水湿地等。

建筑与小区低影响开发雨水系统典型流程如图8.18所示。

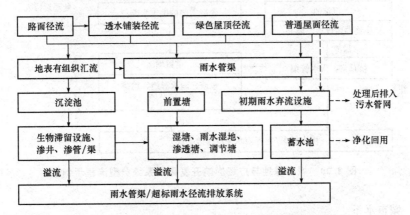

图 8.18　建筑与小区低影响开发雨水系统典型流程示例

设计二：城市道路

(1)城市道路径流雨水应通过有组织的汇流与转输，经截污等预处理后引入道路红线内、外绿地内，并通过设置在绿地内的以雨水为主要功能的低影响开发设施进行处理。

(2)低影响开发设施的选择应因地制宜、经济有效、方便易行，如结合道路绿化带和道路红线外绿地优先设计下沉式绿地、生物滞留带、雨水湿地等。

城市道路影响开发雨水系统典型流程如图8.19所示。

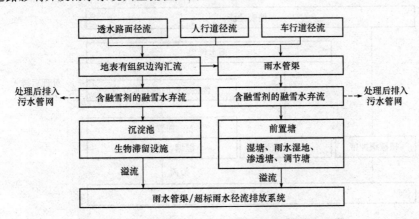

图 8.19　城市道路影响开发雨水系统典型流程示例

设计三：绿地与广场

（1）城市绿地、广场及周边区域径流雨水应通过有组织的汇流与转输，经截污等预处理后引入绿地内的以雨水渗透、储存、调节等为主要功能的低影响开发设施，消纳自身及周边区域径流雨水，并衔接区域内的雨水管渠系统和超标雨水径流排放系统，提高区域内涝防治能力。

（2）低影响开发设施的选择应因地制宜、经济有效、方便易行，如湿地公园和有景观水体的城市绿地与广场宜设计雨水湿地、湿塘等。

城市绿地与广场影响开发雨水系统典型流程如图 8.20 所示。

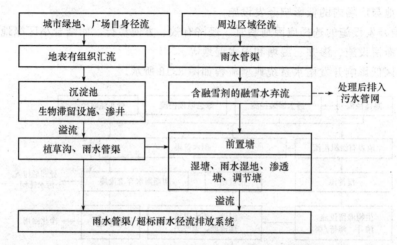

图 8.20　城市绿地与广场影响开发雨水系统典型流程示例

设计四：城市水系

（1）城市水系在城市排水、防涝、防洪及改善城市生态环境中发挥着重要作用，是城市水循环过程中的重要环节，湿塘、雨水湿地等低影响开发末端调蓄设施也是城市水系的重要组成部分。同时，城市水系也是超标雨水径流排放系统的重要组成部分。

（2）城市水系设计应根据其功能定位、水体现状、岸线利用现状及滨水区现状等，进行合理保护、利用和改造，在满足雨洪行泄等功能条件下，实现相关规划提出的低影响开发控制目标及指标要求，并与城市雨水管渠系统和超标雨水径流排放系统有效衔接。

城市水系影响开发雨水系统典型流程如图 8.21 所示。

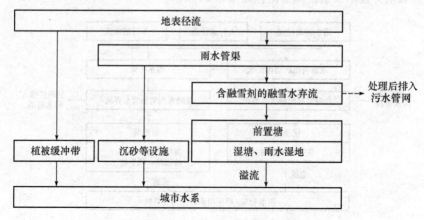

图 8.21　城市水系影响开发雨水系统典型流程示例

8.4.3　海绵城市技术选择

技术选择一：透水铺装

(1)透水铺装按照面层材料不同可分为透水砖铺装、透水水泥混凝土铺装和透水沥青混凝土铺装，嵌草砖、园林铺装中的鹅卵石、碎石铺装等也属于渗透铺装，如图8.22所示。

(2)适用于广场、停车场、人行道及车流量和荷载较小的道路，如建筑与小区道路、市政道路的非机动车道等，透水沥青混凝土路面还可用于机动车道。

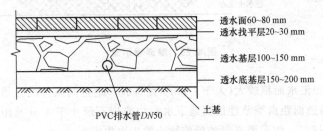

透水面60~80 mm
透水找平层20~30 mm
透水基层100~150 mm
透水底基层150~200 mm
PVC排水管DN50
土基

图8.22　透水铺装示意

技术选择二：绿色屋顶

(1)绿色屋顶也称种植屋面、屋顶绿化等，根据种植基质深度和景观复杂程度，绿色屋顶又分为简单式和花园式。

(2)绿色屋顶适用于符合屋顶荷载、防水等条件的平屋顶建筑和坡度小于或等于15°的坡屋顶建筑，如图8.23所示。

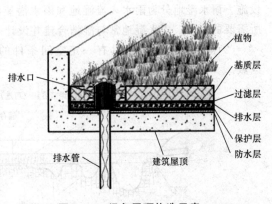

排水口
排水管
植物
基质层
过滤层
排水层
保护层
防水层
建筑屋顶

图8.23　绿色屋顶构造示意

技术选择三：下沉式绿地

(1)狭义的下沉式绿地指低于周边铺砌地面或者道路在200 mm以内的绿地；广义的下沉式绿地泛指具有一定调蓄容积，且可用于调蓄和净化径流雨水的绿地，包括生物滞留设施、渗透塘、湿塘、雨水湿地、调节塘等。

(2)下沉式绿地可广泛应用于城市建筑与小区、道路、绿地和广场内。对于径流污染严重、设施底部渗透面距离季节性最高地下水水位或岩石层小于1 m及距离建筑物基础小于3 m(水平距离)的区域，应采取必要的措施防止次生灾害的发生，如图8.24所示。

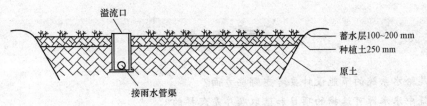

溢流口
接雨水管渠
蓄水层100~200 mm
种植土250 mm
原土

图8.24　下沉式绿地示意

技术选择四：渗透塘

(1)渗透塘是一种用于雨水下渗补充地下水的洼地，具有一定的净化雨水和削减峰值流量的作用，如图 8.25 所示。

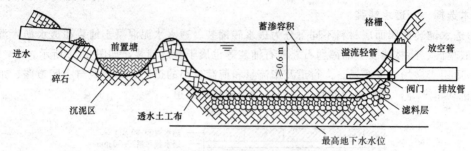

图 8.25　渗透塘示意

(2)渗透塘适用于汇水面积较大(大于 1 hm²)且具有一定空间条件的区域，但应用于径流污染严重、设施底部渗透面距离季节性最高地下水水位或岩石层小于 1 m 及距离建筑物基础小于 3 m(水平距离)的区域时，应采取必要的措施防止发生次生灾害。

技术选择五：雨水湿地

(1)雨水湿地利用物理、水生植物及微生物等作用净化雨水，是一种高效的径流污染控制设施，雨水湿地分为雨水表流湿地和雨水潜流湿地，一般设计成防渗型以便维持雨水湿地植物所需要的水量，雨水湿地常与湿塘合建并设计一定的调蓄容积，如图 8.26 所示。

(2)雨水湿地适用于具有一定空间条件的建筑与小区、城市道路、城市绿地、滨水带等区域。

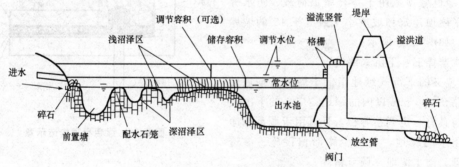

图 8.26　雨水湿地示意

思 考 题

1. 建筑给水系统的节能设计要考虑哪些方面？
2. 建筑中水水源可选择的项目和选取顺序是怎样的？
3. 查阅资料，简述污水生物处理的原理。
4. 海绵城市的内涵是什么？查阅资料，了解目前我国海绵城市的发展现状。
5. 简述海绵城市的几种技术选择。

项目 9　建筑采暖、通风与空调节能技术

知识目标

1. 掌握建筑采暖系统的节能技术。
2. 掌握热泵的运行原理。
3. 熟悉空调系统的节能技术。

能力目标

能够针对不同建筑选用适宜的建筑采暖、通风与空调节能技术。

素质目标

树立"绿水青山就是金山银山"的环保理念。

思政引领

1. 党的二十大报告指出：推进健康中国建设。人民健康是民族昌盛和国家强盛的重要标志。把保障人民健康放在优先发展的战略位置，完善人民健康促进政策。建筑室内空间的空气质量、人居环境与本项目内容息息相关。

2. 在北京冬奥会中，不吐烟圈的工业冷却塔刷屏海内外，拥有百年历史的首钢老工业园区在绿色、环保的大环境下，直接将冷却塔改造成"场馆"，从工业建造变身为奥运会赛场上的风景线，既节省拆除成本，又实现"变废为宝"。这是冬奥历史上第一座与工业遗产再利用直接结合的竞赛场馆，也是世界上首座永久性保留和使用的滑雪大跳台，更是奥运史上低碳、环保方面的典范。

视频：首钢滑雪
大跳台

9.1　供热采暖节能的途径与设计

建筑采暖节能的目标是通过降低建筑物自身能耗需求和提高采暖空调系统效率来实现的。其中，建筑物围护结构承担约 60%，采暖系统承担 40%。为达到节能的目标，采暖系统的节能是非常重要的环节。在前面的项目中，本书分别介绍了各围护结构的节能措施、做法，这些措施及做法的节能效果有三个评价标准：一是在建筑物中活动的人的主观感受，如冬季是否温暖、夏季是否凉爽舒适等；二是通过对节能措施使用前后冬季供热量、夏季制冷量的能耗的具体数据做出对比；三是与同类型建筑物的一般能耗指标进行比较，从而评价该建筑物所采取的节能措施是否真正有效、是否在维持甚至提高了室内的舒适度后，建筑的能耗有明显下降，而此类评价与本节的采暖、通风空调系统的能耗有直接关系。

9.1.1　采暖节能设计需要考虑的因素

1. 促进在室内产生热

只要建筑内有人居住，就有热源。机器设备产生出来的其他形式的能量，最终都要变成热散发在室内。另外，人的体温，也是很好的热源，如果在一个很窄小的房间里有很多人，仅这些人就会使室内很暖和。再如住宅，厨房设备产生的热，除做饭时消耗一部分之外，还会有多余的热产生。这样，在住宅内就不可避免地有热源存在。另外，建筑构（部）件里储存的热，在该构（部）件完全冷却之前，也可以作为热源来使用。所产生的这些热，完全不需要另外进行"促进"，就可加以利用。

2. 抑制室内对热的吸收

除人体之外，还有很多物体都能产生热，相反能吸收热的低温物体，根据热力学第二定律，不会在室内"产生"热。这是由于低温构（部）件的蓄热作用和在特别干燥的条件下水的汽化热作用。

3. 促进室外的热进入室内

除无人居住的冷房间外，一般来说，在需要采暖的条件下，室内温度要比室外高。由于热往往要从高温的地方向低温的地方流动，所以根本不会有热从室外进入室内。因此，可以利用的形式只有不受气温影响的辐射热，即太阳辐射。如果这样考虑，与其说辐射热是热，还不如说辐射热是能，辐射能只有被物体吸收之后，才能变为热。

4. 抑制室内的热向室外流失

辐射、导热、对流等都可以使热流失。另外，室外的低温空气进入室内，也属于热流失的一种现象。对这些现象都可以进行抑制，也就是可以进行广义上的保温。

9.1.2　采暖节能的原则

1. 促进辐射热进入室内

(1)满足阳光透过的条件。建筑用地的形状，与其他建筑物的位置有关系，树木、围墙等都可能妨碍辐射热的到达，要研究这些物体存在的位置（方位、高度、距离）、形状、透射率等。为不遮挡阳光对其他建筑物和建筑物周围土地的照射，建筑用地最好是向南的斜坡地，或相邻建筑之间留有充足的间距。在建筑物的周围植树时，要根据不同的位置，选用不同的树种。建筑物的南侧适宜植落叶树，并且最好没有障碍物。但有时为了遮挡外面的窥视视线，又必须设置遮挡物，利用视线水平级差或通过遮挡物的形式挡住视线，但不能妨碍太阳辐射线进入室内。

需要太阳辐射线通过开口部入射到室内时，要保证开口的方向和开口面积，并要考虑到开口对热线的透明度问题。一般情况下，朝南设置较大的开口，但由于相邻住户的关系，不便使开口向南时，可以采用设天窗的方法弥补。

(2)形成反射的条件。太阳的辐射虽然很多，但由于它遍布全球，所以辐射密度并不太高。为收集更多的能，就要有较大的受热面积，而且，只有正好对着太阳的一面才能受热，因此，还必须考虑到利用阳光反射提高能的密度，使背阴的一侧也能得到太阳辐射，即利用物体表面受到太阳辐射时的反射和再辐射。对此，可以研究反射面的面积、反射率（对于热辐射的反射率及再辐射率）、反射方向等。例如，在建筑物的北侧设反射面（墙壁、陡壁坡、百叶式反射板），也能使北侧的房间得到太阳辐射热；或者扩大朝南的开口部位尺寸，增加辐射热的受热面积；或者把受热面上反射出来的辐射线，再返回到受热面上去。

2. 抑制辐射热损失

(1)从表面的辐射。表面积、外表面材料的辐射系列(颜色、材质等)、温度差越小越好。寒冷地区的建筑，为了减少表面积，平面方向和立面方向都不做成凹凸形状。在非常寒冷的地方，为了避免散热，有的建筑物根本就不设阳台或女儿墙等凸出的部分，为减少建筑物的表面积，有时把建筑物拐角做成圆弧状，有时把整个建筑物建成穹顶状或拱顶状。

对于像北侧外墙那样的建筑部位，只需要解决辐射热的损失时，用表面光滑的金属板等辐射少的饰面材料，也可以减少热损失。

另外，辐射造成的热损失，是由于物体之间有温度差产生的，所以，一个物体的外表面与周围的物体温度相同时，这个物体就不会有热损失。如果提高建筑物的屋顶和墙体的保温性能，尽量降低建筑物的外表面温度，就能减少由辐射造成的热损失。从这一方面，也能解释保温的作用。

(2)从开口部位的辐射。如果考虑到与促进辐射线进入室内的场合完全相反的情况，以不设开口为好。在需要采光和眺望时，最好把开口的尺寸控制在必要的最低限度之内。在特殊情况下，如在非常寒冷的条件下，可以这样设计，但在一般情况下，还是需要有开口部位的。因此，一般来说，要求开口应有可变性，即在需要有开口时，就把开口打开，在不需要开口的夜间等情况下，为防止辐射线通过开口部位，就可以把开口关闭。对于辐射线来说，开口部位还可作成不透明的，使辐射线向室内产生反射或再辐射。采用这种方法时的可动部位，一般是使用窗帘、百叶窗、推拉门窗、木板套窗等。但是，设可动部位的缺点是需要操作，有操作就要耗能，开闭和收藏时都要占用必要的空间，还会有耐久性的问题等。较为理想的是，可动部位的材质可随着外界条件的变化自然地进行变化，但这样的材料很难找到。因此，建议采用操作简单，而且所用的保温材料不仅能防止辐射传热也能有效地防止导热传热的方法，如把泡沫塑料的碎块和空气一起吹入双层玻璃之间的空隙里。

3. 蓄热效果的利用

太阳辐射和气温等外界条件经常有变动，白天的太阳辐射，根据太阳的高度不同而发生变化，夜间外界气温降低，形成建筑物向外部空间进行辐射，天气不同，太阳辐射、气温、风等也有变化。如果建筑物能把所吸收的热储存起来，在吸热量少的时候使用，就可以减少室内环境条件的波动。另外，如果室内的建筑部位比热容大，在停止暖通空调的运转之后，也不会很快使室内环境条件恶化。这时，最好采用外保温方法。

通过适当地增大屋顶和墙等围护结构的比热容，不仅可以减小室内环境条件随外界条件变化的幅度，而且能够错开向室内散热的时间。如果把时间调配合适，可使室内白天凉快，夜间温暖，这是不用任何设备和可动部分就能得到的。

4. 抑制对流热损失

对流传热应考虑从部位表面向空气中的热传递、空气的进出和冷风吹到人体上三种现象。其中空气的进出，可以认为是主要的对流传热现象。

建筑物必须设有供人出入的开口部位，为了减少热损失，可以采用人能出入但不通风的方法。或采取无人出入即刻关门的方法。但一般的建筑，不宜采用过于复杂的结构装置。通常，在设计上采用开门时不让外面的风直接进入室内的方法。

一般的建筑部位不能有缝隙，这是应该考虑到的，但在开口部位很容易出现缝隙。在可动部位和窗框之间，一般可通过采用气密材料进行压接、采用双层窗框或采取关闭木板套窗的方法，冬季等长期不需要打开的时候，也可以把接缝贴封起来。一般部位的缝隙量是缝隙率(每单位面积的缝隙量)和全部表面积的乘积，开口部位的缝隙量与其周围长度成正比例。减小建筑物的面积，也可以减少缝隙。

9.1.3　建筑集中供热热源形式的选择

（1）以热电厂和区域锅炉房为主要热源；在城市集中供热范围内时，应优先采用城市热供的热源，如图9.1所示。

（2）在技术经济合理的情况下，宜采用冷、热、电联供系统。

（3）集中锅炉房的供热规模应根据燃料确定，采用燃气时，供热规模不宜过大；采用燃料时，供热规模不宜过小。

（4）在工厂区附近时，应优先利用工业余热和废热。

（5）有条件时应积极利用可再生能源，如太阳能、地热能等。

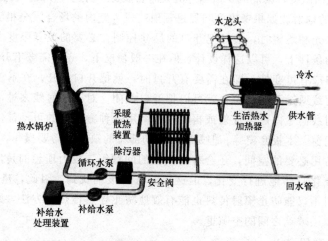

图9.1　北方城镇热水锅炉集中供热系统示意

9.1.4　采暖系统的水力平衡系统

水力失调分为静态失调和动态失调。静态失调是由于某些环路存在剩余压头，即当某些环路的阻力过小时，这些环路的实际流量就将超过设计流量，由于总的流量一定，则其他部分就达不到设定流量，会出现冷热不均；在动态系统中，当某些环路的水量发生变化时，会引起系统的压力分布发生变化，干扰到其他环路，使其他环路产生本不应有的变化。

导致一座建筑物部分房间温度达不到设计温度，而另一部分房间的温度过高，出现如开窗降温等浪费现象，水力不平衡是造成采暖能耗浪费的主要原因之一。同时，水力平衡也是保证其他节能措施能够可靠实施的前提，所以，对于采暖系统的运行要力求达到水力平衡。

水力平衡一般采取设置水力平衡阀的方式进行，如图9.2所示，有以下原则：

（1）阀两端的压差范围应符合阀门产品标准的要求。

（2）热力站出口总管上不应串联设置自力式流量控制阀；当有多个分环路时，各分环路总管上可根据水力平衡的要求设置静态水力平衡阀。

（3）定流量水系统的各热力入口，可按照规定要求设置静态水力平衡阀或自力式流量控制阀。

（4）变流量水系统的各热力入口，应根据水力平衡的要求和系统总体控制设置的情况设置压差控制阀，但不应设置自力式定流量阀。

(5)采用静态水力平衡阀时,应根据阀门流通能力及两端压差选择确定平衡阀的直径与开度。

(6)采用自力式流量控制阀时,应根据设计流量进行选型。

(7)采用自力式压差控制阀时,应根据所需控制压差选择与管路同尺寸的阀门;同时,应确保其流量不小于设计最大值。

(8)选择自力式流量控制阀、自力式压差控制阀、电动平衡两通阀或动态平衡电动调节阀时,应保持阀权度 S 为 0.3~0.5。

(a)   (b)

图 9.2   水力平衡阀的外形图
(a)示意一;(b)示意二

9.1.5   分户热计量

目前,我国供热收费的主要计算方法仍然是按面积收取采暖费。这种收费方式的优点是简便、易操作,但是热量浪费严重,用热个体不是按照用热量取费,由于不同个体对冬季室内环境要求温度并不同,按面积取费这种方式无法反映不同人群对热量的需要,出现一座建筑物有的房间需要开窗散热,有的房间需要额外再开空调辅助取暖的现象。

分户热计量是以集中供热或区域供热为前提,以适应用户热舒适需求、增强用户节能意识、保障供热和用热双方利益、降低采暖能耗为目的,通过一定的供热调控技术、计量手段和收费政策,实现用热量的按户计量和收费。分户热计量系统与现有按面积收费系统最大的差别就是在每根入户分管上都有一个可以调控热流量的分控开关,当住户感觉到室温偏高时,可以通过调节热流量分控开关控制流入本户的热流量,这样可以控制室内温度,还可以降低由于使用热流量产生的热费用,即避免产生过热开窗现象,达到按需供热、减少能源消耗的目的。

分户热计量的优点如下:

(1)用户自主决定每天的采暖时间及室内温度,如果外出时间较长,可以随意调低温度,或将暖气关闭,节省能源的消耗。

(2)能够解决供暖费收费难问题,方便物业公司进行管理,直接由热力公司负责按户供暖。

(3)形成按需用热、根据用热量交费的科学合理的供热体制。

9.2　建筑采暖新技术

9.2.1　太阳能采暖

太阳能取暖是取之不尽、用之不竭，安全、经济、无污染的取暖方式，可以有效节省建筑能源，是比较节能的采暖方式。目前，节能建筑建设和改造工程正在我国各大城市大刀阔斧地展开，我国目前研发出一种复合式太阳能采暖房，专门适用于农村地区建设使用，做到冬天温暖如春，夏天可以自动制冷。该复合式太阳能采暖房可以依不同建筑面积选取相应保温类型，在墙中增加保温材料，双窗、屋顶内置聚苯保温板。屋顶安装真空管集热系统，地板采暖可提供大量生活用热水，用户可以自动控制使用过程，我国太阳能采暖房如图 9.3 所示。

太阳能建筑节能技术详见项目 11。

（a）　　　　　　　　　　　　　　　　（b）

图 9.3　太阳能采暖房

（a）示意一；（b）示意二

若太阳能采暖房设计合理，基本不用增加建筑成本，集热墙的建造与粘瓷砖费用基本一样，无运行费用，与建筑一体化、同寿命。管道、泵设备、自动控制系统组成完整的太阳能热水采暖系统，采暖的同时可提供洗浴和生活用热水。太阳能采暖房具有经济、高效、方便、耐用等特点，设备成本低、运行不用电辅助，使老百姓用得起。到目前为止，太阳能采暖房已经获得大面积推广，目前太阳能采暖工程已在内蒙古、辽宁、山西、山东等地广泛应用。

9.2.2　热泵技术

热泵技术将在 9.3 节具体讲述，本节略。

9.2.3　地面辐射采暖

目前地面辐射供暖应用主要有水暖和电暖两种方式，电暖又分为普通地面供暖和相变地面供暖。

1. 低温热水地面辐射供暖系统

低温热水地面辐射供暖起源于北美、北欧的发达国家，在欧洲已有多年的使用和发展历史，是一项非常成熟且应用广泛的供热技术，也是目前国内外暖通界公认的最为理想、舒适的供暖方式之一。随着建筑保温程度的提高和管材的发展，我国近 20 年来低温热水地面辐射供暖发展较快。埋管式地面辐射供暖具有温度梯度小、室内温度均匀、垂直温度梯度小、脚感温度高等特点，在同样舒适的情况下，辐射供暖房间的设计温度可以比对流供暖房间的设计温度低 2～3 ℃，其实感温度比非地面的实感温度要高 2 ℃，具有明显的节能效果，其构造形式如图 9.4 所示。

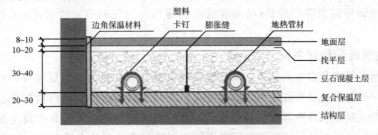

图 9.4　地面辐射供暖的地板构造示意

低温热水地面辐射供暖是以温度不高于 60 ℃的热水作为热源，在埋置于地面下的盘管系统内循环流动，加热整个地面，通过地面均匀地向室内辐射散热的一种供暖方式。民用建筑供水温度宜采用 35～60 ℃，供/回水设计温差不宜小于 10 ℃，通过直接埋入建筑物地面的铝塑复合管（PAP）或聚丁烯管（PB）、交联聚乙烯管（PEX）、无规共聚聚丙烯管（PP-R）等盘管辐射，如图 9.5所示。地面辐射供暖加热管的布置形式有平行型布置和回折型布置等形式，如图 9.6 所示。

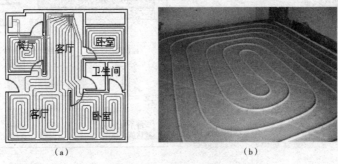

(a)　　　　　　　　　　　(b)

图 9.5　低温热水地面辐射供暖布置示意
(a)示意一；(b)示意二

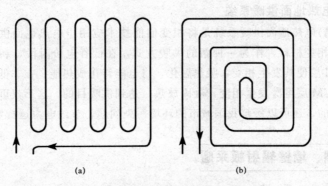

(a)　　　　　　　　　　　(b)

图 9.6　地面辐射供暖加热管的布置形式
(a)平行型布置；(b)回折型布置

低温热水地面辐射供暖的优点：较传统的采暖供水温度低，加热水消耗的能量少，热水传送过程中热量的消耗也小。由于进水温度低，便于使用热泵、太阳能、地热、低品位热能，可以进一步节省能量，便于控制与调节。地面辐射供暖供/回水为双管系统，避免了传统采暖方式无法单户计量的弊端，可适用于分户采暖。只需在每户的分水器前安装热量表，就可实现分户计量。用户各房间温度可通过分、集水器上的环路控制阀门方便地调节，有条件的可采用自动温控，这些都有利于能耗的降低。

低温热水地面辐射供暖要参照《民用建筑供暖通风与空气调节设计规范》(GB 50736—2012)的规定。

2. 普通电热地面供暖系统

普通电热地面供暖是以电为能源，发热电缆通电后开始发热为地面层吸收，然后均匀加热室内空气，还有一部分热量以远红外线辐射的方式直接释放到室内。其可以根据自己的需要设定温控器的温度，当室温低于温控器设定的温度时，温控器接通电源，温度高于设定温度时温控器断开电源，能够保持室内最佳舒适温度。可以根据不同情况自由设定加热温度，如在无人留守的室内，可以设定较低的温度，缩小与室外的温差，减少热量传递，降低能耗，如图9.7所示。

 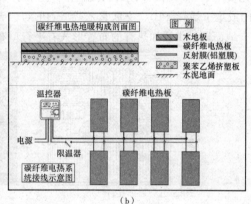

(a) (b)

图9.7 普通电热地面供暖系统

(a)示意一；(b)示意二

3. 相变储能电热地面供暖系统

相变储能(蓄热)电热地面供暖系统是将相变储能技术应用于电热地面供暖，在普通电热地面供暖系统中加入相变材料，作为一种新的供暖方式。在低谷电价时段，利用电缆加热地面下面的相变材料PCM层使其发生相变，吸热融化，将电能转化成热能。在非低谷电价时段，地面下面的相变材料PCM层再次发生相变，凝固放热，达到供暖目的。这不仅可以解决峰谷差的问题，达到节能的目的，还可以缓解我国城市的环境污染问题，节约电力运行费用。

9.2.4 顶棚、墙壁辐射板采暖

安装于顶棚或墙壁的辐射板供热/供冷装置是一种可改善室内热舒适并节约能耗的新方式。这种装置供热时内部水温为23～30 ℃，供冷时水温为18～22 ℃，同时辅以置换式通风系统，采取下送风、侧送风，风速低于2 m/s的方式，换气次数0.5～1次/h，实现夏季除湿、冬季加湿的功能。

由于是辐射方式换热，使用这种装置时，夏季可以适当降低室温，冬季适当提高室温，在获得等效的舒适度的同时可降低能耗。冬、夏共用同样的末端，可节约一次初投资；提高夏季水温，降低冬季水温，有利于使用热泵而显著降低能耗。由于顶棚具有面积大、不会被家具遮挡等优点，因而是最佳辐射供温表面，同时还能进行对流降温。通过控制室内湿度和辐射板温度可防止顶棚结露。为了控制室内湿度，应对新风进行除湿，同时保证辐射板的表面温度高于空气的露点温度。这种装置可以消除吹风感的问题。同时，由于夏季水温较高，而且新风独立承担湿负荷，还可以避免采用风机盘管时由于水温较低容易在集水盘管产生霉菌而降低室内空气品质的问题，如图9.8所示。

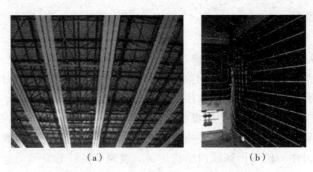

（a）　　　　　　　　　　　（b）

图9.8　顶棚、墙壁辐射供暖示意

(a)示意一；(b)示意二

9.2.5　生物质能采暖

生物质能是重要的可再生资源，预计在21世纪，世界能源消费的40%将会来自生物质能。生物质能作为可再生的洁净能源，无论从废弃资源回收或替代不可再生的矿物质能源，还是从环境的改善和保护等各方面均具有重大的意义。

生物质是指植物光合作用直接或间接转化产生的所有产物。生物质能是指利用生物质生产的能源。目前，作为能源的生物质主要是指农业、林业及其他废弃物，如各种农作物秸秆、糖类作物、淀粉作物、油料作物、林业及木材加工废弃物、城市和工业有机废弃物及动物粪便等。生物质能利用技术可分为气体、液体和固体三种，如图9.9所示。

图9.9　利用生物质能供暖示意

1. 生物质气体燃料

生物质气体燃料主要有两种技术。

(1)利用动物粪便、工业有机废水和城市生活垃圾通过厌氧消化技术生产沼气，用作居民生活燃料或工业发电燃料，这既是一种重要的保护环境的技术，也是一种重要的能源供应技术。目前，沼气技术已非常成熟，并得到了广泛的应用。

(2)通过高温热解技术将秸秆或林木质转化为以一氧化碳为主的可燃气体，用于居民生活燃料或发电燃料，由于生物质热解气体的焦油问题还难以处理，致使目前生物质热解气化技术的应用还不够广泛。

2. 生物质液体燃料

生物质液体燃料主要有两种技术。

(1)通过种植能源作物生产乙醇和柴油，如利用甘蔗、木薯、甜高粱等生产乙醇，利用油菜籽或食用油等生产柴油。目前，这种利用能源作物生产液体燃料的技术已相当成熟，并得到了较好的应用，如巴西利用甘蔗生产的乙醇代替燃油的比例已达到25%。

(2)利用农作物秸秆或林木质生产油或乙醇。目前，这种技术还处于工业化试验阶段。

总体来看，生物质液体燃料是一种优质的工业燃料，不含硫及灰分，既可以直接代替汽油、柴油等石油燃料，也可作为民用燃烧或内燃机燃料，展现了极好的发展前途。

3. 生物质固体燃料

生物质固体燃料是指将农作物秸秆、薪柴、芦苇、农林产品加工剩余物等固体生物质原料，经粉碎、压缩成颗粒或块状燃料，在专门设计的炉具、锅炉中燃烧，代替煤炭、液化气、天然气等化石材料和传统的生物质材料进行发电或供热，也可以为农村和小城市的居民、工商业用户提供炊事、采暖用能及其他用途的热能。由于生物质成型燃料的密度和煤相当，形状规则，容易运输和贮存，便于组织燃烧，故可作为商品燃料广泛应用于炊事、采暖。国内外研制了各种专用的燃烧生物质成型燃料的炊事和采暖设备，如一次装料的向下燃烧式炊事炉、半气化-燃烧炊事炉、炊事-采暖两用炉、上饲式热水锅炉、固定床层燃热水锅炉、热空气取暖壁炉等。生物质成型燃料户用炊事炉的热效率可达到30%以上；燃气热水采暖炉的效率可达到75%～80%；50 kW以上热水锅炉的效率可达到85%～90%；各种燃料污染物的排放浓度均很低。

9.3　热泵技术

热泵是以大自然中蕴藏的大量较低温度的低品位热能为热源(如室外空气、地表水、地下水、城市污水、海水及地下土壤)，通过压缩机的工作从这些热源中吸取其中蕴藏着的大量较低温度的低品位热能，并将其温度提高后再传给高温热源。

热泵是通过动力驱动做功，从低温热源中取热，将其温度提升，送到高温处放热。由此可在夏天为空调提供冷源，在冬天为采暖提供热源。与在冬季直接燃烧燃料获取热量相比，热泵在某些条件下可降低能源消耗。热泵方式的关键问题是从哪种低温热源中有效地在冬季提取热量和在夏季向其排放热量。可利用的低温热源构成不同的热泵技术。热泵技术是直接燃烧一次能源而获得热量的主要替代方式，减少了能源消耗，有利于环保。

热泵技术有如下优势：

(1)它能长期大规模地利用江河湖海、城市污水、工业污水、土壤或空气中的低温热能，可以把生产和生活中弃置不用的低温热能利用起来。

(2)它是目前最节省一次能源(煤、石油、天然气等)的供热系统,少量不可再生的能源将大量的低温热量提升为高温热量。

(3)它在一定条件下可以逆向使用,既可供热也可制冷,即一套设备兼作热源和冷源。

9.3.1　热泵的分类及运行原理

根据热泵所利用能源的不同,热泵可分为空气源热泵、水源热泵、地源热泵和复合热泵(太阳空气热源热泵系统、土壤水热泵系统和太阳能水源热泵系统)四类。除上述四类以外,还有喷射式热泵、吸收式热泵、工质变浓度容量调节式热泵及以二氧化碳为工质的热泵系统,其中最常用的为前三种。国外的文献通常将地下水热泵、地表水热泵与土壤源热泵统称为地源热泵。

根据原理不同,热泵又可分为吸收吸附式、蒸汽喷射式、蒸汽压缩式等形式。蒸汽压缩式热泵因其结构简单、工作可靠、效率较高而被广泛采用,其工作原理如图 9.10 所示。

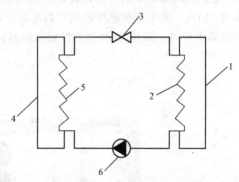

图 9.10　蒸汽压缩式热泵示意
1—低温热源;2—蒸发器;3—节流阀;
4—高温热源;5—冷凝器;6—压缩机

热泵可以看成是一种反向使用的制冷机,与制冷机所不同的只是工作的温度范围。蒸发器吸热后,其工质的高温低压过热气体在压缩机中经过绝热压缩变为高温高压的气体后,经冷凝器定压冷凝为低温高压的液体(放出工质的气化热等,与冷凝水进行热交换,使冷凝水被加热为热水供用户使用),液态工质再经降压阀绝热节流后变为低温低压液体,进入蒸发器定压吸收热源热量,并蒸发变为过热蒸汽完成一个循环过程。如此循环往复,不断地将热源的热能传递给冷凝水。

根据热力学第一定律有:

$$Q_g = Q_d + A$$

根据热力学第二定律,压缩机所消耗的电功 A 起到补偿作用,使得制冷剂能够不断地从低温环境吸热(Q_d),并向高温环境放热(Q_g),周而复始地进行循环。因此,压缩机的能耗是一个重要的技术经济指标,一般用性能系数(Coefficient Of Performance,COP)来衡量装置的能量效率,其定义为

$$COP = Q_g/A = (Q_d + A)/A = 1 + Q_d/A$$

显然,热泵 COP 永远大于1。因此,热泵是一种高效节能装置,也是制冷空调领域内实施建筑节能的重要途径,对于节约常规能源、缓解大气污染和温室效应起到积极的作用。

所有形式的热泵都有蒸发和冷凝两个温度水平,采用膨胀阀或毛细管实现制冷剂的降压节流,只是压力增加的不同形式,主要有机械压缩式、热能压缩式和蒸汽喷射压缩式。其中,机械压缩式热泵又称作电动热泵,目前已经广泛应用于建筑采暖和空调,在热泵市场上占据了主导地位;热能压缩式热泵包括吸收式和吸附式两种形式,其中水-溴化锂吸收式和氨-水吸收式热水机组已经逐步走上商业化发展的道路,而吸附式热泵目前尚处于研究和开发阶段,还必须克服运转间歇性及系统性能和冷重比偏低等问题,才能真正应用于实际。

9.3.2　空气源热泵

空气源热泵由低温热源(如周围环境空气)吸收热能,然后转换为较高温热源释放至所需的

空间内。这种装置既可用作供热采暖设备又可用作制冷降温设备，从而达到一机两用的目的。

1. 空气源热泵的工作原理

压缩机将回流的低压冷媒压缩后，变成高温高压的气体排出，高温高压的冷媒气体流经缠绕在水箱外面的铜管，热量经铜管传导到水箱内，冷却下来的冷媒在压力的持续作用下变成液态，经膨胀阀后进入蒸发器，在蒸发器内液态冷媒迅速蒸发成其气态并吸收大量的热。同时，在风扇的作用下，大量的空气流过蒸发器外表面，空气中的能量被蒸发器吸收，空气温度迅速降低，变成冷气排进空调房间。随后吸收了一定能量的冷媒回流到压缩机，进入下一个循环。

空气源热泵使空气侧温度降低，将其热量转送至另一侧的空气或水中，使其温度升至采暖所要求的温度。由于此时电用来实现热量从低温向高温的提升，因此当外温为 0 ℃时，一度电可产生约 3.5 kW/h 的热量，效率为 350％。考虑发电的热电效率为 33％，空气源热泵的总体效率为 110％，高于直接燃煤或燃气的效率。该技术目前已经很成熟，实际上现在的窗式和分体式空调器中相当一部分（即通常的冷暖空调器）都已具有此功能。图 9.11 所示为空气源热泵机组。

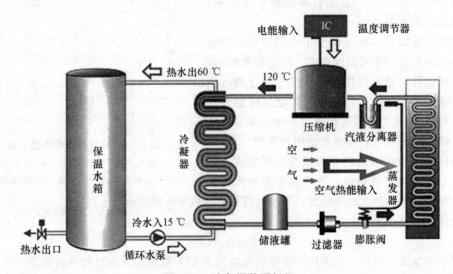

图 9.11　空气源热泵机组

2. 空气源热泵的技术性分析

与其他热泵相比，空气源热泵的主要优点在于其热源获取的便利性。只要有适当的安装空间，并且该空间具有良好的获取室外空气的能力，该建筑便具备了安装空气源热泵的基本条件。空气源热泵采暖的主要缺点和解决途径如下：

（1）热泵性能随室外温度降低而降低，当外温降至 -10 ℃ 以下时，一般就需要辅助采暖设备，蒸发器结霜的除霜处理过程比较复杂且耗能较大。但是目前已有国内厂家通过优化的化霜循环智能化霜控制、智能化探测结霜厚度传感器，特殊的空气换热器形式设计，以及不结霜表面材料的研究，得到了陆续的解决。

（2）为适应外温在 -10～5 ℃ 范围内的变化，需要压缩机在很大的压缩比范围内都具有良好的性能要求。这一问题的解决需要通过改变热泵循环方式，如中间补气、压缩机串联和并联转换等，在未来有望解决。

（3）房间空调器的末端是热风而不是一般的采暖器，对于习惯常规采暖方式的人感觉不太舒适，这可以通过采用户式中央空调与地板采暖结合等措施来改进。但初期投资要增加。

9.3.3　地源热泵

地源热泵系统是指以岩土体(土壤源)、地下水、地表水为低温热源,由水源热泵机组、地热能交换系统、建筑物内管道系统组成的供热空调系统。其原理是依靠消耗少量的电力驱动压缩机完成制冷循环,利用土壤温度相对稳定(不受外界气候变化的影响)的特点,通过深埋土壤的环闭管线系统进行热交换,夏天向地下释放热量,冬天从地下吸收热量,从而实现制冷或采暖的要求。

根据地热能交换系统形式的不同,地源热泵系统分为地埋管地源热泵系统、地下水地源热泵系统和地表水地源热泵系统。作为可再生能源主要应用方向之一,地源热泵系统可利用浅层地能资源进行供热与制冷,具有良好的节能与环境效益,近年来在国内得到了日益广泛的应用。地源热泵系统的分类如图 9.12 所示。

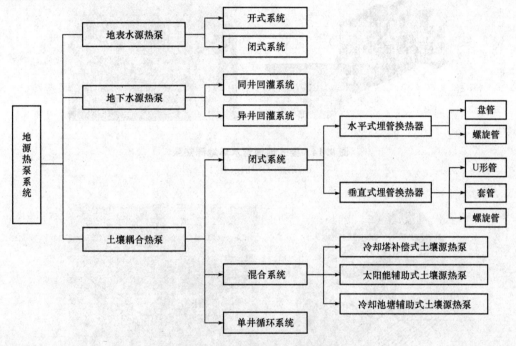

图 9.12　地源热泵系统的分类

1. 地埋管地源热泵系统

地埋管地源热泵系统也称为土壤源热泵或地下水环热泵,通过在地下竖直或水平地埋入塑料管,利用水泵驱动水经过塑料管道循环,与周围的土壤换热,从土壤中提取热量或释放热量。在冬季通过这一换热器从地下取热,成为热泵的热源,为建筑物内部供热,如图 9.13 所示。

在夏季通过这一换热器向地下排热(取冷),使其成为热泵的冷源,为建筑物内部降温。实现能量的冬存夏用,或夏存冬用。图 9.14、图 9.15 分别是竖式埋放(条件允许时最佳的选择)、水平卧式地埋管地源热泵。竖直管埋深宜大于 20 m(一般为 30～150 m),钻孔孔径不宜小于 0.11 m,管与管的间距为 3～6 m,每根管可以提供的冷量和热量为 20～30 W/m。当具备这样的埋管条件,且初投资许可时,这样的方式在很多情况下是一种运行可靠且节约能源的方式。

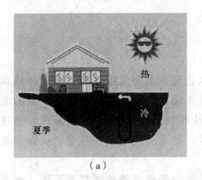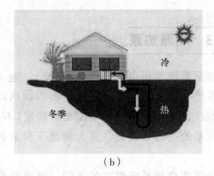

（a） （b）

图 9.13　地埋管地源热泵系统冷热交换示意

(a)示意一；(b)示意二

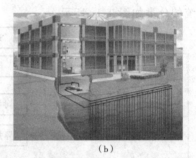

（a） （b）

图 9.14　竖式地埋管水环地源热泵

(a)示意一；(b)示意二

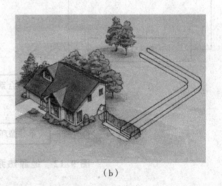

（a） （b）

图 9.15　水平卧式地埋管水环地源热泵

(a)示意一；(b)示意二

在竖直埋管换热器中，目前应用最广泛的是单 U 形管。另外，还有双 U 形管，即把两根 U 形管放到同一个垂直井孔中。同样条件下，双 U 形管的换热能力比单 U 形管要高 15％左右，可以减少总打井数，节省人工费用。设计使用这一系统时必须注意全年的冷热平衡问题。因为地下埋管的体积巨大，每根管只对其周围有限的土壤发生作用，如果每年因热量不平衡造成积累，则会导致土壤温度逐年升高或降低。为此应设置补充手段，如增设冷却塔以排出多余的热量，或采用辅助锅炉补充热量的不足。地埋管地源热泵系统设备投资高，占地面积大，对于市政热网不能达到的独栋或别墅类住宅有较大优势。对于高层建筑，由于建筑容积率高，可埋的地面面积不足，所以一般不适宜。

2. 地下水地源热泵系统

地下水地源热泵系统就是抽取浅层地下水（100 m以内），经过热泵提取热量或冷量，再将其回灌到地下。在冬季，抽取的地下水经换热器降温后，通过回灌井回灌到地下，换热器得到的热量经热泵提升温度后成为采暖热源。在夏季，抽取的地下水经换热器升温后，通过回灌井回灌到地下，换热器另一侧降温后成为空调冷源，如图9.16所示。

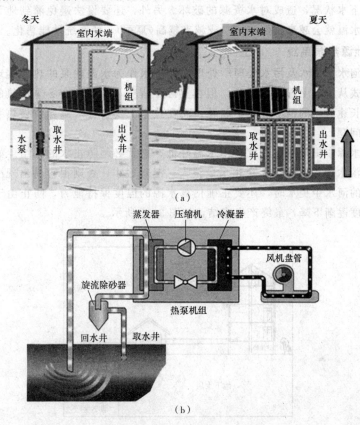

图9.16　地下水地源热泵系统

(a)示意一；(b)示意二

由于取水和回水过程中仅通过中间换热器（蒸发器），属全封闭方式，因此不会污染地下水源。由于地下水温常年稳定，采用这种方式整个冬季气候条件都可实现1度电产生3.5 kW/h以上的热量，运行成本低于燃煤锅炉房供热，夏季还可使空调效率提高，降低30%～40%的制冷电耗。同时，此方式冬季可产生45 ℃的热水，仍可使用目前的采暖散热器。

土地的地质条件会对系统的效能产生较大影响，即所用的含水层深度、含水层厚度、含水层砂层粒度、地下水埋深、水力坡和水质情况等。一般来说，含水层太深会影响整个地下系统的造价。但若是含水层的厚度太小，会影响单井出水量，从而影响系统的经济性。因此，通常希望含水层深度为80～150 m。对于含水层的砂层粒度大、含水层的渗透系数大的地方，此系统可以发挥优势，原因是一方面单井的出水量大，另一方面灌抽比大，地下水容易回灌。所以，我国的地下水源热泵基本上都选择地下含水层为砾石和中粗砂区域，而避免在中细砂区域设立项目。另外，只要设计适当，地下水力坡度对地下水源热泵的影响不大，但对地下储能系统的储能效率影响很大。水质对地下水系统的材料有一定要求，咸地下水要求系统具有耐腐蚀性。

目前普遍采用的有同井回灌和异井回灌两种技术。所谓同井回灌是利用一口井，在深处的含水层取水，浅处的另一个含水层回灌。回灌的水依靠两个含水层之间的压差，经过渗透，穿过两个含水层之间的固体介质，返回到取水层。异井回灌，是在与取水井有一定距离处单独设回灌井，将提取热量(冷量)的水加压回灌，一般是回灌到同一层，以维持地下水状况。

这种方式的主要问题是提取了热量(冷量)的水向地下的回灌，必须保证把水最终全部回灌到原来取水的地下含水层，才能不影响地下水资源状况。把用过的水从地表排掉或排到其他浅层，都将破坏地下水状况，造成对水资源的破坏。另外，还要设法避免灌到地下的水很快被重新抽回，否则，水温就会越来越低(冬季)或越来越高(夏季)，使系统性能恶化。

3. 地表水地源热泵系统

采用湖水、河水、海水及污水处理厂处理后的中水作为水源热泵的热源实现冬季供热和夏季供冷。这种方式从原理上看是可行的，但在实际工程中，主要存在冬季供热的可行性、夏季供冷的经济性及长途取水的经济性三个问题，而在技术上要解决水源导致换热装置结垢后引发换热性能恶化的问题。

冬季供热从水源中提取热量，就会使水温降低，这就必须防止水的冻结。如果冬季从温度仅为 5 ℃左右的淡水中提取热量，除非水量很大，温降很小，否则很容易出现冻结事故。当从湖水或流量很小的河水中提水时，还要正确估算水源的温度保持能力，防止由于连续取水和提取热量，导致温度逐渐下降，最终产生冻结，如图 9.17 所示。

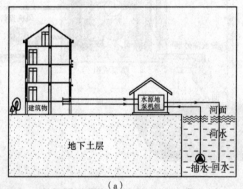

(a)

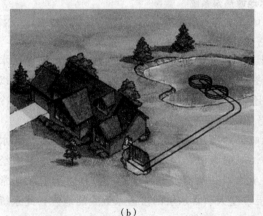

(b)

(c)

图 9.17　地表水地源热泵系统
(a)示意一；(b)示意二；(c)示意三

9.4.1 空调器容量的选用

空调器的容量大小要依据其在实际建筑环境中承担的负荷大小来选择，如果选择的空调器容量过大，会造成使用中频繁启停，室内温场波动大，电能浪费和初投资过大；选得过小，又达不到使用要求。房间空调负荷受很多因素影响，计算比较复杂，这里不再介绍。

9.4.2 空调器的安装

空调器的耗电量与空调器的性能有关，同时，也与合理地布置、使用空调器有很大关系。在图 9.18 中有分窗式空调与分体式空调两种情况，具体说明了空调器应如何布置，以充分发挥其效率。

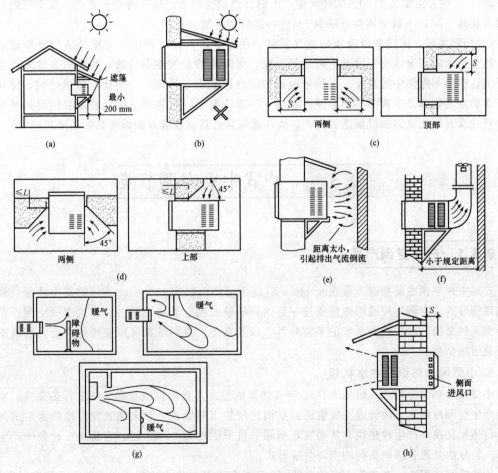

图 9.18 空调器正确安装方法

(a)空调器应避免受阳光直射；(b)遮篷不能装得太低；(c)空调器两侧及顶部百叶窗外露；(d)厚墙改造图；
(e)冷凝器出风口不应受阻；(f)附加风管帮助排气；(g)障碍物对气流的影响；(h)侧面进风口应露在墙外；

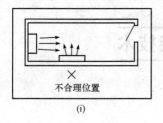 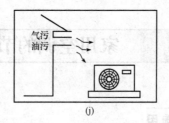 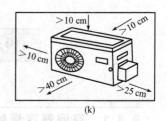

图 9.18 空调器正确安装方法(续)
(i)窄长房间合理的安装位置;(J)安装位置避免油污;(k)室外机安装的空间要求

9.4.3 空调器的使用要求

合理使用空调器是节能途径的最末端问题,也很重要,可包括以下几个方面:

(1)设定适宜的温度是保证身体健康,获取最佳舒适环境和节能的方法之一。室内温湿度的设定与季节和人体的舒适感密切相关。夏季,在环境温度为 22~28 ℃,相对湿度为 40%~70%并略有微风的环境中人们会感到很舒适;冬季,当人们进入室内,脱去外衣时,在环境温度为 16~22 ℃,相对湿度高于 30%的环境中,人们会感到很舒适。从节能的角度看,夏季室内设定温度每提高 1 ℃,一般空调器可减少 5%~10%的用电量。

(2)加强通风,保持室内健康的空气质量。在夏季,一些空调房间为降低从门窗传进的热量,往往是紧闭门窗。由于没有新鲜空气补充,房间内的空气逐渐污浊,长时间会使人产生头晕乏力、精力不能集中的现象。各种呼吸道传染性疾病也容易流行。因此,加强通风,保持室内正常的空气新鲜是空调器用户必须注意的。一般情况下,可利用早晚比较凉爽的时候开窗换气,或在没有阳光直射的时候通风换气,或者选用具有热回收装置的设备来强制通风换气。

9.5 　户式中央空调节能

9.5.1 户式空调产品

户式中央空调主要指制冷量在 8~40 kW(适用居住面积为 100~400 m²)的集中处理空调负荷的系统形式。空调用冷或用热量通过一定的介质输送到空调房间里去。户式中央空调产品有单冷型和热泵型。由于热泵系统的节能特性,以及在冬、夏两季都可以使用的优点,所以本节主要介绍热泵型。

1. 小型风冷热泵冷热水机组

小型风冷热泵冷热水机组属于空气-空气热泵机组。其室外机组是靠空气进行热交换,室内机组产生空调冷热水,由管道系统输送到空调房间的末端装置,在末端装置处冷热水与房间空气进行热量交换,产生冷热风,从而实现房间的夏季供冷和冬季供暖。它属于一种集中产生冷热水,但分散处理各房间负荷的空调系统形式。

该种机组体积小,在建筑上安放方便。由于冷管和热管所占空间小,一般不受层高的限制;室内末端装置多为风机盘管,一般有风机调速和水量旁通等调节措施,因此该种形式可以对每个房间进行单独调节;而且室内噪声较小。它的主要缺点是性能系数不高,主机容量调节性能较差，特别是部分负荷性能较差。绝大多数产品均为启停控制，部分负荷性能系数更低，因而造成运行能耗及费用高；噪声较大，特别是在夜晚，难以满足居室环境的要求；初投资比较大也是它的一个缺点。

2. 风冷热泵管道式分体空调全空气系统

风冷热泵管道式分体空调全空气系统利用风冷热泵分体空调机组为主机，属空气-空气热泵。该系统的输送介质为空气，其原理与大型全空气中央空调系统基本相同。室外机产生的冷、热量，通过室内机组将室内回风（或回风与新风的混合气）进行冷却或加热处理后，通过风管送入空调房间消除冷、热负荷。这种机组有两种形式：一种是室内机组为卧式，可以吊装在房间的楼板或吊顶上，通常称为管道机；另一种是室内机组为立式（柜机），可安装在辅助房间的过道或阳台上，这种机组通常称为风冷热泵。

这种系统的优点：可以获得高质量的室内空气品质，在过渡季节可以利用室外新风实现全新风运行；相对于其他几种户式中央空调系统造价较低。其主要缺点：能效比不高，调节性能差，运行费用高，如果采用变风量末端装置，会使系统的初投资大大上升；由于需要在房间内布置风管，要占用一定的使用空间，对建筑层高要求较高；室内噪声大，大多数产品的噪声在50 dB 以上，需要采用消声措施。

3. 多联变频变制冷剂流量热泵空调系统（VRV）

多联变频变制冷剂流量热泵空调系统（Varied Refrigerant Volume，VRV），是一种制冷剂式空调系统，它以制冷剂为输送介质，属空气-空气热泵。该系统由制冷剂管路连接的室外机和室内机组成，室外机由室外侧换热器、压缩机和其他制冷附件组成，一台室外机通过管路能够向多个室内机输送制冷剂，通过控制压缩机的制冷剂循环量和进入室内各个换热器的制冷剂流量，可以适时地满足空调房间的需求。其系统形式如图 9.19 所示。

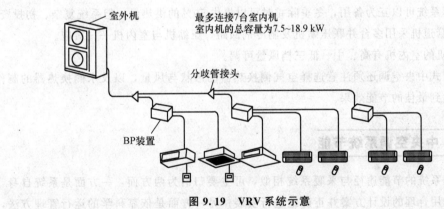

图 9.19 VRV 系统示意

VRV 系统适用于独立的住宅，也可用于集合式住宅。其主要优点：制冷剂管路小，便于埋墙安装或进行伪装；系统采用变频能量调节，部分负荷能效比高，运行费用低。其主要缺点：初投资高，是户式空调器的 2～3 倍；系统的施工要求高，难度大，从管材材质、制造工艺、零配件供应到现场焊接等要求都极为严格。

4. 水源热泵系统

水源热泵空调系统是由水源热泵机组和水环路组成的。根据室内侧换热介质的不同，有直接加热或冷却空气的水-空气热泵系统；机组室内侧产生冷热水，然后送到空调房间的末端装置，对空气进行处理的水-水热泵系统。

水源热泵机组以水为热泵系统的低位热源，可以利用江河湖水、地下水、废水或与土壤耦合换热的循环水。这种机组的最大特点是能效比高，节省运行费用。同时，它解决了风冷式机组冬季室外换热器的结霜问题，以及随室外气温降低，供热需求上升而制热能力反而下降的供需矛盾问题。

水源热泵系统可按成栋建筑设置，也可单家独户设置。其地下埋管可环绕建筑布置；也可布置在花园、草坪、农田下面；所采用塑料管（或复合塑料管）制作的埋管换热器，其寿命可达50年以上。水源热泵系统的主要问题：要有适宜的水源；有些系统冬季需要另设辅助热源；土壤源热泵系统的造价较高。

9.5.2　户式中央空调能耗分析

户式中央空调通常是家庭中最大的能耗产品，所以，在具有很高的可靠性的同时，必须具有较好的节能特性。多年的使用经验证明，热泵机组在使用寿命期间的能耗费用，一般是初投资的5～10倍。能耗指标是考虑机组可靠性之后的首要指标。由于户式中央空调极少在满负荷下运行，故应特别重视其部分负荷性能指标。

机组具有良好的能量调节措施，不仅对提高机组的部分负荷效率、节能具有重要意义，而且对延长机组的使用寿命、提高其可靠性也有好处。前面介绍的几种户式中央空调产品中，除VRV系统采用变频调速压缩机和电子膨胀阀实现制冷剂流量无级调节外，其他机组控制都比较简单。具体的能量调节方法如下：

(1)开关控制。目前的机组90%以上都是采用这种控制方法，压缩机频繁启停，增加了能耗，且降低了压缩机的使用寿命。

(2)20 kW以上的热泵机组有的采用双压缩机、双制冷剂回路，能够实现0、50%、100%能量调节，两套系统可以互为备用，冬季除霜时可以提供50%的供热量，但系统复杂、初投资大。

(3)有的管道机采用多台并联压缩机及制冷剂回路，压缩机与室内机一一对应。

(4)管道机的室内机有高、中、低三档风量可调。

另外，户式中央空调还须注意选择空气侧换热器的形状与风量，以及水侧换热器的制作与安装，以期达到最佳的节能效果。

9.5.3　中央空调系统节能

中央空调系统的节能途径与采暖系统相似，可主要归纳为两方面：一方面是系统自身，即在建造方面采用合理的设计方案并正确地进行安装；另一方面是依靠科学的运行管理方法，使空调系统真正地为用户节省能源。

1. 系统负荷设计

目前，在中央空调系统设计时，采用负荷指标进行估算，并且出于安全的考虑，指标往往取得过大，负荷计算也不够详尽，结果造成了系统的冷热源、能量输配设备、末端换热设备的容量都大大地超过了实际需求，这样既增加了投资，在使用上也不节能。所以，设计人员应仔细地进行负荷分析计算，力求与实际需求相符。

计算机模拟表明，深圳、广州、上海等地区夏季室内温度下降1 ℃或冬季上升1 ℃，暖通空调工程的投资约增加6%，其能耗将增加8%左右。另外，过大的室内外温差也不符合卫生的要求。《夏热冬冷地区居住建筑节能设计标准》(JGJ 134—2010)规定，夏季室内温度取26～28 ℃，冬季取 16~18 ℃。设计时，在满足要求的前提下，夏季应尽可能取上限值，冬季尽可能取下限值。

除室内设计温度外，合理选取相对湿度的设计值及温湿度参数的合理搭配也是降低设计负荷的重要途径，特别是在新风量要求较大的场合，适当提高相对湿度，可大大降低设计负荷，而在标准范围内(p 为 40%~65%)，提高相对湿度设计值对人体的舒适影响甚微。

新风负荷在空调设计负荷中要占到空调系统总能耗的 30% 甚至更高。向室内引入新风的目的，是稀释各种有害气体，保证人体的健康。在满足卫生条件的前提下，减小新风量，有显著的节能效果。设计的关键是提高新风质量和新风利用效率。利用热交换器回收排风中的能量，是减小新风负荷的一项有力措施。按照空气量平衡的原理，向建筑物引入一定量的新风，必然要排除基本上相同数量的室内风，显然，排风的状态与室内空气状态相同。如果在系统中设置热交换器，则最多可节约处理新风耗能量的 70%~80%。根据日本空调学会提供的计算资料表明：以单风道定风量系统为基准，加装全热交换器以后，夏季 8 月份可节约冷量约 25%，冬季 1 月份可节约加热量约 50%。排风中直接回收能量的装置有转轮式、板翅式、热管式和热回收回路式等。在我国，采用热回收以节约新风能耗的空调工程还不多见。

2. 冷热源节能

冷热源在中央空调系统中被称为主机，其能耗是构成系统总能耗的主要部分。目前，采用的冷热源形式主要有以下几种：

(1)电动冷水机组供冷和燃油锅炉供热，供应能源为电和轻油。

(2)电动冷水机组供冷和电热锅炉供热，供应能源为电。

(3)风冷热泵冷热水机组供冷、供热，供应能源为电。

(4)蒸汽型溴化锂吸收式冷水机组供冷、热网蒸汽供热，供应能源为热网蒸汽、少量的电。

(5)直燃型溴化锂吸收式冷热水机组供冷供热，供应能源为轻油或燃气、少量的电。

(6)水环热泵系统供冷供热，辅助热源为燃油、燃气锅炉等，供应能源为电、轻油或燃气。其中，电动制冷机组(或热泵机组)根据压缩机的形式不同，又可分为往复式、螺杆式、离心式三种。

3. 冷热源的部分负荷性能及台数配置

不同季节或在同一天中不同的使用情况下，建筑物的空调负荷是变化的。冷热源所提供的冷热量在大多数时间都小于负荷的 80%，这里还没有考虑设计负荷取值偏大问题。这种情况下机组的工作效率一般要小于满负荷运行效率。所以，在选择冷热源方案时，要重视其部分负荷效率性能。另外，机组工作的环境热工状况也对其运行效率有一定的影响。例如，风冷热泵冷热水机组在夏季夜间工作时，因空气温度比白天低，其性能也要好于白天；水冷式冷水机组主要受空气湿度和温度影响，而风冷机组主要受干球温度的影响，一般情况下，风冷机组在夜间工作就更为有利。

根据建筑物负荷的变化合理地配置机组的台数及容量大小，可以使设备尽可能满负荷高效地工作。例如，某建筑的负荷在设计负荷的 60%~70% 时出现的频率最高，如果选用两台同型号的机组，不如选用三台同型号机组，或一台 70%、一台 30% 一大一小两台机组，因为后两种方案可以让两台或一台机组满负荷运行来满足该建筑物大多数时候的负荷需求。《公共建筑节能设计标准》(GB 50189—2015)规定，冷热源机组台数不宜少于 2 台，冷热负荷较大时也不应超过 4 台，为了运行时节能，单机容量大小应合理搭配。

采用变频调速等技术，使冷热源机组具有良好的能量调节特性，是节约冷热水机组耗电的重要技术手段。生活中的电源频率为 50 Hz(220 V)是固定的，但变频空调因装有变频装置，就可以改变压缩机的供电频率。提升频率时，空调器的心脏部件压缩机便高速运转，输出功率增大；反之，降低频率时，可抑制压缩机输出功率。因此，变频空调可以根据不同的室内温度状况，以最合适的输出功率进行运转，以此达到节能的目的；同时，当室内温度达到设定值后，空调主机则以能够准确保持这一温度的恒定速度运转，实现"不停机运转"，从而保证环境温度的稳定与舒适。定速空调与变频空调的区别见表 9.1。

表 9.1　定速空调与变频空调的区别

序号	项目	定速空调	变频空调
1	适应负荷的能力	不能自动适应负荷的变化	自动适应负荷的变化
2	温控精度	开/关控制，温度波动范围为 ±2 ℃	降频控制，温度波动范围为 ±1 ℃
3	启动性能	启动电流大于额定电流	软启动，启动电流很小
4	节能性	开/关控制，不省电	自动以低频维持，省电 30%
5	低电压运转性能	180 V 以下很难运转	低至 150 V 可正常运转
6	制冷、制热速度	慢	快
7	热冷比	≤120%	≥140%
8	低温制热效果	0 ℃ 以下效果差	−10 ℃ 时效果仍好
9	化霜性能	差	准确而快速，只需常规空调一半的时间
10	除湿性能	定时开/关控制，除湿时有冷感	低频运转，只除湿不降温，健康除湿
11	满负荷运转	无此功能	自动以高频强劲运转
12	保护功能	简单	全面
13	自动控制性能	简单	真正模糊化、神经网络化

4. 水系统节能

空调中水系统的用电，在冬季供暖期占动力用电的 20%~25%，在夏季供冷期占动力用电的 12%~24%。因此，降低空调水系统的输配用电是中央空调系统节约用电的一个重要环节。

我国的一些高层宾馆、饭店空调水系统普遍存在着不合理的大流量小温差问题。冬季供暖水系统的供回水温差：较好情况为 8~10 ℃，较差情况只有 3 ℃。夏季冷冻水系统的供回水温差：较好情况也只有 3 ℃左右。根据造成上述现象的原因，可以从以下几个方面逐步解决，最终使水系统在节能状态下工作。

（1）各分支环路的水力平衡。对于空调供冷、供暖水系统，无论是建筑物内的管路，还是建筑物之外的室外管网，均需按相关设计规范要求进行认真计算，使各个环路之间符合水力平衡要求。系统投入运行之前必须进行调试。所以在设计时必须设置能够准确地进行调试的技术手段，例如，在各环路中设置平衡阀等平衡装置，以确保在实际运行中，各环路之间达到较好的水力平衡。

（2）设置二次泵。如果某个或某几个支环路比其余环路压差相差悬殊，则这些环路就应增设二次循环水泵，以避免整个系统为满足这些少数高阻力环路需要，而选用高扬程的总循环水泵。

（3）变流量水系统。为了系统节能，目前大规模的空调水系统多采用变流量系统，即通过调节二通阀改变流经末端设备的冷冻水流量来适应末端用户负荷的变化，从而维持供回水温差稳定在设计值；采用一定的手段，使系统的总循环水量与末端的需求量基本一致；保持通过冷水机组蒸发器的水流量基本不变，从而维持蒸发温度和蒸发压力的稳定。

5．风系统节能

在空调系统中，风系统中的主要耗能设备是风机。风机的作用是促使被处理的空气流经末端设备时进行强制对流换热，将冷水携带的冷量取出，并输送至空调房间，用于消除房间的热湿负荷。被处理的空气可以是室外新风、室内循环风、新风与回风的混合风。风系统节能措施可从以下几个方面考虑：

（1）正确选用空气处理设备。根据空调机组风量、风压的匹配，选择最佳状态点运行，不宜过分加大风机风压，以降低风机功率。另外，应选用漏风量及外形尺寸小的机组。国家相关标准规定，在 700 Pa 压力时的漏风量不应大于 3%。实测证明：漏风量为 5%，风机功率增加 16%；漏风量为 10%，风机功率增加 33%。选择风机盘管时，应选用单位风机功率供冷量大的机组。

（2）设计选用变风量系统。变风量系统是通过改变送入房间的风量来满足室内变化的负荷要求。用减小风量来降低风机能耗。变风量系统出现以后并没有得到迅速推广，目前这种节能的系统在发达国家得到广泛应用。

由于变风量系统通过调节送入房间的风量来适应负荷的变化，在确定系统总风量时还可以考虑一定的同时使用情况，所以能够节约风机运行能耗和减少风机装机容量，系统的灵活性较好。变风量系统属于全空气系统，因此其具有全空气系统的一些优点，可以利用新风消除室内负荷、没有风机盘管凝水问题和霉变问题。变风量系统存在的缺点：在系统风量变小时，有可能不能满足室内新风量的需求、影响房间的气流组织；系统的控制要求高，且不易稳定；系统运行的噪声较大且投资较高等。这些都必须依靠设计者在设计时周密考虑，才能达到既满足使用要求又节能的目的。

（3）合理控制新风。在空调环境中，由于人为的保温保湿等措施，环境内外空气不能自然对流交换，必须人为地送入外界自然空气以保持环境内空气品质的要求，送入的空气称为新风。空调系统需要的新风就是要消除空气污染，满足室内人员的卫生要求，同时补充室内排风和保持室内正压。由于集中空调用新风是需要将不同季节的室外空气通过空调机组处理到室内需求温湿度，新风量的多少将影响空调负荷和能耗。因此新风的送入不仅仅是送风设备的耗能问题，还是大流量的连续送入的新风调温、调湿大量耗功的问题，它在整个空调耗能中占有相当大的比例。新风既是必需的，又要力求少耗能，因此必须予以充分的重视。

在设计空调系统或进行系统改造时，新风值的选取可以依据以下原则：

1)按空调环境人群的密集程度和人员的活动状态确定平均每人需新风量值。对于建筑设计新风量的确定，应该根据建筑的功能，依据我国相关的规范标准执行。

2)依据空调环境的功能及要求。如果工艺流程的生产车间、冷库库房等是少人或无人的空间环境，则可根据环境实况总体确定通风量。如果是有工作人员的环境，则应在保证人员的正常需要及舒适性要求下，按人确定风量值，以确保供氧及降低有害气体浓度比，从而达到要求。

3)依据新风的布局和调节形式。应按照全置换换气、局部置换换气或混合调节换气与射流送风等不同形式采用不同的供新风量值。

4)有条件的项目应按季节设置新风设备，加装变频控制，在保证基本新风标准的同时，在过渡季节通过新风调节室内负荷。

(4)通过良好的气流组织设计，提高冷空气的利用效率。空调房间并不是每一处空间都需要空调。通过良好的气流组织设计，只对需要空调的区域送风，或使送风先到达用风地点，吸收热湿负荷后再经过其他区域。这样，不仅减少了送风量，节省了风机能耗，还降低了空调房间的耗冷耗热量。

6. 中央空调系统节能新技术

(1)"大温差"技术。"大温差"是指空调送风或送水的温差比常规空调系统采用的温差大。大温差送风系统中，送风温差达到 14～20 ℃；冷却水的大温差系统，冷却水温差达到 8 ℃左右。当媒介携带的冷量加大后循环流量将减小，可以节约一定的输送能耗并降低输送管网的初投资。"大温差"技术是近几年刚刚发展起来的新技术，具体实施的项目不是很多。但由于其显著的节能特性，随着研究的深入和设计上的成熟，大温差系统必然会得到更为广泛的应用。

(2)冷却塔供冷技术。冷却塔供冷技术是指在室外空气湿球温度较低时，关闭制冷机组，利用流经冷却塔的循环水直接或间接地向空调系统供冷，提供建筑物所需要的冷量，从而节约冷水机组的能耗。这种技术又称为免费供冷技术，它是近年来国外发展较快的节能技术。其工作原理如图 9.20 所示。

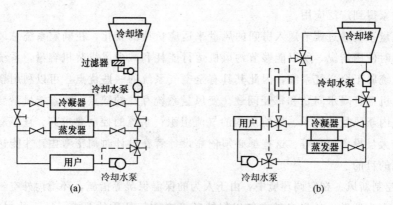

图 9.20　冷却塔供冷系统原理

(a)直接供冷；(b)间接供冷

由于冷却水泵的扬程不能满足供冷要求、水流与大气接触时的污染问题等，一般情况下较少采用直接供冷方式。采用间接供冷时，需要增加板式热交换器和少量的连接管路，但投资并不会增大很多。同时，由于增加了热交换温差，使得间接供冷时的免费供冷时间减少了。这种方式比较适用于全年供冷或供冷时间较长的建筑物，如城市中心区的智能化办公大楼等内部负荷极高的建筑物。

9.6 蓄冷空调系统

9.6.1 概述

蓄冷的概念是空调系统在不需要冷量或需冷量少的时间（如夜间），利用制冷设备将蓄冷介质中的热量移出，进行冷量储存，并将此冷量用在空调用冷或工艺用冷高峰期。这就好像在冬天将天然冰深藏于地窖之中供来年夏天使用一样。蓄冷介质可以是水、冰或共晶盐。这一概念是与平衡电力负荷——"削峰填谷"的概念相联系的。现代城市的用电状况是：一方面，在白天存在用电高峰，供电能力不足，为满足高峰用电不得不新建电厂；另一方面，夜间的用电低谷时又有电送不出去，电厂运行效率很低。因此，蓄冷系统的特点是：转移制冷设备的运行时间，这样，一方面可以利用夜间的低价电，另一方面也减少了白天的峰值电负荷，达到"削峰填谷"的目的。

9.6.2 全负荷蓄冷与部分负荷蓄冷

除某些特殊的工业空调系统以外，商业建筑空调或一般工业建筑用空调均非全日空调，通常空调系统每天只运行 $10\sim14\ h$，而且几乎都在非满负荷下工作。图 9.21 中 A 部分为某建筑物设计日空调负荷图。如果不采用蓄冷系统，制冷机组的制冷量应满足瞬时最大负荷时的需要，即 q_{max} 为应选机组的容量。当采用蓄冷时，通常有两种方法，即全部蓄冷与部分蓄冷。全负荷蓄冷是将用电高峰期的冷负荷全部转移到用电低谷期，全天所需冷量 A 均由用电低谷时期所蓄的冷量供给，即图中 B+C 的面积等于 A 的面积，在用电高峰期间制冷机不运行。全负荷蓄冷系统需设置制冷机组和蓄冷装置。虽然它运行费用低，但设备投资高，蓄冷装置占地面积大，除峰值需冷量大且用冷时间短的建筑外，一般不宜采用。

部分负荷蓄冷就是全天所需冷量中一部分由蓄冷装置提供，如图 9.22 所示。在用电低谷的夜间，制冷机运行蓄存一定冷量，补充用电高峰时所需的部分冷量，高峰期机组仍然运行满足建筑全部冷负荷的需要，即图 9.22 中的 B+C 的面积等于 A_1 面积。这种部分负荷蓄冷方式，相当于将一个工作日中的冷负荷被制冷机组均摊到全天来承担。所以，制冷机组的容量最小，蓄冷系统比较经济合理，是目前较多采用的方法。

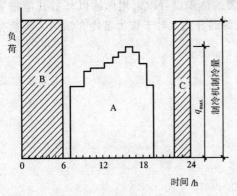

图 9.21 全负荷蓄冷示意

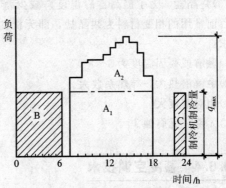

图 9.22 部分负荷蓄冷示意

9.6.3 蓄冷设备

蓄冷设备一般可分为显热式蓄冷和潜热式蓄冷，表9.2为具体分类情况。蓄冷介质最常用的有水、冰和其他相变材料，不同蓄冷介质有不同的单位体积蓄冷能力和不同的蓄冷温度。

表 9.2 显热式蓄冷和潜热式蓄冷分类情况

分类	类型	蓄冷介质	蓄冷液体	取冷液体
显热式	水蓄冷	水	水	水
潜热式	冰盘管（外融冰）	冰或其他共晶盐	制冷剂	水或载冷剂
			载冷剂	
	冰盘管（内融冰）	冰或其他共晶盐	载冷剂	载冷剂
			制冷剂	制冷剂
	封装式	冰或其他共晶盐	水	水
			载冷剂	载冷剂
	片冰滑落式	冰	制冷剂	水
	冰晶式	冰	制冷剂	载冷剂
			载冷剂	

(1)水。显热式蓄冷以水为蓄冷介质，水的比热为 $4.184\ kJ/(kg \cdot K)$。蓄冷槽的体积取决于空调回水与蓄冷槽供水之间的温差，大多数建筑的空调系统，此温差可为 $8 \sim 11\ ℃$。水蓄冷的蓄冷温度为 $4 \sim 6\ ℃$，空调常用冷水机组可以适应此温度。从空调系统设计上，应该尽可能提高空调回水温度，以充分利用蓄冷槽的体积。

(2)冰。冰的溶解潜热为 $335\ kJ/kg$，所以其是很理想的蓄冷介质。冰蓄冷的蓄存温度为水的凝固点 $0\ ℃$。为了使水冻结，制冷机应提供 $-3 \sim -7\ ℃$ 的温度，它低于常规空调用制冷设备所提供的温度。在这样的系统中，蓄冰装置可以提供较低的空调供水温度，有利于提高空调供回水温差，以减小配管尺寸和水泵电耗。

(3)共晶盐。为了提高蓄冷温度，减少蓄冷装置的体积，可以采用除冰以外的其他相变材料。目前常用的相变材料为共晶盐，即无机盐与水的混合物。对于作为蓄冷介质的共晶盐有如下要求：

1)融解或凝固温度为 $5 \sim 8\ ℃$。

2)融解潜热大，导热系数大。

3)相对密度大。

4)无毒，无腐蚀。

9.6.4 蓄冷空调技术

1. 盘管式蓄冷装置

盘管式蓄冷装置是由沉浸在水槽中的盘管构成换热表面的一种蓄冷设备。在蓄冷过程中，载冷剂(一般是质量百分比为25%的乙烯乙二醇水溶液)或制冷剂在盘管内循环,吸收水槽中水的热量,在盘管外表面形成冰层。按取冷方式,盘管式蓄冷装置可分为内融冰和外融冰两种方式。

(1)外融冰方式。温度较高的空调回水直接送入盘管表面结有冰层的蓄冷水槽,使盘管表面上的冰层自外向内逐渐融化,称为外融冰方式。这种方式换热效果好、取冷快,来自蓄冰槽的供水温度可低至1℃左右。另外,空调用冷水直接来自蓄冰槽,故可不需要二次换热装置,但需采取搅拌措施,以促进冰层均匀融化。

(2)内融冰方式。来自用户或二次换热装置的温度较高的载冷剂仍在盘管内循环,通过盘管表面将热量传递给冰层,使盘管外表面的冰层自内向外逐渐融化进行取冷,称为内融冰方式。这种方式融冰换热热阻较大,影响取冷速率。为了解决此问题,目前多采用细管、薄冰层蓄冷。

2. 封装式冰蓄冷装置

将蓄冷介质封装在球形或板形小容器内,并将许多此种小蓄冷容器密集地放置在密封罐或槽体内,从而形成封装式蓄冷装置,如图9.23所示。运行时,载冷剂在球形或板形小容器外流动,将其中蓄冷介质冻结、蓄冷,或使其融解、取冷。

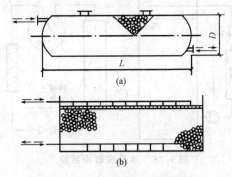

图9.23 封装式冰蓄冷装置

(a)示意一;(b)示意二

封装在容器内的蓄冷介质有冰或其他相变材料两种。封装冰目前有三种形式,即冰球、冰板和蕊芯折褶式冰球。此种蓄冷装置运行可靠,流动阻力小,但载冷剂充注量比较大。目前,冰球和蕊芯折褶式冰球蓄冷系统应用较为普遍。

3. 片冰滑落式蓄冷装置

片冰滑落式蓄冷装置就是在制冷机的板式蒸发器表面上不断冻结薄片冰,然后滑落至蓄冷水槽内,进行蓄冷,此种方法又称为动态制冰。图9.24所示为片冰滑落式蓄冷装置的示意图。其中,图9.24(a)所示为片冰冻结及蓄冷过程;图9.24(b)所示为取冷过程。

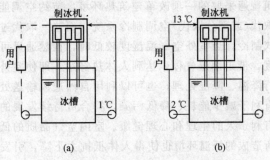

图9.24 片冰滑落式蓄冷装置

(a)片冰冻结及蓄冷过程;(b)取冷过程

片冰滑落式系统由于仅冻结薄片冰，可高运转率地反复快速制冷，因此能提高制冷机的蒸发温度，可比采用冰盘管提高 2～3 ℃。制成的薄片冰或冰泥可在极短时间内融化，取冷供水温度低，融冰速率极快，特别适用于工业过程及渔业冷冻。但该种蓄冷装置初投资较高，且需要层高较高的机房。

4. 冰晶式蓄冷装置

冰晶式蓄冷系统是将低浓度的乙烯乙二醇或丙二醇的水溶液降至冻结点温度以下，使其产生冰晶。冰晶是极细小的冰粒与水的混合物，其形成过程类似于雪花，可以用泵输送。该系统须使用专门生产冰晶的制冰机和特殊设计的蒸发器，单台最大制冷能力不超过 100 RT(冷吨)。蓄冷时，从蒸发器出来的冰晶送至蓄冰槽内蓄存；释冷时，冰粒与水的混合溶液被直接送到空调负荷端使用，升温后回到蓄冰槽，将槽内的冰晶融化成水，完成释冷循环。冰晶式蓄冷系统流程如图 9.25 所示。

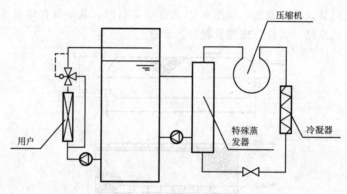

图 9.25　冰晶式蓄冷系统

在混合液中，由于冰晶的颗粒细小且数量很多，因此与水的接触换热面积很大，冰晶的融化速度较快，可以适应负荷急剧变化的场合。该系统适用于小型空调系统。

9.7　通风系统节能

9.7.1　自然通风技术的优势

自然通风是当今建筑普遍采取的一项改革建筑热环境、节约空调能耗的技术，采用自然通风方式的根本目的就是取代(或部分取代)空调制冷系统。而这一取代过程有两点至关重要的意义：一是实现有效被动式制冷，当室外空气温湿度较低时，自然通风可以在不消耗不可再生能源的情况下降低室内温度，带走潮湿气体，达到人体热舒适，即使室外空气的温、湿度超过舒适区，需要消耗能源进行降温、降湿处理，也可以利用自然通风输送处理后的新风，而省去风机能耗，且无噪声。这有利于减少能耗、降低污染，符合可持续发展的思想。二是可以提供新鲜、清洁的自然空气，有利于人的生理和心理健康。室内空气品质的低劣在很大程度上是由于缺少充足的新风。空调所造成的恒温环境也使得人体抵抗力下降，引发各种"空调病"。而自然通风可以排除室内污浊的空气，同时还有利于满足人和大自然交往的心理需求。

9.7.2　自然通风技术的原理及应用

自然通风是一项古老的技术，与复杂、耗能的空调技术相比，自然通风是能够适应气候的一项廉价而成熟的技术措施。通常认为自然通风具有三大主要作用，即提供新鲜空气、生理降温、释放建筑结构中蓄存的热量。

自然通风是在压差推动下的空气流动。根据压差形成的机理，可以分为热压作用下的自然通风和风压作用下的自然通风，如图 9.26 所示。

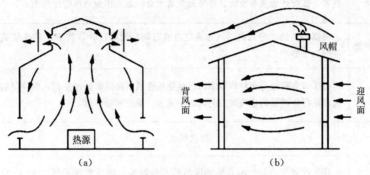

图 9.26　自然通风原理
(a)热压作用；(b)风压作用

(1)热压作用下自然通风的形成过程。当室内存在热源时，室内空气将被加热，密度降低，并且向上浮动，造成建筑内上部空气压力比建筑外大，导致室内空气向外流动，同时在建筑下部，不断有空气流入，以填补上部流出的空气所让出的空间，这样形成的持续不断的空气流就是热压作用下的自然通风。

(2)风压作用下自然通风的形成过程。当有风从左边吹向建筑时，建筑的迎风面将受到空气的推动作用形成正压区，推动空气从该侧进入建筑；而建筑的背风面，由于受到空气绕流影响形成负压区，吸引建筑内空气从该侧的出口流出，这样就形成了持续不断的空气流，成为风压作用下的自然通风。

9.7.3　自然通风的使用条件

(1)室内得热量的限制。应用自然通风的前提是室外空气温度比室内高，通过室内空气的通风换气，将室外风引入室内，降低室内空气的温度。显然，室内外空气温差越大，通风降温的效果越好。对于一般的依靠空调系统降温的建筑而言，应用自然通风系统可以在适当时间降低空调运行负荷，典型的如空调系统在过渡季节的全新风运行。对于完全依靠自然通风系统进行降温的建筑，其使用效果则取决于很多因素，建筑的得热量是其中的一个重要因素，得热量越大，通过降温达到室内舒适要求的可能性越小。现在的研究结果表明，完全依靠自然通风降温的建筑，其室内的得热量最好不要超过 40 W/m^2。

(2)建筑环境的要求。应用自然通风降温措施后，建筑室内环境在很大程度上依靠室外环境进行调节，除空气的温、湿度参数外，室内的噪声控制也将被室外环境所破坏。根据目前的一些标准要求，采用自然通风的建筑，其建筑外的噪声不应该超过 70 dB，尤其在窗户开启的时候，应该保证室内周边地带的噪声不超过 55 dB。同时，自然通风进风口的室外空气质量应该满足有关卫生要求。

（3）建筑条件的限制。应用自然通风的建筑，在建筑设计上应该参考以上两点要求，充分发挥自然通风的优势。具体的建议见表9.3。

表 9.3　使用自然通风时的建筑条件

建筑位置	
周围是否有交通干道、铁路等	一般认为，建筑的立面应该离开交通干道 20 m，以避免进风空气的污染或噪声干扰；或者，在设计通风系统时，将靠近交通干道的地方作为通风的排风侧
地区的主导风向与风速	根据当地的主导风向与风速确定自然通风系统的设计，特别注意建筑是否处于周围污染空气的下游
周围环境	由于城市环境与乡村环境不同，对建筑通风系统的影响也不同，特别是建筑周围的其他建筑或障碍物将影响建筑周围的风向和风速、采光和噪声等
建筑形状	
形状	建筑的宽度直接影响自然通风的形式和效果。建筑宽度不超过 10 m 的建筑，可以使用单侧通风方法；宽度不超过 15 m 的建筑，可以使用双侧通风方法；否则，将需要其他辅助措施，例如，烟囱结构或机械通风与自然通风的混合模式等
建筑朝向	为了充分利用风压作用，系统的进风口应该针对建筑周围的主导风向。同时，建筑的朝向还涉及减少得热措施的选择
开窗面积	系统进风侧外墙的窗墙比应该兼顾自然采光和日射得热的控制，一般为 30%～50%
建筑结构形式	建筑结构可以是轻型、中型或重型结构。对于中型或重型结构，由其热惯性比较大，可以结合晚间通风等技术措施改善自然通风系统的运行效果
建筑内部设计	
层高	比较大的层高有助于利用室内热负荷形成的热压，加强自然通风
室内分隔	室内分隔的形式直接影响通风气流的组织和通风量
建筑内竖直通道或风管	可以利用竖直通道产生的烟囱效应有效组织自然通风
室内人员	
室内人员密度和设备、照明得热的影响	对于建筑得热超过 40 W/m² 的建筑，可以根据建筑内热源的种类和分布情况，在适当的区域分别设置自然通风系统和机械制冷系统
工作时间	工作时间将影响其他辅助技术的选择（如晚间通风系统）

（4）室外空气湿度的影响。应用自然通风可以对室内空气进行降温，却不能调节或控制室内空气的湿度，因此，自然通风一般不能在非常潮湿的地区使用。

9.7.4 机械通风

在办公建筑中，机械通风往往融合在空调系统当中，通过新风量的调节和控制，使房间达到一定的通风量，满足室内的新风需求。机械通风虽然需要消耗能量，但其通风量稳定且可调节控制，通风时间不受上、下班时间的限制，可通过空调系统的送排风管路，利用夜间通风来冷却建筑物的蓄热，缓解白天的供冷需求，最终达到降低建筑运行能耗的目的。

一般办公建筑的平面空间布局有两种典型形式：一种是大空间办公室，通常采用全空气普通集中式空调系统，具有集中的排风管路，可以直接利用送风管路进行夜间送新风，利用排风管路排风，保持室内压力平衡及通风的顺利进行；另一种平面空间布局是走廊式空间布局，在走廊两侧或一侧布置许多小空间独立办公室，这样的办公建筑通常采用风机盘管半集中式空调系统，由于半集中式空调系统没有集中的排风管路，在这种既有办公建筑中利用夜间机械通风降温受到很大的限制，因此，需要采取一些措施使这种节能技术得以使用。通常可以采取走廊排风的简单办法，即每间办公室在下班后将门上的通风口打开，夜间利用新风管路送风时，排风通过门上的通风口排向走廊，再通过楼梯间或走廊尽头的外窗排向室外，以保持各办公室室内压力平衡及通风的顺利进行，同时不影响办公室在非工作时段的防盗安全要求。既有办公建筑可由空调系统运行管理人员根据气象条件的不同，在室外气温处于 26 ℃以下的非工作时段内，利用新风管路进行大量的送风，同时采取走廊排风的简单办法，减小空调开机负荷和高峰用电负荷，以达到节能的目的。

思 考 题

1. 水力失衡的含义是什么？哪些原因能导致水力失衡？如何解决？
2. 什么是热泵？其有哪些分类？
3. 简述地下水地源热泵的运行原理。
4. 收集你所在地区的热泵应用项目，掌握其系统组成、运行原理和实际运行情况。
5. 家用空调器的使用如何做到节能？
6. 什么是蓄冷空调？

项目 10　建筑配电与照明节能技术

◎ 知识目标

1. 熟悉建筑自然采光的设计要求。
2. 掌握照明节能的主要技术措施。
3. 熟悉"光储直柔"的运行原理。
4. 了解配电系统的节能技术要求。

◎ 能力目标

能够针对不同建筑选用适宜的建筑照明节能的技术措施。

◎ 素质目标

树立"绿水青山就是金山银山"的环保理念。

◎ 思政引领

"水立方"变"冰立方"。

视频："水立方"
变"冰立方"

10.1　建筑采光与节能设计

　　现代建筑的电器照明在改善室内光环境的同时，其消耗的能源也在不断增加。根据调查，我国的公共建筑能耗中，照明能耗所占比例一般能占到整个建筑用电量的 25% 以上；我国每年的照明用电量约占总用电量的 14%，且每年的照明用电量仍在增加。通过采取合理的节能措施，在不影响室内采光要求的前提下，可将其能耗控制在合理范围。

　　从人类进化发展史上看，天然光环境是人类视觉工作中最舒适、最亲切、最健康的环境。天然光还是一种清洁、廉价的光源。利用天然光进行室内采光照明不仅有益于环境，而且在天然光下人们在心理和生理上感到舒适，有利于身心健康，提高视觉功效。利用天然光照明，是对自然资源的有效利用，是建筑节能的一个重要方面。精明的设计师总能充分利用自然光来降低照明所需要的安装、维护费用及所消耗的能源。

10.1.1　从建筑被动采光向积极地利用天然光方向发展

　　目前，人们对天然光利用率低的原因主要还是利用天然光节能环保的意识薄弱。例如，对于一般酒店来说，认为用人工光源照明只是多交些电费，这些费用可以转嫁给顾客，而且这种做法也形成了常理。另外，天然采光在建筑设计上会相对复杂费时，不如大量安装人工光源方便省事，但一天中天然光线变化在室内营造的自然光环境是其他任何光源所无法比拟的。

用天然光代替人工光源照明，可大大减少空调负荷，有利于减少建筑物能耗。另外，新型采光玻璃（如光敏玻璃、热敏玻璃等）可以在保证合理的采光量的前提下，在需要的时候将热量引入室内，而在不需要的时候将天然光带来的热量挡在室外。

对天然光的使用，要注意掌握天然光稳定性差，特别是直射光会使室内的照度在时间上和空间上产生较大波动的特点。设计者要注意合理地设计房屋的层高、进深与采光口的尺寸，注意利用中庭处理大面积建筑采光问题，并适时地使用采光新技术。

充分利用天然光能够为人们提供舒适、健康的天然光环境，传统的采光手段已无法满足要求，新的采光技术的出现主要是解决以下三方面的问题：

（1）解决大进深建筑内部的采光问题。由于建设用地的日益紧张和建筑功能的日趋复杂，建筑物的进深不断加大，仅靠侧窗采光已不能满足建筑物内部的采光要求。

（2）提高采光质量。传统的侧窗采光，随着与窗距离的增加，室内照度显著降低，窗口处的照度值与房间最深处的照度值之比大于5∶1，视野内过大的照度对比容易引起眩光，带来不舒适感。

（3）解决天然光的稳定性问题。天然光的不稳定性一直都是天然光利用中的一大难点所在，通过日光跟踪系统的使用，可最大限度地捕捉太阳光，在一定的时间内保持室内较高的照度值。

10.1.2　天然采光节能设计策略

1. 采用有利的平面形式

建筑物的平面形式不仅决定了侧窗和天窗之间的搭配是否可能，同时，还决定了天然采光口的数量。一般情况下，在多层建筑中，窗户往深4.5 m左右的区域能够被日光完全照亮，再往里4.5 m的地方能被日光部分照亮。图10.1(a)、(b)、(c)中列举了建筑的三种不同平面形式，其面积完全相同（都是900 m²）。在正方形的布局里，有16%的地方日光根本照不到，另有33%的地方只能照到一部分日光。在长方形的布局里，没有日光完全照不到的地方，但它仍然有大面积的地方，日光只能部分照得到。而有中央天井的平面布局，能使屋子里所有地方都能被日光照到。当然，中央天井与周边区域相比的实际比例，要由实际面积决定。建筑物越大，中央天井就应当越大，而周边的表面积越小。

现代典型的中央天井，其空间都是封闭的，其温度条件与室内环境非常接近。因此，有中央天井的建筑，即使从热量的角度一起考虑，仍然具有较大的日光投射角。中央天井底部获取光线的数量，由一系列因素来决定：中央天井顶部的透光性，中央天井墙壁的反射率，以及其空间的几何比例（深度和宽度之比）。使用实物模型是确定中央天井底部得到日光数量的最好方法。当中央天井空间太小，难以发挥作用时，则常常被当作采光井，可以通过天窗、高侧窗（矩形天窗）或窗墙来照亮中央天井（图10.2）。

2. 采用有利的朝向

由于直射阳光比较有效，因此朝南的方向通常是进行天然采光的最佳方向。无论是在每一天中还是在每一年里，建筑物朝南的部位获得的阳光都是最多的。在采暖季节里，这部分阳光能提供一部分采暖热能，同时，控制阳光的装置在这个方向也最能发挥作用。

天然采光最佳的第二个方向是北方，因为这个方向的光线比较稳定。尽管来自北方的光线数量比较少，但比较稳定。这个方向也很少遇到直接照射的阳光带来的眩光问题。在气候非常炎热的地区，朝北的方向甚至比朝南的方向更有利。另外，在朝北的方向也不必安装可调控光遮阳的装置。

天然采光最不利的方向是东面和西面，不仅因为这两个方向在每一天中只有一半的时间能被太阳照射，还因为这两个方向日照强度最大的时候，是在夏天而不是在冬天。然而，最大的问题还在于，太阳在东方升起或者西方落下时，在天空中的位置较低，因此会带来非常严重的眩光和阴影遮蔽等问题。图 10.1(d)画出了一个从建筑物的方位来看，最理想的楼面布局，即窗户通常都朝南方或北方。确定方位的基本原则如下：

(1)如果冬天需要采暖，应采用朝南的侧窗进行天然采光。

(2)如果冬天不需要采暖，还可以采用朝北的侧窗进行天然采光。

(3)进行天然采光时，为了不使夏天太热或者带来严重的眩光，应避免使用朝东和朝西的玻璃窗。

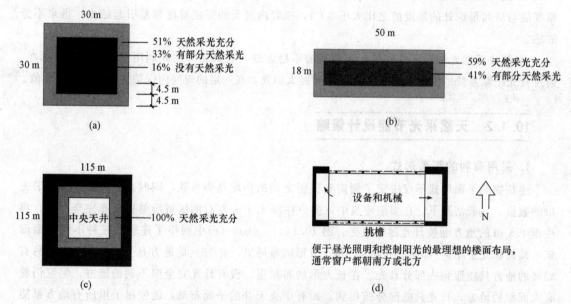

图 10.1　不同平面布局下的天然采光效率

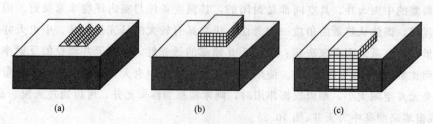

图 10.2　具有天然采光功能的中央天井的几种形式
(a)天窗；(b)高侧窗；(c)窗墙

3. 采用天窗采光

一般来说，单层和多层建筑的顶层可以采用屋顶上的天窗进行采光，但也可以利用采光井。建筑物的天窗可以带来两个重要的好处。首先，它能使相当均匀的光线照亮屋子里相当大的区域[图 10.3(a)]，而来自窗户的昼光只能局限在靠窗 4～5 m 的地方，如图 10.3(b) 所示。其次，水平的窗口也比竖直的窗口获得的光线多得多。但是，开天窗也会引起许多严重的问题。来自天窗的光线在夏天时比在冬天时更强。而且水平的玻璃窗也难以遮蔽。因此在屋顶通常采用高侧窗、矩形天窗或锯齿形天窗等形式的竖直玻璃窗比较适宜，如图 10.3(c) 所示。

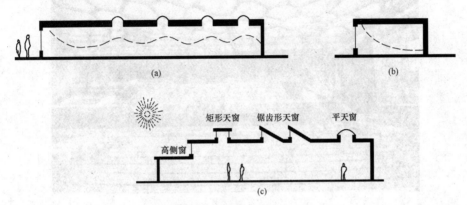

图 10.3　天窗采光的优点

(a)天窗可以不受限制提供相当均匀的照明；
(b)从侧窗进来的光线局限在距窗 4～5 m 的地方；(c)各种形式的天窗

锯齿形天窗可以把光线反射到背对窗户的室内墙壁上。墙壁可以充当大面积、低亮度的光线漫射体。被照得通体明亮的墙壁，看起来会往后延伸，因此房间看起来也比实际情况更加宽敞、更令人赏心悦目。另外，从窗户直接照进来的光线或阳光的眩光问题也得到根除，如图 10.3(c) 所示。

散光挡板可以消除投射在工作表面上的光影，使光线在工作表面上的分布更加均匀，也可以消除来自天窗（特别是平天窗）的眩光，如图 10.4 所示。挡板的间距必须精心设计，才能既阻止阳光直接照射到室内，又避免在 45° 以下人的正常视线以内产生眩光。顶棚和挡板的表面应当打磨得既粗糙，又具有良好的反光性。

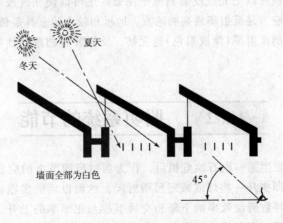

图 10.4　散光挡板的布置及效果

利用顶部采光达到节约照明能耗的一个很好的例子是我国的国家游泳中心（水立方）。该建筑屋面和墙体的内外表面材料均采用了透明的 ETFE（聚四氟乙烯）膜结构，其透光特性可保证 90% 自然光进入场馆，使"水立方"平均每天自然采光达到 9 h。利用自然采光每年可以节省 627 MW·h 的照明耗电，占整个建筑照明用电的 29%，如图 10.5 所示。

图 10.5 "水立方"的内部屋顶采光效果

4. 采用有利的内部空间布局

开放的空间布局对日光进入屋子深处非常有利。用玻璃隔板分隔屋子，既可以营造声音上的个人空间，又不至于遮挡光线。如果还需要营造视觉上的个人空间，可以把窗帘或者活动百叶帘覆盖在玻璃之上，或者使用半透明的材料。也可以选择只在隔板高于视平线以上的地方安装玻璃，以此作为替代。

5. 颜色

在建筑物的里面和外面都使用浅淡颜色，可以使光线更多、更深入地反射到房间里边，同时，使光线成为漫射光。浅色的屋顶可以极大地增加高侧窗获得光线的数量。面对浅色外墙的窗户，可以获得更多的日光。在城市地区，浅色墙面尤其重要，它可以增加较低楼层获得日光的能力。

室内的浅淡颜色不仅可以把光线反射到屋子深处，还可以使光线漫射，以减少阴影、眩光和过高的亮度比。顶棚应当是反射率最高的地方。地板和较小的家具是最无关紧要的反光装置，因此，即使具有相当低的反射率（涂成黑色）也无妨。反光装置的重要性依次为顶棚、内墙、侧墙、地板和较小的家具。

10.2　照明系统的节能

当 20 世纪 70 年代发生第一次石油危机后，作为当时照明节电的应急对策之一，就是采取降低照明水平的方法，即少开一些灯或减短照明时间。然而以后的实践证明，这是一种十分消极的办法。因为，这会导致劳动效率的下降和交通事故与犯罪率的上升。所以，照明系统节能应遵循的原则是必须在保证有足够的照明数量和质量的前提下，尽可能节约照明用电。照明节能主要是通过采用高能效照明产品、提高照明质量、优化照明设计等手段来达到。

在我国，照明用电量占发电量的 10%～12%，并且主要以低效照明为主，照明终端节电具有很大的潜力。同时，照明用电大都属于高峰用电，照明节电具有节约能源和缓解高峰用电的双重作用。

10.2.1 照明节能的原则

照明节能是一项涉及节能照明器件生产推广、照明设计施工、视觉环境研究等多方面的系统工程。其宗旨是要用最佳的方法满足人们的视觉要求，同时又能最有效地提高照明系统的效率。要达到节能的目的，必须从组成照明系统的各个环节上分析设计，完善节能的措施和方法。

国际照明委员会(Commission International de I'Eclairage, CIE)根据一些发达国家在照明节能中的特点，提出了以下 9 项照明节能原则：

(1)根据视觉工作需要，决定照度水平。

(2)制定满足照度要求的节能照明设计。

(3)在考虑显色性的基础上采用高光效光源。

(4)采用不产生眩光的高效率灯具。

(5)室内表面采用高反射比的材料。

(6)照明和空调系统的热结合。

(7)设置不需要时能关灯的可变控制装置。

(8)将不产生眩光和差异的人工照明同天然采光的综合利用。

(9)定期清洁照明器具和室内表面，建立换灯和维修制度。

10.2.2 照明节能的评价指标

(1)光通量。光通量是指根据辐射对标准光度观察者的作用导出的光度量，单位为流明(lm)。

(2)照度。照度是指入射在包含该点的面元上的光通量除以该面元面积所得之商，符号为 E，单位为勒克斯(lx)。

(3)光能的发光效能。光源的发光效能是指光源发出的光通量除以光源功率所得之商，简称光源的光效，单位为流明每瓦特(lm/W)。光源的光效越高，说明单位功率发出的光能越多，越节约照明用电。灯具效率是在相同的使用条件下，灯具发出的总光通量与灯具内所有光源发出的总光通量之比。灯具效率也称灯具光输出比。灯具效率越高，说明灯具发出的光能越多。

(4)照明功率密度。照明功率密度是指建筑的房间或场所，其单位面积的照明安装功率(包括光源、镇流器或变压器等附属用电器件)，单位为瓦/平方米(W/m^2)。节能工作从设计到最终实施都应有相应的节能评价指标。从目前已经制定实施的国内外标准来看，各国均采用照明功率密度[(Lighting Power Density, LPD)，单位为 W/m^2]，来评价建筑物照明节能的效果，并且规定了各类建筑的各种房间的照明功率密度限值。要求在照明设计中在满足作业面照明标准值的同时，通过选择高效节能的光源、灯具与照明电器，使房间的照明功率密度不超过限值。

根据《建筑照明设计标准》(GB 50034—2013)，部分建筑场所的照明功率密度值见表 10.1～表 10.3。

表 10.1 居住建筑每户照明功率密度值

房间或场所	照度标准值/lx	照明功率密度限值/(W·m⁻²)	
		现行值	目标值
起居室	100		
卧室	75		
餐厅	150	≤6.0	≤5.0
厨房	100		
卫生间	100		
职工宿舍	100	≤4.0	≤3.5
车库	30	≤2.0	≤1.8

表 10.2 办公建筑和其他类型建筑中具有办公用途场所照明功率密度值

房间或场所	照度标准值/lx	照明功率密度限值/(W·m⁻²)	
		现行值	目标值
普通办公室	300	≤9.0	≤8.0
高档办公室、设计室	500	≤15.0	≤13.5
会议室	300	≤9.0	≤8.0
服务大厅	300	≤11.0	≤10.0

表 10.3 商业建筑照明功率密度值

房间或场所	照度标准值/lx	照明功率密度限值/(W·m⁻²)	
		现行值	目标值
一般商店营业厅	300	≤10.0	≤9.0
高档商店营业厅	500	≤16.0	≤14.5
一般超市营业厅	300	≤11.0	≤10.0
高档超市营业厅	500	≤17.0	≤15.5
专卖店营业厅	300	≤11.0	≤10.0
仓储超市	300	≤11.0	≤10.0

10.2.3 照明节能的主要技术措施

照明节能的主要技术措施主要包括以下四个方面。

1. 选择优质高效的电光源

光源在照明系统节能中是一个非常重要的环节，生产推广优质高效光源是技术进步的趋势，工程中设计选用先进光源又是一个易于实现的步骤。

各类常用光源的电气参数见表 10.4。

表 10.4　各类常用电源的电气参数

光源种类	普通白炽灯	卤钨灯	直管荧光灯	紧凑型荧光灯	钠灯、汞灯	发光二极管(LED)
发光类型	热辐射	热辐射	低压放电	低压放电	高压放电	载流注入
发光效率/(lm·W^{-1})	6.5～19	19～20	60～94	40～85	65～130	50～150
显色指数 Ra	95～99	95～99	70～84	60～80	20～94	60～99
色温/K	2 800～3 200	3 200～3 600	3 800～6 500	3 800～6 500	2 200～6 600	3 600～11 000
启动时间	瞬时	瞬时	1～3 s	1～3 s	4～10 min	瞬时
再启动时间	瞬时	瞬时	瞬时	瞬时	10～20 min	瞬时
功率因数	1	1	0.35～0.7	0.45～0.7	0.44～0.8	—
平均寿命/h	1 000	1 500	4 000	3 500	6 000	10 000 以上
电压变化对光通的影响	大	大	较大	较大	较大	小
环境温度对光通的影响	小	小	大	大	较小	小
光源附件	无	无	镇流器	镇流器	镇流器、触发器	整流器

要尽量减少白炽灯的使用量，推广 LED 灯源的使用。由于白炽灯光效低、能耗大、寿命短，应尽量减少其使用量，在一些场所应禁止使用白炽灯，无特殊需要不应采用 150 W 以上大功率白炽灯。如需采用白炽灯，宜采用光效高些的双螺旋白炽灯、冲氮白炽灯、涂反射层白炽灯或小功率的高效卤钨灯。

在大型公共建筑照明、工业厂房照明、道路照明及室外景观照明工程中，推广使用高光效、长寿命的金属卤化物灯和高压钠灯。逐步减少高压汞灯的使用量，特别是不应随意使用自镇流高压汞灯。

目前，照明市场已普遍推广采用发光二极管 LED 等新型高效光源，而细管径荧光灯和紧凑型荧光灯依然在市场上有相当高的占有率，后者由于灯管废弃后有重金属污染问题正在逐步被 LED 灯淘汰。

LED (Light Emitting Diode)称为发光二极管，是一种固态的半导体器件，它可以直接把电能转化为光能。LED 的心脏是一个半导体的晶片，其特点如下：

(1)电压。LED可以使用低压电源，供电电压为6～24 V，根据产品不同而异，所以它比一般电光源更安全，特别适用于公共场所。

(2)效能。消耗能量较同光效的白炽灯减少80％。

(3)适用性。每个单元LED小片或光珠是3～5 mm的正方形或球形，所以可以制备成各种形状的器件，并且适合于易变的环境。

(4)稳定性。寿命可达10万小时，光衰为初始的50％。

(5)响应时间。白炽灯的响应时间为毫秒级，LED灯的响应时间为纳秒级。

(6)环保。无有害金属汞，对环境污染小。

(7)颜色。改变电流可以变色，发光二极管方便地通过化学修饰方法，调整材料的能带结构和带隙，实现红、黄、绿、蓝、橙多色发光。如小电流时为红色的LED，随着电流的增加，可以依次变为橙色、黄色，最后为绿色。

(8)价格。随着技术成熟和市场推广，目前LED的价格虽然仍比荧光灯价格高，但考虑寿命、光效、适用性等因素后，LED灯源的性价比优势非常高。

(9)驱动。LED使用低压直流电即可驱动，具有负载小、干扰弱的优点，对使用环境要求低。

(10)显色性高。LED的显色性高，显色指数可达到85以上，有利于保护视力。

2. 选择高效灯具及节能器件

灯具的效率会直接影响照明质量和能耗。在满足眩光限制要求下，照明设计中应多注意选择直接型灯具。其中，室内灯具效率不宜低于70％，室外灯具的效率不宜低于55％。要根据使用环境不同，采用控光合理的灯具，如多平面反光镜定向射灯、蝙蝠翼配光灯具、块板式高效灯具等。

选用灯具上应注意选用光通量维持率好的灯具，如涂二氧化硅保护膜、防尘密封式灯具，反射器采用真空镀铝工艺，反射板蒸镀银反射材料和光学多层膜反射材料。同时，应选用利用系数高的灯具。

在各种气体放电灯中，均需要电器配件(如镇流器等)。以前的T12荧光灯中使用的电感镇流器就要消耗将近20％的电能，而节能的电感镇流器的耗电量不到10％，电子镇流器耗电量则更低，只有2％～3％。由于电子镇流器工作在高频，与工作在工频的电感镇流器相比，需要的电感量就小得多。电子镇流器不仅耗能少，效率高，而且具有功率因数校正的功能，功率因数高。电子镇流器通常还增设有电流保护、温度保护等功能，在各种节能灯中应用非常广泛，节能效益显著。

3. 提高照明设计质量精度

能源高效的照明设计或具有能源意识的设计是实现建筑照明节能的关键环节，通过高质量的照明设计可以创造高效、舒适、节能的建筑照明空间。目前，我国建筑设计院主要承担建设项目的一般照明设计，这类照明设计主要包括一般空间照明供配电设计、普通灯具选型、灯具布置等工作。由于照明质量、照明艺术和环境不像供配电设计那样涉及建筑安全和使用寿命等需严肃对待的设计问题，故电气工程师考虑较少，这样就造成了照明设计中随意加大光源的功率和灯具的数量或选用非节能产品，产生能源浪费。一些专业公司承包大型厅堂、场馆及景观照明的设计，虽然比较好地考虑了照明艺术和环境，但由于自身力量不足或考虑的侧重不一样，有时候设计十分片面，出现了如照度不符合标准、照明配电不合理、光源和灯具选型不妥等现象。

要解决好上述问题，应加强专业照明设计队伍的业务建设，提高照明设计质量意识和能源意识。目前，国外照明设计已大量采用先进的专业照明设计模拟软件，保证照明设计的科学合理。如采用 BIM 建模软件进行辅助设计，BIM 技术可以辅助人工开展施工模拟实验与日照模拟、节能模拟等功能性实验，在照明设计方案与工程情况基础上展示建筑照明施工过程和特定情境下的照明使用情况，也可以在出现设计冲突等问题时提供协调数据，从而帮助设计人员提高设计质量的精度，从建筑照明的设计环节上实现能源的高效利用。

4. 采用智能化照明

智能化照明是智能技术与照明的结合，其目的是在大幅度提高照明质量的前提下，使建筑照明的时间与数量更加准确、节能和高效。智能化照明的组成包括智能照明灯具、调光控制及开关模块、照度及动静等智能传感器、计算机通信网络等单元。智能化的照明系统可实现全自动调光、更充分利用自然光、照度的一致性、智能变换光环境场景、运行中节能、延长光源寿命等功能。

适宜的照明控制方式和控制开关可达到节能的效果。控制方式上可根据场所照明要求，使用分区控制灯光。在灯具开启方式上，可充分利用天然光的照度变化，决定照明点亮的范围。还可使用定时开关、调光开关、光电自动控制开关等。公共场所照明、室外照明可采用集中控制、遥控管理方式或采用自动控光装置等。

10.2.4 眩光问题

眩光是指由于视野中的亮度分布或亮度范围的不适宜，或存在极端的对比，以致引起不舒适感或降低观察细部或目标的能力的视觉现象。

1. 眩光污染的分类

(1)按眩光污染对人的心理和生理的影响程度分类。

1)不舒适眩光。不舒适眩光是指在视野内使人们的眼睛感受不舒适的眩光，但并不一定降低视觉对象的可见度。这种眩光也称为心理眩光。

2)失能眩光。失能眩光就是在视野内使人们的视觉功能有所降低的眩光。这是一种会降低视觉对象的可见度，但不一定产生不舒适感觉的眩光。失能眩光对人们的眼睛的影响主要是可见度降低。

不舒适眩光、失能眩光这两种眩光效应有时分别出现，但经常同时存在。对室内环境来说，控制不舒适眩光更为重要。只要将不舒适眩光控制在允许限度以内，失能眩光也就自然消除了。

(2)按眩光污染形成的机理分类。

1)直接眩光。在视野中，特别是在靠近视野方向存在的发光体产生的眩光称为直接眩光污染。在建筑环境中常遇到大玻璃窗、发光天棚等大面积光源或小窗、小型灯具等小面积光源，当这些光源过亮时就会成为直接眩光的光源。一般将产生眩光的光源称为眩光光源。

2)干扰眩光。干扰眩光又称为间接眩光，当不在观看物体的方向存在发光体时，由该发光引起的眩光。杂散光也可来源于夜间通过直射或者反射进入住户内的照明的灯光。其光强可能超过人体夜晚休息时的范围，从而影响人的睡眠质量，导致神经失调引起头昏目眩、困倦乏力、精神不集中，影响正常工作。

3)反射眩光。由视野中的反射所引起的眩光，特别是在靠近视线方向看见反射像所产生的眩光。按反射次数形成眩光的机理，反射眩光可分为一次反射眩光、二次反射眩光和光幕反射。

①一次反射眩光。一次反射眩光是指较强的光线投射到被观看的物体上，由于目标物体的表面光滑产生反射而形成的镜面反射现象或漫射镜面反射现象。

②二次反射眩光。二次反射眩光是当人体本身或室内其他物体的亮度高于被观看物体的表

面亮度，而它们的反射形象又刚好进入人体视线内，这时人眼就会在画面上看到本人或物件的反射形象，从而无法看清目标物体。

③光幕反射。光幕反射是视觉对象的镜面反射，它使视觉对象的对比降低，以致部分或全部难以看清物体的细部。光幕反射是指在光环境中由于减少了亮度对比，以致本来呈现散反射的表面上，又附加了定向反射，于是遮蔽了要观看的物体细部的一部分或整个部分。光幕反射也称光帷眩光。

4) 对比眩光。让人们感到不舒适的原因不仅来自光刺激，环境亮度也起很大的作用。环境亮度与光源亮度之差越大，亮度对比就越大，对比眩光就越容易形成。因此，在视野中亮度不均匀，就会感到不舒适。由于环境亮度变暗或变亮，都会引起眼睛的适应性问题和心理问题，所以光环境中存在着过大的亮度对比就会形成对比眩光。亮度对比就是视野中目标和背景的亮度差与背景亮度之比。

2. 眩光的危害

室外的强光源使得人们在夜晚受其影响，难以入睡。室内眩光会影响视见度，给人以不舒适的感受。道路照明中的眩光，可能造成事故，产生交通隐患。因此，控制室内外眩光对人们的生活和健康是非常必要的。

3. 眩光的治理

(1)降低灯具的表面亮度，如采用磨砂玻璃、漫射玻璃或格栅。

(2)局部照明的灯具应采用不透明的反射罩，且灯具的遮光角不小于 30°，除利用灯具设置遮光角外，还可以利用建筑构件等起到遮光的作用。

遮光角又称保护角，是指光源发光体最外沿一点和灯具出光口边沿的连线与通过光源光中心的水平线之间的夹角，也即通过光源中心的水平线与刚刚看不见灯具内发光体的视线间的夹角，如图 10.6 所示。

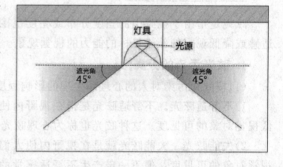

图 10.6　遮光角

(3)灯具的悬挂高度。眩光角与光源的安装高度密切相关，光源安装得越高，产生眩光的可能性就越小；从灯具和作业面的布置方面考虑，将灯具安装在工作位置的正前上方 40°以外区域，避免将灯具安装在干扰区内。

(4)合理的亮度分布。顶棚和墙的亮度对眩光的抑制有重要作用，如果顶棚的亮度过低，就会与光源的亮度形成较大的对比。为了提高顶棚和墙的亮度，可采用较高反射比的饰面材料，还可以采用半直接型光源或漫射型光源。

10.3　建筑照明智能控制系统

1. 定义

照明智能控制系统是根据某一区域的功能、每天不同的时间、室外光亮度或该区域的用途来自动控制照明。其中最重要的一点就是可进行预设，即具有将照明亮度转变为一系列设置的功能。这些设置也称为场景，可由调光器系统或中央建筑控制系统自动调用。照明智能控制系统分为独立式、特定于房间式或大型的联网系统。在联网系统中，调光设备安装在电器柜中，由传感器和控制面板组成的外部设备网络来操作。联网系统的优势是可从许多点来控制不同的房间或区域。联网系统还具有标准的串行端口，这样就可以更容易地集成到中央控制器中。这些接口通常是双向的，因此，中央控制器可以请求亮度变化然后确认操作。从照明系统得到的信息还可以用来确定电能消耗或在房间空着时模拟将来的实际场景。

2. 控制原理

照明智能控制系统是一个总线形式或局域网形式的智能控制系统。所有的单元器件（除电源外）均内置微处理器和存储单元，由信号总线（双绞线或光线等）连接成网络。每个单元均设置唯一的单元地址，通过软件设定其功能输出单元控制各回路负载。输入单元通过群组地址和输出组件建立对应联系，当有输入时，输入单元将其转变为总线信号在控制系统总线上广播，所有的输出单元接收并做出判断，控制相应回路输出。系统通过总线连接成网。

3. 系统组成

系统通常可以由调光模块、开关模块、控制面板、液晶显示触摸屏、智能传感器、编程插口、时间管理模块、手持式编程器和监控机（大型网络需网桥连接）等部件组成，如图10.7所示。

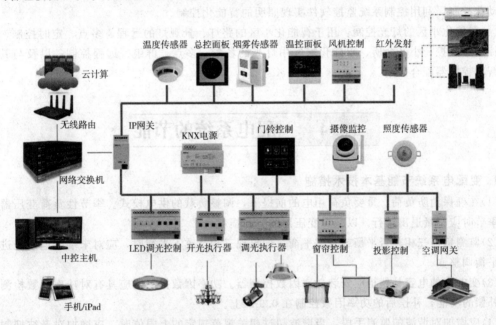

图 10.7 照明智能控制系统组成

(1)调光模块。调光模块的基本原理是由微处理器（CPU）控制可控硅的开启角大小，从而控制输出电压的平均幅值去调节光源的亮度。

(2)开关模块。开关模块的基本原理是由继电器输出节点控制电源的开关，从而控制光源的通断。

(3)输入模块。输入模块的基本原理是接受无源节点信号。

(4)控制面板。控制面板是供人直观操作控制灯光场景的部件，它由微处理器进行控制，可以通过编程完成各种不同的控制要求。微处理器识别输入键符，进行处理后向通信线上发出控制信息，去控制相应的调光模块或开关模块对光源进行调光控制或开关控制。

(5)传感器接口模块用于连接照度探测、存在探测、移动探测等传感器。

(6)网桥网络连接设备。

(7)时间管理模块。时钟能与控制系统RS485总线上所有设备互相接口，实现自动化任务和事件控制，它可用于能源管理控制器或仅用于为日/周预置时间选择场景。

(8)控制总线信号传输。

4. 应用范围

照明智能控制系统可对白炽灯、荧光灯、节能灯、石英灯、发光二极管(LED)等多种光源调光，对各种场合的灯光进行控制，满足各种环境对照明控制的要求。

(1)写字楼、学校、医院、工厂：利用控制系统时间控制功能使灯光自动控制，利用亮度传感器使光照度自动调节，节约能源。可进行中央监控并能与楼宇自控系统连接，修改照明布局时无须重新布线减少投资。

(2)剧院、会议室、俱乐部、夜总会：利用控制系统调光功能及场景开关可方便地转换多种灯光场景，实现多点控制。可通过系统总线控制空调、电扇、电动门窗、加热器、喇叭、蜂鸣器、闪灯等其他设备。

(3)体育场馆、市政工程、广场、公园、街道等室外公共场合照明：利用控制系统的群组控制功能可控制整个区域的灯光，无须考虑开关容量问题，利用亮度传感器、定时开关实现照明的自动化控制，利用控制系统监控软件实现照明的智能化控制。

(4)智能化小区的灯光控制：用于智能化小区的路灯、景观灯的远程、多点、定时控制，中央监控中心监控；小区会所、智能化家庭中灯光的场景、多点、群组、远程控制；以及与其他家庭智能控制器配合使用。

10.4　配电系统的节能

1. 变配电系统节能基本技术措施

(1)在确保消防负荷、重要负荷用电的前提下，调整负载的供电模式。季节性负荷变压器在过渡季节时应尽量退出运行，以减少变压器的空载损耗。

(2)监测负荷三相是否平衡或基本平衡，如出现三相严重不平衡时，应对末端配电系统进行相序平衡调整。

(3)变电室的电容补偿柜应安装功率因数控制器。功率因数控制器应具有对功率因数检测和自动补偿的功能，补偿后的功率因数控制在0.9以上。

(4)应增加对谐波的监测手段，当谐波超过相关规范规定的上限值时，应增加对谐波抑制的设备。

(5)做好变压器周围的通风散热处理，降低变压器的负载损耗，包括低损耗节能型变压器、降低线路损耗技术、三相平衡调整技术、无功补偿设备及技术等。

(6)根据用电性质、用电容量选择合理的供电电压和供电方式。正确选择和配置变压器容量、台数、运行方式，合理调整负荷，实现变压器经济运行，降低能耗损失。

(7)变电所的位置应尽量靠近负荷中心，减少变压级数，缩短供电半径。

(8)根据用电设备的共组状态，合理分配与平衡负荷，使用点均衡化。

2. 降低变压器损失的技术措施

(1)选用低损耗节能变压器。

(2)改善功率因数，提高供电能力。

(3)优化变压器运行方式。

(4)停用轻载变压器。

10.5 "光储直柔"建筑配电系统

在"双碳"目标指引下，未来的电力系统将转型成为以可再生能源为主体的零碳电力系统。"光储直柔"建筑配电系统可有效解决电力系统零碳化转型的两个关键问题，即增加分布式可再生能源发电的装机容量和有效消纳波动的可再生能源发电量。《国务院关于印发 2030 年前碳达峰行动方案的通知》中"城乡建设碳达峰行动"部分明确指出："提高建筑终端电气化水平，建设集光伏发电、储能、直流配电、柔性用电于一体的'光储直柔'建筑。""光储直柔"建筑配电系统将成为建筑及相关部门实现"双碳"目标的重要支撑技术。（本节内容主要参考《中国建筑节能年度发展研究报告 2022》）

10.5.1 "光储直柔"的定义及简介

"光储直柔"（Photovoltaics Energystorage Directcurrent and Flexibility，PEDF）是在建筑领域应用光伏发电、储能、直流配电和柔性用能四项技术的简称，如图 10.8 所示。

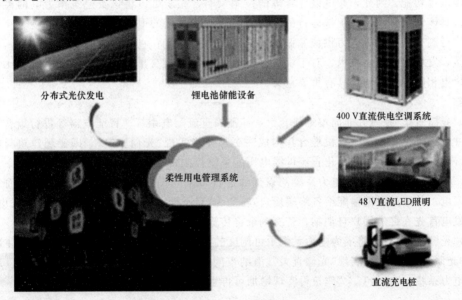

分布式光伏发电　　锂电池储能设备

400 V直流供电空调系统

柔性用电管理系统

48 V直流LED照明

直流充电桩

图 10.8 "光储直柔"四项技术的关系

该系统的内涵具体阐释如下：

（1）"光"指的是建筑中的分布式太阳能光伏发电设施。太阳能光伏发电受空间限制和资源条件限制较小，目前已成为可再生能源在建筑中利用的主要方式之一。这些设施可以固定在建筑周围区域、建筑外表面或直接成为建筑的构件，如光伏板、柔性太阳能薄膜、太阳能玻璃等。随着光伏组件和系统的成本不断降低，以及光伏组件色彩、质感和与建筑构件的结合形式越来越丰富，推广建筑分布式光伏已成为低碳建筑的必然选择。其他分布式发电设施（如分布式风力发电机等）如果可以与建筑进行有机结合，则同样可以作为"光储直柔"系统中的发电设备。目前，光伏发电的成本不断降低，我国光伏组件成本从 2010 年的约 13 元/Wp 降低到近年来的约 1.5 元/Wp。

（2）"储"指的是建筑中的储能设施，其广义上有多种形式。电化学储能是形式之一，且近年来技术发展最为迅速。电化学储能具有响应速度快、效率高及对安装维护的要求低等诸多优势，在目前建筑中应急电源、不间断电源等已普遍采用电化学储能。未来，随着电动车的普及，具有双向充放电功能的充电桩可把电动车作为建筑的移动储能使用。此外，建筑围护结构热惯性和生活热水的蓄能等也是建筑中可挖掘的储能资源。这些蕴藏在未来建筑中的储能资源对于电力的负荷迁移、对波动性可再生能源的消纳将发挥举足轻重的作用。

（3）"直"指的是建筑低压直流配电系统。随着建筑中电源、负载等各类设备的直流化程度越来越高，直流配电系统的优势在不断凸显。电源设备中的分布式光伏、储能电池等普遍输出直流电；用电设备中传统照明灯具正逐渐被 LED 灯替代，空调、冰箱、洗衣机、水泵等设备中的电机设备也在更多地采用直流变频技术；还有计算机、手机等各类电子设备均属于直流负载。上述各类直流设备可通过各自的 DC/DC 变换器连接至建筑的直流母线，直流母线可通过 AC/DC 变换器与外电网连接。建筑直流配电系统对于提高建筑的能源利用效率、实现能源系统的智能控制、提高供电可靠性、增加与电力系统的交互、提升用户使用的安全性和便捷性等方面均具有较大优势。

（4）"柔"指的是柔性用电，也是"光储直柔"系统的最终目的。随着建筑光伏、储能系统、智能电器等融入建筑直流配电系统，建筑将不再是传统意义上的用电负载，而将兼具发电、储能、调节、用电等功能。因此，通过设计合理的控制策略，完全可以将该类建筑作为电网柔性用电的节点。具体而言，在保证正常运行的前提下，建筑从电网的取电量可响应调度指令在较大的范围内进行调节。在外界电力供应紧张时，自动降低取电量；在外界电力供应充裕时，自动提高取电量。发展柔性用电技术，对于解决当下电力负荷峰值突出问题，以及未来与高比例可再生能源发电相匹配的问题均具有重要意义。

总结：

（1）"光储直柔"系统并非简单地将光伏、储能、直流配电系统、智能电器等进行组合，上述技术也并非独立存在，而是有机融合并构成一个整体来实现"光储直柔"，即实现建筑与电网之间的友好互动。因此，基于变化直流母线电压的系统控制策略是其中的关键。

（2）"光储直柔"系统将给电力系统的设计和运行带来巨大变革，即从传统的"自上而下"（集中电站发电，并通过电网输配给各终端用户）转变为"自下而上"（各终端用户自身具有发电能力，分布式发电首先在终端用户自消纳，若有剩余再传输至上一级电网）。

（3）"光储直柔"系统将成为电力系统中可调度的柔性用能节点。对于目前以火电为主的电力系统，"光储直柔"建筑可实现"光储直柔"（消纳夜间谷电，减少日间取电）；对于未来以风光电为主的电力系统，"光储直柔"建筑可实现增加可再生能源的利用率。

10.5.2 "光储直柔"的发展现状和趋势

1. "光"：更高的效率与更低的成本

在"光储直柔"系统中，光伏技术在建筑中的应用起步较早、规模最大。根据能源局的统计数据，分布式光伏的装机容量增长迅速，分布式光伏在 2022 年新增光伏并网容量中的占比达到 58%（集中式光伏电站占比 42%），从 2013 年到 2022 年累计装机容量从不到 500 万 kW 增长到 1.5 亿 kW，而且在"双碳"目标下光伏的装机容量有望加速增长。

光伏装机容量的爆发式增长得益于组件效率的持续提升和成本的持续降低。

电池片效率提高是光伏平价上网的主要因素：2020 年业内先进企业的 PERC 电池片效率已经突破 23% 大关，全行业平均转换效率为 22.8%，相比于 2019 年 22.3% 的平均效率提升了

0.5%。目前电池片环节存在多种技术，如 perc＋、topcon、HJT，每种新技术都将电池片效率拉向新的高度。电池片环节处于光伏产业链中的中游位置，是光伏产业链不可或缺的一环。电池片的转换效率大小直接影响了电池片功率的大小，也会间接影响下游组件功率和平准化度电成本(LCOE)的大小。所以，电池片的转换效率是光伏技术竞争的核心，这也使电池片环节成为实现降本增效最重要的一环。

在光伏发电成本方面，其相较于传统发电系统的经济性优势也在不断体现，这主要得益于光伏组件成本的不断降低。国际社会各类光伏组件的单位装机容量成本已从 2010 年前后的 2.5～3.5 美元/Wp 降低至近年来的 0.2～0.4 美元/Wp，我国光伏组件成本更是从 2010 年前后的约 13 元/Wp 降低至近年来的约 1.5 元/Wp。对于光伏系统，2018 年地面光伏电站在 1 200 等效利用小时数下的平准化度电成本已经达到了 0.46 元，预计到 2025 年将会降到 0.35 元左右，逐渐具备与煤电竞争的能力。对于分布式光伏，由于节省了土地租赁等一系列投资维护费用，经济性更加优越，其 2018 年地面光伏电站在 1 200 等效利用小时数下的平准化度电成本已经达到了 0.4 元，预计到 2025 年将会接近 0.3 元。再考虑到分布式光伏所发电量可以优先就近使用，对电网降损和支撑有重要作用。

建筑分布式光伏与建筑设计、施工同时进行，或者安装在既有建筑屋面上，可以节省土地租赁等一系列建设维护费用，相较集中式光伏电站，其更具经济优势。技术迭代和规模化应用又会使光伏的组件效率和经济性进一步提高。未来光伏会成为建筑的重要组成部分，兼具绿色、经济、节能、时尚等优势。

2."储"："硬技术"与"软模式"结合

有效、安全、经济的储能方式(尤其是储电方式)对于可再生能源的高效利用来说至关重要。各种储能方式有其各自的技术特性和相关资源储备的限制，目前尚不存在一种单一技术路径可以满足所有储能需求。与电网级储能相比，和建筑等用电终端结合的分布式储能方式(如"光储直柔"系统)，在提高可再生能源利用率、降低输配电系统容量要求、提高电网安全性等方面具有较大优势。为了应对巨大的分布式储能需求，应该从"硬性"的储能技术和"软性"的储能模式两方面共同着手，提出适用于不同应用场景的储能解决方案。

在储能"硬技术"方面，近年来的科学研究和工程产品主要集中在电化学储能方式，尤其是聚焦蓄电池的新材料与电池管理系统，以提升其储能密度和安全性。其中，应用于建筑层面的蓄电池技术目前还处于初期发展阶段。可用于建筑储能的蓄电池主要包括锂离子电池、铅酸电池、镍镉电池等。其中，铅酸电池在过去几十年中应用广泛，但由于其放电深度受到限制、循环次数相对较低且存在环境污染等问题，近年来逐渐正被锂离子电池所替代，尤其面对频繁充放电切换的调峰需求。三元锂电池的高能量密度优势，磷酸铁锂电池的经济性优势，钛酸锂电池近万次的循环寿命优势都为建筑场景各式各样的储能需求提供多样化选择。此外，储能电池技术也呈现出成本降低和收益增加的趋势，这将为大规模使用电化学储能作为建筑层面的储能方式提供推动力。例如，目前磷酸铁锂电池的初投资价格已经低于 1.5 元/(W·h)，考虑使用寿命和效率后的单位度电储存成本已经低于 0.7 元/(kW·h)。目前，很多城市的电力峰谷差已经高于 0.8 元/(kW·h)，特别是随着灵活性资源逐渐稀缺，未来电价峰谷差逐渐拉大，电池储能的收益会逐渐增加。当然，建筑储能技术并非储能电池技术的简单移植，而必须与建筑这类使用场景的特点结合，如需要特别关注电池的热安全问题。目前，最为普遍的锂离子电池对工作的温度区间有较高要求，以此来保证电池性能、安全性和循环寿命。北京市颁布的《用户侧储能系统建设运行规范》中要求将环境温度控制在 0～45 ℃。因此，如何将电池布置与建筑设计结合来保证电池安全散热，如何合理管理电池来匹配建筑负荷特性，这些都是储能电池应用于建筑场景所必须解决的关键问题。

此外，上述储能"硬技术"的创新无疑是具有挑战性的任务，在工程应用之前需要进行长期研究，具有较大不确定性。除这些"硬技术"外，针对现有技术的模式创新（即"软模式"）极有可能为应对当前迫切的储能需求提供实用、经济的解决方案。如调动电动汽车的储能电池与电网或建筑进行能源互动（即 V2G/V2B）实现电力储存、通过空调末端充分利用建筑物自身的热容实现冷热量储存（如热活化建筑系统 TABS）、通过大地的热惯性实现冷热量储存（如地源热泵）等。而用户的行为模式和接受程度将会在很大程度上影响上述"软模式"的储能能力。因此，系统运行策略和控制方法是这些"软模式"在大面积推广过程中的关键问题。

3. "直"：更成熟的低压直流配电系统（智能电器与配电设备）

直流配电技术同样是建筑场景的新技术，尤其在近年来发展势头迅猛。早在 21 世纪初就有学者认识到可再生能源和电器直流化的发展趋势，提出了将直流微网应用于建筑场景。目前，建筑低压直流配电技术在国内外已有大量的研究和应用，其相较于传统交流建筑配电系统的技术经济性优势也在逐渐体现。据不完全统计，国内外建成运行的采用低压直流配电系统的建筑已有不少，涵盖了办公、校园、住宅、厂房等众多建筑类型，配电容量在 10～400 kW。在早期的项目中，直流电器/设备种类比较局限（以 LED 照明为主），使用功能也比较单一，其主要是在示范低压直流配电系统在建筑中应用的可行性。随着直流配电技术发展和直流电器的丰富，综合性的示范项目逐步涌现，如于 2019 年年底投入使用的深圳建科院未来大厦 R3 办公模块（建筑面积超过 5 000 m²，配电系统容量 400 kW）。未来，成熟的建筑级低压直流配电技术将进一步提高"光储直柔"系统的可靠性和技术经济性。

4. "柔"：柔性用能的量化指标与激励机制

柔性用能是"光储直柔"系统的主要目的，需要通过"光""储""直"三方面的技术集成来实现。柔性建筑的概念是由国际能源署 IEAEBCAnnex67 课题（2014—2020 年）系统提出：在满足正常使用的条件下，通过各类技术使建筑对外界能源的需求量具有弹性，以应对大量可再生能源供给带来的不确定性。柔性建筑实现的"用电负荷可控"这一特征对于电网的运行调节具有重大意义，因为从电网角度出发来准确估计需求侧的用能柔性往往非常困难，但这对电网的安全、稳定、高效运行意义重大。为了鼓励建筑柔性用能技术的发展，多省市已经出台需求侧响应补偿政策及示范，包括江苏、浙江、上海、广东等。以广东省为例，2020 年 11 月广东能源局、南方能监局印发《关于征求〈广东电力市场容量补偿管理办法（试行，征求意见稿）〉等文件意见的函》，指出用户侧储能、电动汽车、充电桩等其他具备负荷调节能力的资源可以作为市场主体参与，起步阶段独立储能和发电侧储能暂不纳入市场交易范围。要求市场主体响应能力不低于 1 MW；需求响应时长不低于 1 h。削峰响应补偿价格为 0～4 500 元/(MW·h)，填谷响应价格为 0～120 元/(MW·h)。未来如果需求侧响应的补偿额度提高，又或者可以通过参与电力市场辅助服务等途径获得额外经济收益，将会刺激建筑柔性用能技术的大范围应用。

从技术角度上看，传统的柔性建筑往往依赖于物联通信网络和能量管理系统，即需要一套中央控制系统通过通信来实现能量调度管理。这样的方式在很大程度上增加了柔性建筑的系统复杂度，限制了系统的适应性、可扩展性和供电安全性。但是在"光储直柔"建筑中，柔性用电的实现方式更加简单、经济、可靠。其直流母线电压可以在较大范围的电压带内变化，而不采用传统直流微网的"恒定直流母线电压"策略。主要通过 AC/DC 控制母线电压，以母线电压为信号引导各末端设备进行功率调节，这样的系统形式有利于适应复杂多样的建筑终端设备和用户需求。

从技术角度上看，传统的柔性建筑往往依赖于物联通信网络和能量管理系统，即需要一套中央控制系统通过通信来实现能量调度管理。这样的方式在很大程度上增加了柔性建筑的系统复杂度，限制了系统的适应性、可扩展性和供电安全性。但是在"光储直柔"建筑中，柔性用电的实现方式更加简单、经济、可靠。其直流母线电压可以在较大范围的电压带内变化，而不采用传统直流微网的"恒定直流母线电压"策略。主要通过 AC/DC 控制母线电压，以母线电压为信号引导各末端设备进行功率调节。这样的系统形式有利于适应复杂多样的建筑终端设备和用户需求。虽然已有实现用能柔性的技术方案，目前仍然缺乏一套通用的定义方法来量化建筑用能的柔性，因此从电网角度也难以给出科学有效的建筑柔性用能激励机制。从最大化可再生能源利用的角度来看，最有利于电网的用电负荷应该与电网的可再生能源发电完全匹配。因此，"光储直柔"建筑的用能柔性可以通过建筑用电曲线和可再生能源发电曲线之间的不匹配度来给出。进一步而言，需要开展更深入的研究来揭示"光储直柔"系统中的各组成部分(即光伏、储能技术/模式、智能直流电器等)对建筑用能柔性的影响，从而给出最大化柔性的技术指导方案。基于此，上述柔性指标可以支撑电网提出合理的电价激励机制，来最大程度鼓励终端用户配合电网进行友好响应。

思 考 题

1. 如何做好自然采光？
2. 简述光通量、照度、发光效能、功率密度的含义。
3. 做好照明节能有哪些技术措施？
4. 从网络和灯具市场查找目前家庭和公共建筑使用的主流电光源是哪些？LED 灯有哪些优点？在工程实践应用中是否存在问题？若有，存在哪些问题？
5. 如何解决室内照明的眩光现象？
6. 简述"光储直柔"的含义，查阅资料，收集目前国内外应用"光储直柔"的相关案例及运行情况。

项目 11 太阳能建筑节能技术

◉ 知识目标

1. 掌握主动式太阳能建筑技术要求。
2. 掌握被动式太阳能建筑技术要求。

◉ 能力目标

能够结合相关规范、标准要求对太阳能建筑进行评价。

◉ 素质目标

培养认真负责的工作态度、严谨细致的工作作风、一丝不苟的工匠精神和劳动风尚,凸显"精细意识""责任意识"。

◉ 思政引领

中国建筑科学研究院完成了我国第一栋近零能耗办公楼。

视频:近零能耗
示范楼宣传片

太阳能是最重要的基本能源,生物质能、风能、潮汐能、水能等都来自太阳能,太阳内部进行着由氢聚变成氦的原子核反应,其不停地释放出巨大的能量,不断地向宇宙空间辐射能量,这就是太阳能。太阳内部的这种核聚变反应可以维持很长时间,据估计约有几十亿至几百亿年,相对于人类的有限生存时间而言,太阳能可以说是取之不尽、用之不竭的。

11.1　太阳能概述

11.1.1　太阳辐射

太阳辐射热是地表大气热过程的主要能源,也是对建筑物影响较大的一个参数。日照和遮阳是建筑设计中最关键的因素,这都是针对太阳辐射的。特别是太阳能建筑的设计,必须仔细考虑可作为能源使用的太阳辐射热。

当太阳的射线到达大气层时,其中一部分能量被大气中的臭氧、水蒸气、二氧化碳和尘埃等吸收;另一部分被云层中的尘埃、冰晶、微小水珠及各种气体分子等反射或折射而形成漫向反射,这一部分辐射能中的一部分返回到宇宙中去,一部分到达地面。把改变了原来方向而到达地面的这部分太阳辐射称为"散射辐射",其余未被吸收和散射的太阳辐射能仍按原来的方向,透过大气层直达地面,故称此部分为"直射辐射"。直射辐射与散射辐射之和称为"总辐射"。

11.1.2 我国太阳能资源情况

1. 我国太阳能资源分布特点

我国太阳能资源分布的主要特点是：太阳能的高值中心和低值中心都处于北纬 22°～35° 这一带，青藏高原是高值中心，四川盆地是低值中心；太阳年辐射总量，西部地区高于东部地区，而且除西藏和新疆两个自治区外，基本上是南部低于北部；由于南方多数地区云多、雨多，处于北纬 30°～40° 地区，太阳能的分布情况与一般的太阳能随纬度而变化的规律相反，太阳能不是随着纬度的增加而减少，而是随着纬度的升高而增长。

2. 我国太阳能资源分区

为了按照各地不同条件更好地利用太阳能，我国气象局根据各地接受太阳总辐射量的多少，将全国划分为四类太阳能资源地区。

知识拓展：我国太阳能资源分区

(1)最丰富地区。全年日照时数为 3 200～3 300 h。在每平方米面积上一年内接受的太阳辐射总量大于 6 300 MJ，相当于 225～285 kg 标准煤燃烧所发出的热量。主要包括内蒙古额济纳旗以西、甘肃酒泉以西、青海 100°E 以西大部分地区、西藏 94°E 以西大部分地区、新疆东部边缘地区、四川甘孜部分地区等地，是中国太阳能资源最富有的地区，约占国土面积的 22.8%。尤以西藏西部的太阳能资源最为丰富，全年日照时数达 2 900～3 400 h，年辐射总量高达 7 000～8 000 MJ/m²，仅次于撒哈拉沙漠，居世界第二位。

(2)很丰富地区。全年日照时数为 3 000～3 200 h。在每平方米面积上一年内接受的太阳辐射总量为 5 040～6 300 MJ，相当于 200～225 kg 标准煤燃烧所发出的热量。主要包括新疆大部、内蒙古额济纳旗以东大部、黑龙江西部、吉林西部、辽宁西部、河北大部、北京、天津、山东东部、山西大部、陕西北部、宁夏、甘肃酒泉以东大部、青海东部边缘、西藏 94°E 以东、四川中西部、云南大部、海南等地，为中国太阳能资源较丰富区，约占国土面积的 44%。

(3)丰富地区。全年日照时数为 2 200～3 000 h。在每平方米面积上一年内接受的太阳辐射总量为 3 780～5 040 MJ，相当于 170～200 kg 标准煤燃烧所发出的热量。主要包括内蒙古 50°N 以北、黑龙江大部、吉林中东部、辽宁中东部、山东中西部、山西南部、陕西中南部、甘肃东部边缘、四川中部、云南东部边缘、贵州南部、湖南大部、湖北大部、广西、广东、福建、江西、浙江、安徽、江苏、河南等地，为中国太阳能资源的丰富地区，约占国土面积的 29.8%。

(4)一般地区。全年日照时数为 1 400～2 200 h。在每平方米面积上一年内接受的太阳辐射总量小于 3 780 MJ，相当于 140～170 kg 标准煤燃烧所发出的热量。主要包括四川东部、重庆大部、贵州中北部、湖北 110°E 以西、湖南西北部等地，是中国太阳能资源较差地区，约占国土面积的 3.3%。

可以看到，我国太阳能资源最丰富地区和丰富地区的面积较大，约占全国总面积的 2/3 以上，具有利用太阳能的良好条件。其他两个地区虽然太阳能资源条件较差，但是也有一定的利用价值，其中有的地方是有可能开发利用的。总之，从全世界来看，我国是太阳能资源相当丰富的国家，具有发展太阳能利用事业得天独厚的优越条件，太阳能利用事业在我国是有着广阔的发展前景的。

11.2 太阳能建筑分类

11.2.1 主动式太阳能建筑

主动式太阳能建筑利用集热器、蓄热器、管道、风机及泵等设备来收集、蓄存及输配太阳能，系统中的各部分均可控制而达到需要的室温。空气系统主动式太阳能采暖是由太阳能集热器加热空气直接被用来供暖，要求热源的温度比较低，在50 ℃左右，集热器具有较高的效率。

因为太阳辐射受天气影响很大，为保证室内能稳定供暖，因此对比较大的住宅和办公楼通常还需配备辅助热水锅炉。来自太阳能集热器的热水先送至蓄热槽中，再经三通阀将蓄热槽和锅炉的热水混合，然后送到室内暖风机组给房间供热(图11.1)。这种太阳房可全年供热水。除上述热水集热、热水供暖的主动式太阳房外，还有热水集热、热风供暖太阳房及热风集热、热风供暖太阳房。前者的特点是热水集热后，再用热水加热空气，然后向各房间送暖风；后者采用的就是太阳能空气集热器。热风供暖的缺点是送风机噪声大，功率消耗高。

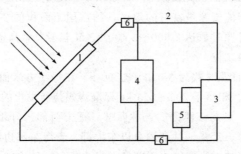

图 11.1　主动式太阳能采暖系统图
1—太阳能集热器；2—供热管道；3—散热设备；4—贮热器；5—辅助热源；6—风机或泵

一般来说，主动式太阳能建筑能够较好地满足住户的生活要求，可以保证室内采暖和供热水的要求，甚至可以达到制冷空调的目的。但设备投资高，需要消耗辅助能源，而且所有的热水集热系统都需要有防冻措施，这些都造成主动式太阳能建筑目前在我国难以推广应用。主动式太阳能建筑是通过高效集热装置来收集获取太阳能，然后由热媒将热量送入建筑物内的建筑形式。它对太阳能的利用效率高，不仅可以供暖、供热水，还可以供冷，而且室内温度稳定舒适，日波动小，在发达国家应用非常广泛。但因为它存在着设备复杂、前期投资偏高、阴天有云期间集热效率严重下降等缺点，在我国长期未能得到推广。

风机驱动空气在集热器与储热器之间不断的循环。将集热器所吸收的太阳能热量通过空气传送到储热器存放起来，或者直接送往建筑物。风机的作用是驱动建筑物内空气的循环，建筑物内冷空气通过它输送到储热器中与储热介质进行热交换，加热空气并送往建筑物进行采暖。若空气温度太低，需使用辅助加热装置。另外，也可以让建筑物中的冷空气不通过储热器，而直接通过集热器加热以后，送入建筑物内。

集热器是太阳能采暖的关键部件。应用空气作为集热介质时，首先，需有一个能通过容积流量较大的结构。空气的容积比热较小，而水的容积比热较大。其次，空气与集热器中吸热板的换热系数，要比水与吸热板的换热系数小得多。因此，集热器的体积和传热面积都要求很大。

当集热介质为空气时,储热器一般使用砾石固定床,砾石堆有巨大的表面积及曲折的缝隙。当热空气流通时,砾石堆就储存了由热空气所放出的热量。通入冷空气就能把储存的热量带走。这种直接换热器具有换热面积大、空气流通阻力小及换热效率高的特点,而且对容器的密封要求不高,镀锌铁板制成的大桶、地下室、水泥涵管等都适合于装砾石。砾石的粒径以 2~2.5 mm 较为理想,用卵石更为合适。但装进容器以前,必须仔细洗刷干净,否则灰尘会随暖空气进入建筑物内。这里砾石固定床既是储热器又是换热器,因而降低了系统的造价。

这种系统的优点是集热器不会出现冻坏和过热情况,可直接用于热风采暖,控制使用方便;缺点是所需集热器面积大。

11.2.2　被动式太阳能建筑

被动式采暖设计是通过建筑朝向和周围环境的合理分布、内部空间和外部形体的巧妙处理,以及建筑材料和结构构造的恰当选择,使其在冬季能集取、保持、储存、分布太阳热能,从而解决建筑物的采暖问题。被动式太阳能建筑设计的基本思想是控制阳光和空气在恰当的时间进入建筑并储存和分配热空气。其设计原则是要有有效的绝热外壳,有足够大的集热表面,室内布置尽可能多的储热体,以及主次房间的平面位置合理。

被动式设计应用范围广、造价低,可以在增加少许或几乎不增加投资的情况下完成,在中小型建筑或住宅中最为常见。美国能源部指出被动式太阳能建筑的能耗比常规建筑的能耗低47%,比相对较旧的常规建筑低 60%。但是,该项设计更适合新建项目或大型改建项目,因为整个被动式系统是建筑系统中的一个部分,应该与整个建筑设计完全融合在一起,并且在方案初期进行整合设计将会得到经济、美观等多方面收益。我国青海省刚察县泉吉邮电所是一座早期试建的被动式太阳房,一直使用很好。当地海拔 3 301 m,冬季采暖期长达 7 个月,最冷时气温低到 −22~−15 ℃。在不使用辅助能源的情况下,太阳房内的温度一般可维持 10 ℃以上。该房于 1979 年建成时,造价比当地普通房屋略高,但每年能节省大量采暖用煤,经济上是合算的,并且舒适度远远超过该地区同类普通建筑。

被动式太阳房的形式有多种,分类方法也不一样。就基本类型而言,目前有两种分类方式:一种是按传热过程分类,另一种是按集热形式分类。

(1)按照传热过程的区别,被动式太阳房可分为两类:

1)直接受益式,指阳光透过窗户直接进入采暖房间。

2)间接受益式,指阳光不直接进入采暖房间,而是首先照射在集热部件上,通过导热或空气循环将太阳能送入室内。

(2)按照集热形式的基本类型,被动式太阳房可分为五类,即直接受益式、集热蓄热墙式、附加阳光间式、蓄热屋顶池式、对流环路式。

11.3　主动式太阳能建筑技术

11.3.1　太阳墙采暖新风技术

1. 太阳墙系统的组成和工作原理

太阳墙系统由集热和气流输送两部分系统组成,房间是储热器。集热系统包括垂直墙板、遮雨板和支撑框架。气流输送系统包括风机和管道。太阳墙板材覆于建筑外墙的外侧，上面开有小孔，与墙体的间距由计算决定，一般在 200 mm 左右，形成的空腔与建筑内部通风系统的管道相连，管道中设置风机，用于抽取空腔内的空气(图 11.2)。

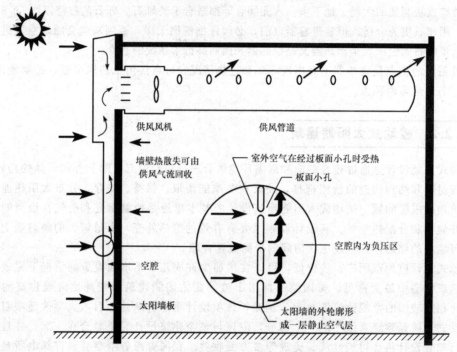

供风风机　　　　供风管道

墙壁热散失可由供风气流回收

室外空气在经过板面小孔时受热

板面小孔

空腔内为负压区

空腔

太阳墙板

太阳墙的外轮廓形成一层静止空气层

图 11.2　太阳墙系统工作原理

冲压成型的太阳墙板在太阳辐射作用下升到较高温度。同时，太阳墙与墙体之间的空气间层在风机作用下形成负压，室外冷空气在负压作用下通过太阳墙板上的孔洞进入空气间层，同时被加热，在上升过程中再不断被太阳墙板加热，到达太阳墙顶部的热空气被风机通过管道系统送至房间。与传统意义上的集热蓄热墙等方式不同的是，太阳墙对空气的加热主要是在空气通过墙板表面的孔缝的时候，而不是空气在间层中上升的阶段。太阳墙板外表面为深色(吸收太阳辐射热)，内表面为浅色(减少热损失)。在冬季天气晴朗时，太阳墙可以把空气温度提高 30 ℃左右。夜晚，墙体向外散失的热量被空腔内的空气吸收，在风扇运转的情况下被重新带回室内。这样既保持了新风量，又补充了热量，使墙体起到了热交换器的作用。夏季，风扇停止运转，室外热空气可从太阳墙板底部及孔洞进入，从上部和周围的孔洞流出，热量不会进入室内，因此不需特别设置排气装置。

太阳墙板材是由厚度为 1～2 mm 的镀锌钢板或铝板构成，外侧涂层具有强烈吸收太阳热、阻挡紫外线的良好功能，一般是黑色或深棕色。为了建筑美观或色彩协调，其他颜色也可以使用，主要的集热板用深色，装饰遮板或顶部的饰带用补充色。为空气流动及加热需要，板材上打有孔洞，孔洞的大小、间距和数量应根据建筑物的使用功能与特点、所在地区纬度、太阳能资源、辐射热量进行计算和试验确定，能平衡通过孔洞流入的空气量和被送入距离最近的风扇的空气量，以保证气流持续稳定均匀，以及空气通过孔洞获得最多的热量。不希望有空气渗透的地方，如接近顶部处，可使用无孔的同种板材及密封条。板材由钢框架支撑，用自攻螺栓固定在建筑外墙上。

应根据建筑设计要求来确定所需的新风量，尽量使新风全部经过太阳墙板；如果不确定新风量的大小，则应以最大尺寸设计南向可利用墙面及墙窗比例，达到预热空气的良好效果。一般情况下，每平方米的太阳墙空气流量可达到 22～44 m³/h。

风扇的个数需要根据建筑面积计算决定。风扇由建筑内供电系统或屋面安装的太阳能光电板提供电能，根据气温，智能或人工控制运转。屋面的通风管道要做好保温和防水。

太阳墙理想的安装方位是南向及南偏东西 20°以内，也可以考虑在东西墙面上安装。坡屋顶也是设置太阳墙的理想位置，它可以方便地与屋顶的送风系统联系起来。

2. 太阳墙系统的运行与控制

只依靠太阳墙系统采暖的建筑，在太阳墙顶部和典型房间各安装一个温度传感器。

冬季工况：以太阳墙顶部传感器的设定温度为风机启动温度（即设定送风温度），房间设定温度为风机关闭温度（即设定室温），当太阳墙内空气温度达到设定温度，风机启动向室内送风；当室内温度达到设定室内温度后或者太阳墙内空气温度低于设定送风温度时，风机关闭停止送风，当室内温度低于设定室温或送风温度高于设定送风温度时风机启动继续送风。

夏季工况：当太阳墙中的空气温度低于传感器设定温度时，风机启动向室内送风；室温低于设定室温或室外温度高于设定送风温度时风机停止工作，当室温高于设定室温同时室外温度低于太阳墙顶部传感器设定温度时风机启动继续送风。

当太阳墙系统与其他采暖系统结合，同时为房间供热时，除在太阳墙顶部和典型房间中安装温度传感器外，在其他采暖系统上也设装温控装置（如在热水散热器上安装温控阀）。太阳墙提供热量不够的部分由其他采暖系统补足。也可以采用定时器控制，每天在预定时段将热（冷）空气送入室内。

3. 太阳墙系统的特点

太阳墙使用多孔波形金属板集热，并与风机结合，与用传统的被动式玻璃集热的作法相比，有自己独到的优势和特点。

(1)热效率高。研究表明，与依靠玻璃来收集热量的太阳能集热器相比，该种太阳能集热系统效率更高。因为玻璃会反射掉大约 15％的入射光，削减了能量的吸收，而用多孔金属板能捕获可利用太阳能的 80％，每年每平方米的太阳墙能得到 2 GJ(2×10^9 J)的热量。另外，根据房间不同用途，确定集热面积和角度，可达到不同的预热温度，晴天时能把空气预热到 30 ℃以上，阴天时能吸收漫射光所产生的热量。

(2)良好的新风系统。目前，对于很多密闭良好的建筑来说，冬季获取新风和保持室内适宜温度很难兼得。而太阳墙可以把预热的新鲜空气通过通风系统送入室内，合理通风与采暖有机结合，通风换气不受外界环境影响，气流宜人，有效提高了室内空气质量，保持室内环境舒适，有利于使用者身体健康，与传统的特朗勃墙（Trombe，室内空气多次循环加热）相比，这也是优势所在。

太阳墙系统与通风系统结合，不但可以通过风机和气阀控制新风流量、流速及温度，还可以利用管道把加热的空气输送到任何位置的房间。如此一来，不仅南向房间能利用太阳能采暖，北向房间同样能享受到太阳的温暖，更好地满足了建筑取暖的需要，这是太阳墙系统的独到之处。

(3)经济效益好。该系统使用金属薄板集热，与建筑外墙合二为一，造价低。与传统燃料相比，每平方米集热墙每年减少采暖费用 80～200 美元。另外，还能减少建筑运行费用、降低对环境的污染，经济效益很好。太阳墙集热器回收成本的周期在旧建筑改造工程中为 6～7 年，而在新建建筑中仅为 3 年或更短时间，而且使用中不需要维护。

(4)应用范围广泛。因为太阳墙设计方便，作为外墙，美观耐用，所以应用范围广泛，可用于任何需要辅助采暖、通风或补充新鲜空气的建筑，建筑类型包括工业、商业、居住、办公、学校、军用建筑及仓库等，还可以用来烘干农产品，避免其在室外晾晒时因雨水或昆虫咬食而损失。另外，该系统安装简便，能安装在任何不燃墙体的外侧及墙体现有开口的周围，便于旧建筑改造。

4. 太阳墙系统的应用实例

位于美国科罗拉多州丹佛市的联邦特快专递配送中心(FedEx)，因工作需要，有大量卡车穿梭其中，所以建筑对通风要求很高。在选择太阳能集热系统时，中心在南墙上安装了 465 m² 铝质太阳墙板，太阳墙所提供的预热空气的流量达到 76 500 m³/h。这些热空气通过 3 个 5 马力的风机进入 200 m 长的管道，然后分配到建筑的各个房间。该系统每年可节省大约 7 万 m³ 天然气，节约资金 12 000 美元。另外，红色的太阳墙与建筑其他立面上的红色色带相呼应，整体外观和谐、美观(图 11.3)。

在生产过程中补充被消耗的气体是工业设备的一个重要需求。加拿大多伦多市 ECG 汽车修理厂的设备需要大量新鲜空气来驱散修理汽车时产生的烟气。该厂使用了太阳能加热空气系统，在获得所需新鲜空气的同时也节省了费用。ECG 的太阳墙通风加热系统从 1999 年 1 月开始运行。公司的评估报告表明该系统使公司每年天然气的使用量减少 11 000 m³，相当于至少减少 20 t 二氧化碳的排放量，运行第一年就为公司节省了 5 000～6 000 美元。

图 11.3　美国丹佛市联邦特快专递配送中心

11.3.2　太阳能热水辐射采暖

太阳能热水辐射采暖的热媒是温度为 30～60 ℃的低温热水，这就使利用太阳能作为热源成为可能。按照使用部位的不同，可分为太阳能天棚辐射采暖、太阳能地板辐射采暖等几类，本节仅介绍目前使用较为普遍的太阳能地板辐射采暖。

1. 太阳能地板辐射采暖的特点

传统的供热方式主要是散热器采暖，即将暖气片布置在建筑物的内墙上，这种供暖方式存在以下几方面的不足：

(1)影响居住环境的美观程度，减少了室内空间。

（2）房间内的温度分布不均匀。靠近暖气片的地方温度高，远离暖气片的地方温度低。

（3）供热效率低下。

（4）散热器采暖的主要散热方式是对流，这种方式容易造成室内环境的二次污染，不利于营造一个健康的居住环境。

（5）在竖直方向上，房间内的温度分布与人体需要的温度分布不一致，使人产生头暖脚凉的不舒适感觉。

与传统采暖方式相比，太阳能地板辐射采暖技术主要具有以下几方面的优点，如图 11.4 所示。

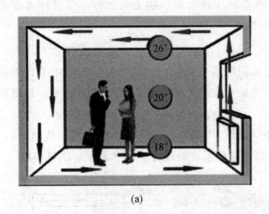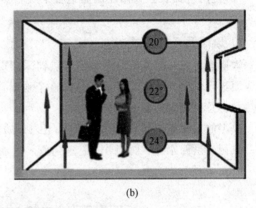

（a）　　　　　　　　　　　　　　　　（b）

图 11.4　传统采暖方式与太阳能地板辐射采暖室内温度分布对比

(a)传统采暖；(b)太阳能地板辐射采暖

（1）降低室内设计温度。影响人体舒适度的因素之一为室内平均辐射温度。当采用太阳能地板辐射采暖时，由于室内围护结构内表面温度的提高，所以其平均辐射温度也要加大，一般室内平均辐射温度比室温高 2～3 ℃。因此要得到与传统采暖方式同样的舒适效果，室内设计温度值可降低 2～3 ℃。

（2）舒适性好。以地板为散热面，在向人体和周围空气辐射换热的同时，还向四周的家具及外围护结构内表面辐射换热，使壁面温度升高，减少了四周表面对人体的冷辐射。由于具有辐射强度和温度的双重作用，使室温比较稳定，温度梯度小，形成真正符合人体散热要求的热环境，给人以脚暖头凉的舒适感，可使脑力劳动者的工作效率提高。

（3）适用范围广。解决了大跨度和矮窗式建筑物的采暖需求，尤其适用于饭店、展览馆、商场、娱乐场所等公共建筑，以及对采暖有特殊要求的厂房、医院、机场和畜牧场等。

（4）可实现分户计量。目前，我国采暖收费基本上是采用按采暖面积计费的方法。这种计费方法存在很多弊端，导致能源的极大浪费。最合理的计费方法应该是按用户实际用热量来核算。要采用这种计费方法，就必须进行单户热计量，而进行单户热计量的前提是每个用户的采暖系统必须能够单独进行控制，这点对于常规的散热器采暖方式来说是不容易做到的(必须经过复杂的系统改造)。而太阳能地板辐射采暖一般采用双管系统，以保证每组盘管供水温度基本相同。采用分、集水器与管路连接，在分水器前设置热量控制计量装置，可以实现分户控制和热计量收费。

（5）卫生条件好。室内空气流速较小，平均为 0.15 m/s，可减少灰尘飞扬，减少墙壁面或空气的污染，消除了普通散热器积尘面挥发的异味。

(6) 高效节能。供水温度为 30～60 ℃，使得利用太阳能成为可能，节约常规能源。如前所述，室内设计温度值可降低 2～3 ℃。根据有关资料介绍，室内温度每降低 1 ℃可节约燃料 10 %左右，因此太阳能地板辐射采暖可节约燃料 20 %～30 %。若采用按热表计量收费来代替按采暖面积收费，据国外资料统计，又可节约能源 20 %～30 %。

(7) 扩大了房间的有效使用面积。采用暖气片采暖，一般 100 m² 占有效使用面积达 2 m² 左右，而且上下立横管诸多，给用户装修和使用带来诸多不便。采用太阳能地板辐射采暖，管道全部在地面以下，只用一个分集水器进行控制，解决了传统采暖方式的诸多问题。

(8) 使用寿命长。太阳能低温地板采暖，塑料管埋入地板中，如无人为破坏，使用寿命在50 年以上，不腐蚀、不结垢，节约维修和更换费用。

2. 原理及系统组成

太阳能地板辐射采暖是一种将集热器采集的太阳能作为热源，通过敷设于地板中的盘管加热地面进行供暖的系统，该系统是以整个地面作为散热面，传热方式以辐射散热为主，其辐射换热量占总换热量的 60 %以上。

典型的太阳能地板辐射采暖系统(图 11.5)由太阳能集热器、控制器、集热泵、蓄热水箱、辅助热源、供回水管、阀门若干、三通阀、过滤器、循环泵、温度计、分水器、加热器组成。

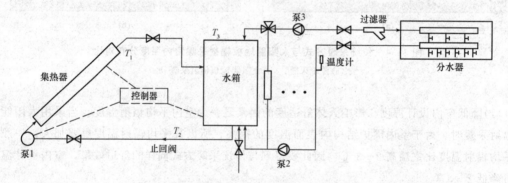

图 11.5 太阳能地板辐射采暖系统图

当 $T_1 > 50$ ℃时，控制器启动水泵，水进入集热器进行加热，并将集热器的热水压入水箱，水箱上部温度高，下部温度低，下部冷水再进入集热器加热，构成一个循环。当 $T_1 < 40$ ℃时，水泵停止工作，为防止反向循环及由此产生的集热器的夜间热损失，则需要一个止回阀。当蓄热水箱的供水水温 $T_3 > 45$ ℃时，可开启泵 3 进行采暖循环。和其他太阳能的利用一样，太阳能集热器的热量输出是随时间变化的，它受气候变化周期的影响，所以，系统中有一个辅助加热器。

当阴雨天或是夜间太阳能供应不足时，可开启三通阀，利用辅助热源加热。当室温波动时，可根据以下几种情况进行调节：如果可利用太阳能，而建筑物不需要热量，则把集热器得到的能量加到蓄热水箱中去；如果可利用太阳能，而建筑物需要热量，把从集热器得到的热量用于地板辐射采暖；如果不可利用太阳能，建筑物需要热量，而蓄热水箱中已储存足够的能量，则将储存的能量用于地板辐射采暖；如果不可能利用太阳能，而建筑物又需要热量，且蓄热水箱中的能量已经用尽，则打开三通阀，利用辅助能耗对水进行加热，用于地板辐射采暖。尤其需要指出，蓄热水箱存储了足够的能量，但不需要采暖，集热器又可得到能量，集热器中得到的能量无法利用或存储，为节约能源，可以将热量供应生活用热水。

蓄热水箱与集热器上下水管相连，供热水循环之用。蓄热水箱容量大小根据太阳能地板采暖日需热水量而定。在太阳能的利用中，为了便于维护加工，提高经济性和通用性，蓄热水箱已标准化。目前蓄热水箱以容积分为 500 L 和 1 000 L 两种，外形均为方形。容积 500 L 的水箱外形尺寸为 778 mm×778mm×800 mm，容积为 1 000 L 的水箱外形尺寸为 928 mm×928 mm×1 300 mm。

太阳能集热器的产水能力与太阳照射强度、连续日照时间及环境气温等密切相关。夏季产水能力强，是冬季的 4～6 倍。而夏季却不需要采暖，洗浴所需的热水也较冬季少。为了克服此矛盾，可以尝试把太阳能夏季生产的热水保温储存下来留在冬季及阴雨季节使用，这就不仅可以发挥太阳能采暖系统的最佳功能，而且可以大大降低辅助能的使用。在目前的技术条件下，最佳的方案就是把夏季太阳能加热的热水就地回灌储存于地下含水岩层中。不过该技术还需进一步研究和探讨。

3. 地板结构形式

地板结构形式与太阳能地板辐射采暖效果息息相关，这里从构造做法和盘管敷设方式两方面进行阐述。

(1) 构造做法。按照施工方式，太阳能地板辐射采暖的地板构造做法可分为湿式和干式两类。

1)湿式太阳能地板采暖结构形式。图 11.6 所示为湿式太阳能地板采暖结构。在建筑物地面基层做好之后，首先敷设高效保温和隔热的材料，一般用的是聚苯乙烯板或挤塑板，在其上铺设铝箔反射层，然后将盘管按一定的间距固定在保温材料上，最后回填豆石混凝土。填充层的材料宜采用 C15 豆石混凝土，豆石粒径宜为 5～12 mm。盘管的填充层厚度不宜小于50 mm，在找平层施工完毕后再做地面层，其材料不限，可以是大理石、瓷砖、木质地板、塑料地板、地毯等。

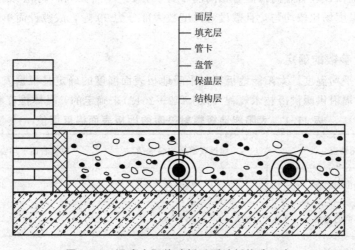

面层
填充层
管卡
盘管
保温层
结构层

图 11.6 湿式太阳能地板采暖地板构造示意

2)干式太阳能地板采暖结构形式。图 11.7 所示为干式太阳能低温热水地板辐射采暖地板构造。此干式做法是将加热盘管置于基层上的保温层与饰面层之间无任何填埋物的空腔中，因为它不必破坏地面结构，因此可以克服湿式做法中重度大、维修困难等不足，尤其适用于建筑物的太阳能地板辐射采暖改造，为太阳能地板辐射采暖在我国的推广提供新动力，从而丰富和完善了该项技术的应用，是适应我国建筑条件和住宅产品多元化需求的有益探索和实践。

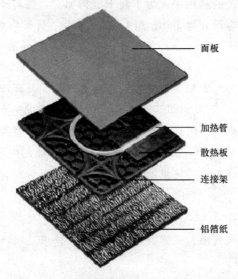

面板
加热管
散热板
连接架
铝箔纸

图 11.7 干式太阳能地板采暖地板构造示意

（2）盘管敷设方式。太阳能地板辐射采暖系统盘管的敷设方式分为蛇型和回型两种，蛇型敷设又分为单蛇型、双蛇型和交错双蛇型三种；回型敷设又分为单回型、双回型和对开双回型三种。

影响盘管敷设方式的主要因素是盘管的最小弯曲半径。由于塑料材质的不同，相同直径盘管最小弯曲半径是不同的。如果盘管的弯曲半径太大，盘管的敷设方式将受到限制。而满足弯曲半径的同时，也要使太阳能地板辐射供暖的热效率达到最大。对于双回型布置，经过板面中心点的任何一个剖面，埋管是高低温管相间隔布置，存在"零热面"和"均化"效应，从而使这种敷设方式的板面温度场比较均匀，且敷设弯曲度数大部分为90°弯，故敷设简单也没有埋管相交问题。

4. 主要设计参数的确定

（1）地板表面平均温度。太阳能地板辐射采暖地板表面温度的确定是根据人体舒适感、生理条件要求，参照《辐射供暖供冷技术规程》(JGJ 142—2012)来确定的，具体推荐数值见表 11.1。

表 11.1 太阳能地板辐射采暖的地板表面温度取值

不同使用情况	地板表面平均温度/℃	地板表面平均温度最高限值/℃
经常有人停留的地面	24～26	28
短期有人停留的地面	28～30	32
无人停留的地面	35～40	42
泳池及浴室地面	30～35	35

（2）供回水温度。在太阳能地板辐射采暖设计中，从安全和使用寿命考虑，民用建筑的供水温度不应超过60 ℃，供回水温差宜小于或等于10 ℃。

（3）供热负荷。太阳能地板辐射采暖系统是由盘管经地面向室内散热，由于受到填充层、面层的影响，提高了传热热阻，大大降低了盘管的散热量。一般来讲，同种地板装饰层的厚度越小，地板表面的平均温度就越高，但均匀性越差；厚度越大，地板表面的平均温度将会降低，同时均匀性得到了加强。地面散热量则随着厚度的增加而有所下降，但下降的数量较少。因此，在确定热负荷时要适当考虑这些因素的影响。

由于太阳能地板辐射采暖主要以辐射的传热方式进行供暖，形成较合理的温度场分布和热辐射作用，可有2~3 ℃的等效热舒适效应。因此，供暖热负荷计算宜将室内计算温度降低2 ℃，或取常规对流式供暖方式计算供暖热负荷的90%~95%，也就是说，可以适当降低建筑物热负荷。

另外，对于采用集中供暖分户热计量或采用分户独立热源的住宅，应考虑间歇供暖、户间建筑热工条件和户间传热等因素，房间的热负荷计算应增加一定的附加量。因此，在设计计算热负荷时应对以上问题综合考虑，确定符合工程实际的建筑热负荷。

地板辐射采暖的设计经验如下：

1）全面辐射采暖的热负荷，应按有关规范进行。对计算出的热负荷乘以修正系数（0.9~0.95）或将室内计算温度取值降低2 ℃均可。

2）局部采暖的热负荷，应再乘以附加系数（表11.2）。

表 11.2　局部采暖热负荷附加系数

采暖面积与房间总面积比值	0.55	0.40	0.25
附加系数	1.30	1.35	1.50

（4）管间距。加热管的敷设管间距，应根据地面散热量、室内计算温度、平均水温及地面传热热阻等通过计算确定。

（5）水力计算。盘管管路的阻力包括沿程阻力和局部阻力两部分。由于盘管管路的转弯半径比较大，局部阻力损失很小，可以忽略。因此，盘管管路的阻力可以近似认为是管路的沿程阻力。

（6）埋深。埋深厚度不宜小于50 mm；当面积超过30 m² 或长度超过6 m时，填充层宜设置间距小于或等于5 m，宽度大于或等于5 mm的伸缩缝。面积较大时，间距可适当增大，但不宜超过10 m；加热管穿过伸缩缝时，宜设长度不大于100 mm的柔性套管。

（7）流速。加速管内水的流速不应小于0.25 m/s，不能超过0.5 m/s。同一集配装置的每个环路加热管长度应尽量接近，一般不超过100 m，最长不能超过120 m。每个环路的阻力不宜超过30 kPa。

（8）太阳能热水器选择。我国北方寒冷地区的冬季最低温度可达-40 ℃，因此，选择太阳能热水器应考虑其安全越冬问题。目前，国内生产的全玻璃真空管和热管式真空管已经解决了这个问题。

5. 施工过程

太阳能地板辐射采暖系统的施工安装工作，如果组织不当，会对使用效果造成很大影响。太阳能地板辐射采暖具体施工步骤应当严格划分为施工前准备、施工安装、压力试验3个阶段（图11.8~图11.16）。

图 11.8　设置墙柱伸缩缝

图 11.9　设保温层

图 11.10　处理电路套管

图 11.11　铺设反射层

图 11.12　铺设盘管

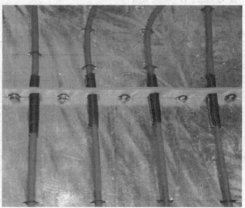

图 11.13　伸缩缝设置

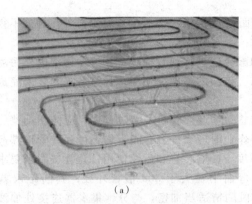 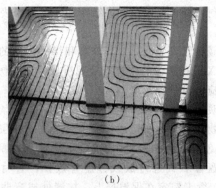

(a) (b)

图 11. 14　盘管铺设完成

(a)示意一；(b)示意二

图 11. 15　压力试验　　　　　　**图 11. 16　豆石混凝土回填**

(1)施工前准备。安装前，参与施工管理和施工作业的项目部组成人员应当充分理解目标建筑物的结构，设计蓝图的技术部组成人员应当充分了解目标建筑物的结构和设计蓝图的技术要求，编制详尽的施工组织设计，熟悉项目施工的进度和总承包单位的现场各项要求。对需要作业的工作面进行验收和熟悉，清理要铺设太阳能地板辐射采暖系统的施工区域内场地，地表面要平整、干净，无凹凸部位，无其他杂物、积水。涉及提前预埋隐蔽的各类水、电管线和防水处理的空间应当及时向有关单位提出，并要求在完成隐蔽验收合格的前提下方可进行地暖施工，以免后期运行时出现问题发生不必要的纠纷。地暖敷设前应当先进行施工找平，严格按照工艺要求验收，并保证基层的平整度，待找平层凝固硬化后方可铺设保温层。地暖管布设时应避免环境温度过低和雨天作业。系统工程施工中，一定要避免施工程序在同一作业面上交叉进行。尽可能做到地暖施工时无别的专业人员同时施工、安装，以免影响地暖成品的保护工作。

(2)施工安装。进入现场的施工人员要求一律穿软鞋或布鞋，严禁穿皮鞋或带铁掌类鞋进场。地暖施工安装阶段应当按照定位做好安装分集水器、铺设保温层、铺设反射层、布设边墙保温带、弹线定位、布设地暖管道、布设护套管、布设伸缩缝的程序工作。

安装施工人员应充分熟悉太阳能地板采暖的各类材料性能，尤其是管材性能，掌握操作要点，严禁盲目施工。管材等物品在搬运过程中要轻拿轻放，要按正确的位置摆放整齐，不得受尖锐物品撞击，不得抛掷或在烈日下曝晒。尤其在严寒季节和雨期施工，更需特别注意遵守有关操作规定。如进驻施工现场与材料摆放处温差较大时，应提前将管材现场放置一定时间，再进行施工。

保温层的铺设要平整、严实，搭接的板面必须用刀裁平直到整齐。即使局部过小的空间也不可用碎板。

反射层铺设要平整、黏结牢固，反射膜表面除固定 PEX 盘管的塑料卡钉外，各处不得有其他破损。

地暖盘管安装前，对其外观和接头公差的配合应进行细致检查，并清除管件内外污垢及杂物。PEX 管在敷设前须检查外观质量，有外伤、破损的不准许使用。管道系统安装未完成的敞口处，应随时进行封堵。

地暖管道固定时一定要平实、牢固，严禁管道翘起。管道安装过程中，应防止油漆、沥青等有机物与盘管接触造成管道污染。在填充层作业时应当配合检查，切不可存在管道漂起的现象，以免管道上部的混凝土部分不够规范的厚度，影响装修和后续使用。盘管按图纸要求间距大小、盘管形式进行放线、盘管敷设，管材弯曲半径大于 300 倍管外径；其间距误差小于 20 mm；管卡钉定在保温层上，接缝处或弯曲段酌情适当加密，与分、集水器连接处加波纹套管；穿越膨胀缝、墙体时加波纹套管，两端出墙 100 mm。膨胀缝材和边墙保温不可省去，纵伸大于 6 m 或 30 m² 的空隙一定要布设。可将 3 cm 宽的聚苯乙烯板条按照管间距挖出半圆卡在管道上，用手压实，力求做到直、平、实。边墙膨胀带高度根据设计要求比盘管填充混凝土高度平均大于 60 mm。

太阳能地板辐射采暖系统供、回水管路，分水器、太阳能集热器安装完毕后，进行试压（宜采用气压进行），待确认供回水管道，分水器、集水器内干净后，再连接盘管；在供水管路上设置过滤器。

(3)压力试验。太阳能地板采暖的施工工作虽然结束，但是试压和验收工作也是不可忽略和减少的。太阳能地板采暖系统采用的试压，是在管路系统验收合格之后进行的。工程试压均采用压力泵产生气压对管道进行试压。

压力试验必须符合下列要求：对盘管和构件要采取安全有效的固定和保护措施。试验压力值为 0.6 MPa。

试压步骤如下：开启压力泵升至一定压力，然后徐徐开通往低温地板采暖系统的分水器、集水器的连接阀，使 PEX 盘管系统在 15 mm 充压至 0.6 MPa 后，关闭各支路阀门，然后分别开启分水器、集水器上的各路阀门，再开启压力泵，往盘管系统内充气，直至压力升至 0.6 MPa，稳压 1 h 后，观察其渗漏情况，调整至不渗漏为止。稳压 1 h 后，补压至 0.6 MPa，15 min 内压力下降不超过 0.05 MPa、无渗漏为合格。

11.3.3 太阳能热泵

由于太阳能受季节和天气影响较大，能量密度较低，在太阳辐照强度小、时间少或气温较低、对供热要求较高的地区，普通太阳能供热系统的应用受到很大限制，存在诸多问题。例如，白天集热板板面温度的上升导致的集热效率下降；在夜间或阴雨天没有足够的太阳辐射时，无法实现的连续供热，如采用辅助加热方式，则又要消耗大量的其他能源；启动速度慢，加热周期较长；传统的太阳能集热器与建筑不易结合，在一定程度上影响了建筑的美观；常规的太阳能热水器需要在房顶设水箱，在夜间气温较低时，储水箱和集热器向外界散热造成大量的热量损失等。为克服太阳能利用中的上述问题，人们不断探索各种新的更高效的能源利用技术，热泵技术在此过程中受到了相当的重视。将热泵技术与太阳能装置结合起来，可扬长避短，有效提高太阳能集热器集热效率和热泵系统性能，充分利用两种技术的优势，同时避免了两种技术存在的问题，解决了全天候供热问题，同时实现了使用一套设备解决冬季采暖和夏季制冷的问题，节省了设备初投资，在工程实践中已取得了非常好的实用效果。

1. 太阳能热泵概述

蒸汽压缩式热泵在实际应用中也遇到了一定的问题，最为突出的就是当冬天的大气温度很低时，热泵系统的效率比较低。既然太阳能热利用系统中的集热器在低温时集热效率较高，而热泵系统在其蒸发温度较高时系统效率较高，那么可以考虑采用太阳能加热系统作为热泵系统的热源。太阳能热泵是将节能装置——热泵与太阳能集热设备、蓄热机构相连接的新型供热系统。这种系统形式不仅能够有效地克服太阳能本身所具有的稀薄性和间歇性，而且可以达到节约高位能和减少环境污染的目的，具有很大的开发、应用潜力。随着人们对获取生活用热水的要求日趋提高，具有间断性特点的太阳能难以满足全天候供热。热泵技术与太阳能利用相结合无疑是一种好的解决方法。

这种太阳能与热泵联合运行的思想，最早是由乔丹(Jordan)和特雷尔凯尔德(Threlkeld)在20世纪50年代的研究中提出。在此之后，世界各地有众多的研究者相继进行了相关的研究，并开发出多种形式的太阳能热泵系统。早期的太阳能热泵系统多是集中向公共设施或民用建筑供热的大型系统，例如，20世纪60年代初期，柳町光男(Yanagimachi)在日本东京、布雷斯(Bliss)在美国的亚利桑那州都曾利用无盖板的平板集热器与热泵系统结合，设计了可以向建筑供热和供冷的系统，但是由于效率较低、初投资较大等原因没有推广开来。后来，出现了向用户供应热水的太阳能热泵系统，特别是近些年来，供应40~70℃中温热水的系统引起了人们广泛的兴趣，相继有众多的研究者都对此进行了深入的研究。

2. 太阳能热泵的分类

按照太阳能和热泵系统的连接方式，太阳能热泵系统分为串联系统、并联系统和混合连接系统。其中，串联系统又可分为传统串联式系统和直接膨胀式系统。

传统串联式太阳能热泵系统如图11.17所示。在该系统中，太阳能集热器和热泵蒸发器是两个独立的部件，它们通过储热器实现换热，储热器用于存储被太阳能加热的工质(如水或空气)，热泵系统的蒸发器与其换热使制冷剂蒸发，通过冷凝将热量传递给热用户。这是最基本的太阳能热泵的连接方式。

直接膨胀式太阳能热泵系统如图11.18所示。该系统的太阳能集热器内直接充入制冷剂，太阳能集热器同时作为热泵的蒸发器使用，集热器多采用平板式。最初使用常规的平板式太阳能集热器；后来又发展为没有玻璃盖板，但有背部保温层的平板式集热器；甚至还有结构更为简单的，既无玻璃盖板也无保温层的裸板式平板式集热器。有人提出采用浸没式冷凝器(即将热泵系统的冷凝器直接放入储水箱)，这会使得该系统的结构进一步简化。目前直接膨胀式系统因其结构简单、性能良好，日益成为人们研究关注的对象，并已经得到实际的应用。

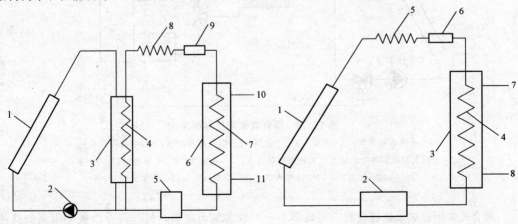

图11.17　传统串联式太阳能热泵系统
1—平板式集热器；2—水泵；3—换热器；4—蒸发器；
5—压缩机；6—水箱；7—冷凝盘管；8—毛细管；
9—干燥过滤器；10—热水出口；11—冷水入口

图11.18　直接膨胀式太阳能热泵系统
1—平板式集热器；2—压缩机；3—水箱；
4—冷凝盘管；5—毛细管；6—干燥过滤器；
7—热水出口；8—冷水入口

并联式太阳能热泵系统如图 11.19 所示。该系统是由传统的太阳集热器和热泵共同组成，它们各自独立工作，互为补充。热泵系统的热源一般是周围的空气。当太阳辐射足够强时，只运行太阳能系统，否则，运行热泵系统或两个系统同时工作。

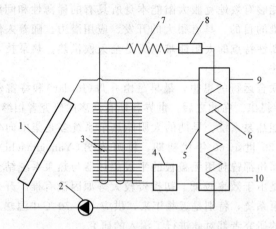

图 11.19　并联式太阳能热泵系统

1—平板式集热器；2—水泵；3—蒸发器；4—压缩机；5—水箱；

6—冷凝盘管；7—毛细管；8—干燥过滤器；9—热水出口；10—冷水入口

混合连接太阳能热泵系统也叫作双热源系统，实际上是串联和并联系统的组合，如图 11.20 所示。

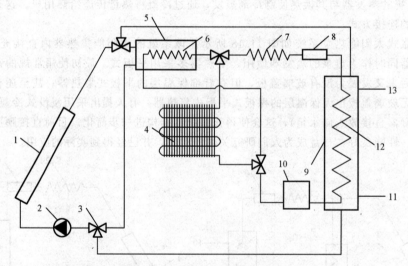

图 11.20　混合式太阳能热泵系统

1—平板式集热器；2—水泵；3—三通阀；4—空气源蒸发器；5—中间换热水箱；

6—以太阳能加热的水或空气为热源的蒸发器；7—毛细管；8—干燥过滤器；9—水箱；

10—压缩机；11—冷水入口；12—冷凝盘管；13—热水出口

混合式太阳能热泵系统设两个蒸发器，一个以大气为热源，另外一个以被太阳能加热的工质为热源。根据室外具体条件的不同，有以下三种不同的工作模式：

(1)当太阳辐射强度足够大时，不需要开启热泵，直接利用太阳能即可满足要求。

(2)当太阳辐射强度很小，以至水箱中的水温很低时，开启热泵，使其以空气为热源进行工作。

(3)当外界条件介于两者之间时，使热泵以水箱中被太阳能加热了的工质为热源进行工作。

3. 太阳能热泵的设计要点

集热器是太阳能供热、供冷中最重要的组成部分，其性能与成本对整个系统的成败起着决定性作用。为此，常在 10~20 ℃低温下集热，再由热泵装置进行升温的太阳能供热系统，是一种利用太阳能较好的方案。即把 10~20 ℃较低的太阳热能经热泵提升到 30~50 ℃，再供热。

解决好太阳能利用的间歇性和不可靠性问题。太阳能热泵的系统中，由于太阳能是一个强度多变的低位热源，一般都设太阳能蓄热器，常用的有蓄热水槽、岩石蓄热器等。热泵系统中的蓄热器可以用于储存低温热源的能量，将由集热器获得的低位热量储存起来，蓄热器有的分别安装在热泵低温侧(10~20 ℃)和高温侧(30~50 ℃)两边，有的只安装在低温侧。因为只在高温一边设置蓄热槽，热泵热源侧的温度变化大，影响热泵工况的稳定性。日照不足的过渡季可简单地用卵石床蓄热。

设计太阳能热泵集热系统时，以下两个主要设计参数是必须计算研究的，一个是太阳能集热器面积；另一个是太阳能集热器安装倾角。

太阳能集热系统设计原则如下：

(1)太阳能集热器在冬季作用，必须具有良好的防冻性能，目前各类真空管太阳能集热器可基本满足要求，但其他类型的集热器则应配备防冻功能。

(2)太阳能集热器的安装倾角，应使冬季最冷月 1 月份集热器表面上接收的入射太阳辐射量最大。

(3)确定太阳能集热器面积时，应对设计流量下适宜的集热器出水温度进行合理选择，避免确定的集热器面积过大。

(4)必须配置可靠的系统控制设施，以在太阳能供热状态和辅助热源供热状态之间做灵活切换，保证系统正常运行。

(5)在太阳能集热器的选型上，要合理确定冬季热泵供热用太阳能集热量和夏季生活热水用热量及冬季辅助加热量，做到投资运行最佳效益。

4. 工程应用

太阳能热泵系统凭借其出色的冬季工况表现近年来开始应用在建筑采暖及生活热水制备等领域，取得了良好效果。

位于北京天普太阳能集团工业园的新能源示范楼(图 11.21)是一座集住宿、餐饮、娱乐、展览、会议、办公等多种功能为一体的综合楼，总建筑面积为 8 000 m²。新能源示范大楼的太阳能、热泵系统的目标是满足大楼夏季空调、冬季供暖的需要。北京天普新能源示范楼是国内规模最大的利用太阳能采暖、空调的工程。经过夏季试运行及采暖季节运行考验表明，系统工作稳定，可靠性强，达到了初期的设计目标，完全可以满足采暖和空调的要求。该太阳能热泵采暖空调系统主要有以下特点：

图 11.21　北京天普新能源示范楼

(1)将集热器预制成安装模块，实现与建筑的良好结合。

（2）利用地源换热器作为太阳能热泵系统的辅助系统，简化了太阳能系统的构成，增加了太阳能空调采暖系统的可靠性。

（3）系统设置大容积地下蓄能水池，使太阳能系统实现全年工作，也降低了蓄能的损失。

（4）新能源利用率高，具有较强的节能优越性。在采暖季节，利用太阳能和废热的蓄热量接近总蓄热量的80%，能耗比达到3.54。

（5）环境效益明显，具有污染物排放量很少的环保优势。

该系统主要由太阳能集热器阵列、溴化锂制冷机、热泵机组、蓄能水池和自动控制系统等部分组成，优先使用太阳能集热器向储能水池存贮的能量。冬季，通过板式换热器将集热系统收集的热量贮存在蓄能水池；夏季，吸收式制冷机以太阳能集热系统收集的热水为热源，制造冷冻水，作为储能水池的冷源。热泵作为太阳能空调的辅助系统，冬季，当水池温度低于33 ℃时或在用电低谷期启动，向蓄能水池供热；夏季，当太阳能制冷无法维持池中水温在18 ℃以下时，热泵向蓄能水池供冷，保持水池的温度。

在过渡季节，系统选用不同的工作模式自启动太阳能部分制冷、制热。春季，系统在蓄冷模式下工作，吸收式制冷机向蓄能水池提供冷冻水，降低蓄能水池的温度为夏季供冷做准备；秋季，系统转换成蓄热模式，太阳能集热系统向蓄能水池供热，提高水池的温度为冬季供暖做准备。无论是冬季还是夏季，空调水系统的热水和冷冻水均由蓄能水池供给。冬季，室内温度低于18 ℃时供能泵开启向大楼供暖，当室内温度高于20 ℃，供能泵关闭；夏季，室内温度高于27 ℃时供能泵向大楼供冷，当室内温度低于23 ℃，供能泵关闭。建筑全年采用自然通风。

太阳能集热系统采用U形管式真空管集热器和热管式真空管集热器，采光面积为812 m²。考虑到与建筑一体化问题，集热器在安装前被预制成不同的模块，U形管集热器和热管集热器由直径为58 mm、长为1 800 mm的真空管分别预制成4 m×1.2 m和2 m×2.4 m的安装模块。集热器布置在大楼南向坡屋顶，各排集热器并联连接，安装倾角38°左右。这样布置集热器不仅可以满足集热器的安装要求，又能够保证建筑物造型美观，充分体现出太阳能与建筑一体化的特色。在夏季，与建筑结合为一体的集热器还有隔热效果，达到了节能目的。由于太阳能的能量密度低，而且还要受时间、天气等条件的限制，要使空调系统能够全天候的工作，辅助系统是必不可少的。本系统采用了1台GWHP 400地源热泵机组作为辅助系统（制冷能力464 kW，制热能力403 kW）。这样设置主要有热泵既能制冷也能制热，不用同时增加锅炉和制冷机，降低了系统的复杂程度，简化了系统设计；热泵的启动和停止迅速，冬夏运行工况转换方便，便于控制等优点。

为了最大限度地利用太阳能，根据建筑空调的特点，系统设置了蓄能水池。本系统配置的蓄能水池容积为1 200 m³，比通常的太阳能系统的储水箱要大得多，这是本系统设计的一大特点。大容积蓄能水池能保证水池的蓄能量，可满足建筑的需要；在建筑不需要空调的过渡季节，水池可提前蓄冷、蓄热，为空调季节做准备。蓄能水池能根据季节的要求进行蓄热和贮冷，集热器全年工作，利用率大大提高。蓄能水池设置在地下，传热温差远远小于与环境的温差，有利于减少储能的损失。

新能源示范楼的生活热水供应，采用了独立的太阳能热水系统，这样可以避免生活热水系统与空调水系统之间的切换，降低系统复杂程度。太阳能生活热水系统的储热式全玻璃真空管集热模块安装在建筑物的南立面，共安装48个集热模块，总采光面积为206 m²。模块与建筑融为一体，取消了常规的框架和水箱，模块也起到了良好的隔热保温效果。

将本方案与几种典型热源方案比较，来进行经济性分析。燃煤锅炉使用普通燃煤（热值为

20.9 MJ/kg），燃油锅炉以柴油为燃料（热值 42 MJ/kg），燃气锅炉以天然气为燃料（热值为 49.5 MJ/kg）；燃煤锅炉、燃油锅炉和燃气锅炉的效率分别取 0.58、0.88 和 0.88。对各种方案的运行费用比较，只针对热源，不包括输配系统和终端设备。为简单起见，不计管理费用和维修费用。按照初期设计热负荷 234 950 W，冬季热负荷指标取 30 W/m。使用燃煤、燃油和燃气供暖方案的运行天数以 75 d 计，每天 24 h 运行。用电的价格以高峰、平段和低谷分别为 0.5 元/(kW·h)、0.4 元/(kW·h) 和 0.3 元/(kW·h)。

通过比较可知，太阳能热泵系统的供暖费用稍高于燃煤锅炉，低于燃油锅炉和燃气锅炉。由于环境保护的需要，城市中小型燃煤锅炉逐步退出民用建筑供暖领域已是必然趋势，因此，太阳能/热泵系统供暖在经济运行方面已显示出优势和潜力，见表 11.3。

表 11.3　几种典型供暖方案经济性比较

供暖方案	太阳能/热泵	燃煤锅炉	燃油锅炉	燃气锅炉
能源价格	—	0.22	2.8	1.40
燃料耗量/[kg·(m²·a)⁻¹]	—	16.0	5.3	4.46
冬季供暖费用/(元·m⁻²)	3.57	3.53	14.84	8.68

在采暖期内，各种采暖方案单位面积排放 CO_2 的数量如下：燃煤锅炉 59.2 kg/m²，燃油锅炉 16.54 kg/m²，燃气锅炉 12.27 kg/m²，太阳能/热泵系统方案不排放 CO_2。该方案对环境是最友好的。太阳能热泵系统的运行只使用电能，而其他方案除消耗电能外，均要产生 CO_2 等温室气体，尤其是燃煤锅炉产生的 NO_2、SO_2 等污染物是不容忽视的。由此可见，太阳能热泵系统用于空调采暖避免了对大气的污染，其环保优势是其他几种方案所不能比拟的。

11.4　被动式太阳能建筑采暖技术

11.4.1　基本集热方式的类型及特点

1. 直接受益式

直接受益式太阳房是较早采用的一种太阳房，包括高侧窗直接受益、天窗反射板直接受益等形式（图 11.22、图 11.23）。南立面是单层或多层玻璃的直接受益窗，利用地板和侧墙蓄热。也就是说，房间本身是一个集热储热体，在日照阶段，太阳光透过南向玻璃窗进入室内，地面和墙体吸收热量，表面温度升高，所吸收的热量一部分以对流的方式供给室内空气，另一部分以辐射方式与其他围护结构内表面进行热交换，第三部分则由地板和墙体的导热作用把热量传入内部蓄存起来。当没有日照时，被吸收的热量释放出来，主要加热室内空气，维持室温，其余则传递到室外。

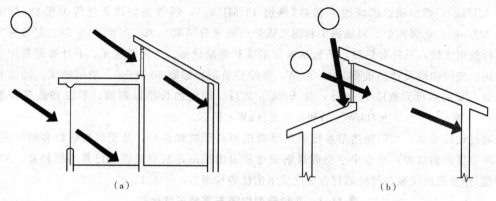

图 11.22　利用高侧窗直接收益(一)

(a)示意一；(b)示意二

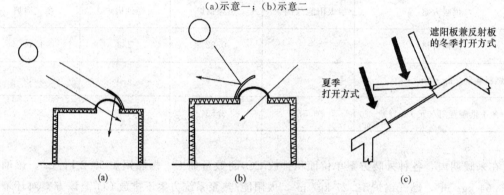

图 11.23　利用高侧窗直接受益(二)

(a)冬季利用反射板增强光照；(b)夏季反射板遮挡直射，浸射光采光；(c)坡屋顶天窗冬、夏季开户方式

　　直接受益窗是应用最广的一种方式。其特点如下：构造简单，易于制作、安装和日常的管理与维修；与建筑功能配合紧密，便于建筑立面处理，有利于设备与建筑的一体化设计；室温上升快、一般室内温度波动幅度稍大。非常适合冬季需要采暖且晴天多的地区，如我国的华北内陆、西北地区等。缺点是白天光线过强，且室内温度波动较大，需要采取相应的构造措施。

　　直接受益式的太阳能集热方式非常适于与立面结合，往往能够创造出简约、现代的立面效果。设计者应根据建筑设计的条件进行选择，避免流于形式。

2. 集热蓄热墙式

　　1956 年，法国学者特朗勃(Trombe)等提出了一种集热方案，在直接受益式太阳窗的后面筑起一道重型结构墙。利用重型结构墙的蓄热能力和延迟传热的特性获取太阳的辐射热。这种形式的太阳房在供热机理上与直接受益式不同，属于间接受益太阳能采暖系统。如图 11.24 所示，阳光透过玻璃照射在集热墙上，集热墙外表面涂有选择性吸收涂层以增强吸热能力，其顶部和底部分别开有通风孔，并设有可开启活门。在这种被动式太阳房中，透过透明盖板的阳光照射在重型集热墙上，墙的外表面温度升高，墙体吸收太阳辐射热，第一部分通过透明盖层向室外损失；第二部分加热夹层内的空气，从而使夹层内的空气与室内空气密度不同，通过上下通风口形成自然对流，由上通风孔将热空气送进室内；第三部分则通过集热蓄热墙体向室内辐射热量，同时加热墙内表面空气，通过对流使室内升温。

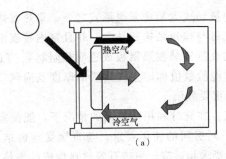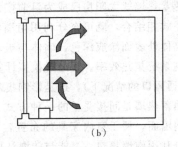

图 11.24　集热蓄热墙式太阳房传热分析

(a)白天；(b)夜晚

集热蓄热墙有砖墙、花格墙、砖花格墙、水墙等形式，如图 11.25 所示，对于利用结构直接蓄热的墙体，墙体结构的主要区别在于通风口。按照通风口的有无和分布情况可分为无通风口、在墙顶端和底部设有通风口和墙体均布通风口(图 11.26)三类。通常把前两种称为"特朗勃(Trombe)墙"，后来，在实用中，建筑师米谢尔又做了一些改进，所以也在太阳能界称为"特朗勃-米谢尔墙"。后一种称为"花格墙"。把花格墙用于局部采暖，是我国的一项发明，理论和实践均证明了其具有优越性。根据我国农村住房的特点，清华大学在北京郊区进行了旧房改太阳房的试验，得到了较好的效果。其做法：先对原有房屋的后墙、侧墙和屋顶进行必要的保温处理，然后将南窗下的 37 坎墙改成当地农民使用低强度混凝土块砌筑的花格墙，表面涂无光黑漆，外加玻璃－涤纶薄膜透明盖板，并设有活动保温门。这种墙体在日照下能较多地蓄存热量，夜晚把保温门关闭，吸热混凝土块便向室内放热。

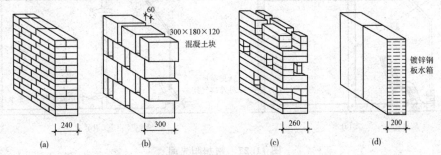

图 11.25　集热蓄热墙的形式

(a)砖墙；(b)花格墙；(c)砖花格墙；(d)水墙

图 11.26　有通风口的集热蓄热墙

(a)集热蓄热墙正面；(b)集热蓄热墙背面

集热蓄热墙式太阳房已成为目前广泛应用的被动式太阳房采暖形式之一。集热蓄热墙式与直接受益式相结合，既可充分利用南墙集热，又可与建筑结构相结合，并且室内昼夜温度波动较小。墙体外表面涂成深色、墙体与玻璃之间的夹层安装波形钢板或透明热阻材料（TIM），都可以提高系统集热效率。可通过模拟计算或选择经验数值确定空气间层的厚度及通风口的尺寸（在设置通风口的情况下），这是影响集热效果的重要数值。

集热蓄热墙是间接受益的一种方式。其特点：在充分利用南墙面的情况下，能使室内保留一定的南墙面，便于室内家具的布置，可适应不同房间的使用要求；与直接受益窗结合使用，既可充分利用南墙集热，又能与砖混结构的构造要求相适应；用砖石等材料构成的集热蓄热墙，墙体蓄热在夜间向室内辐射，使室内昼夜温差波幅小；在顶部设置夏季向室外的排气口，可降低室内温度。

3. 附加阳光间式

附加阳光间式是在向阳侧设透光玻璃构成阳光间接受日光照射，阳光间与室内空间由墙或窗隔开，蓄热物质一般分布在隔墙内和阳光间地板内。因而从向室内供热来看，其机理完全与集热墙式太阳房相同，是直接受益式和集热蓄热式的组合。随着对建筑造型要求的提高，这种外形轻巧的玻璃立面普遍受到欢迎。阳光间的温度一般不要求控制，可结合南廊、入口门厅、休息厅、封闭阳台等设置，用来养花或栽培其他植物，所以，附加阳光间式太阳房有时也称为附加温室式太阳房，如图 11.27(a)所示。

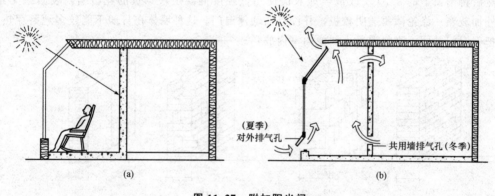

(a)　　　　　　　　　　　　　　　(b)

图 11.27　附加阳光间

(a)附加阳光间基本形式；(b)开设内外通风窗有效改善冬夏季工况（通风口可以用门窗代替）

与集热墙式被动房相比，该形式具有集热面积大、升温快的特点，与相邻内侧房间组织方式多样，中间可设砖石墙、落地门窗或带槛墙的门窗；但由于附加阳光间将增大透明盖层的面积，使散热面积增大，因而降低所收集阳光的有效热量。在阳光间结构上做一些改进，也可以收到较好的效果。例如，在隔断墙顶部和底部都均匀地开设通风口，如图 11.27(b)所示，如果能在上通风口安装风扇，加快能量向室内传输，可避免能量过多地散失。阳光间内中午易过热，应该通过门窗或通风窗合理组织气流，或将热空气及时导入室内。只有解决好冬季夜晚保温和夏季遮阳、通风散热，才能减少因阳光间自身缺点带来的热工方面的不利影响。冬季的通风也很重要，因为种植植物等原因，阳光间内湿度较大，容易出现结露现象。夏季可以利用室外植物遮阳，或安装遮阳板、百叶帘，开启甚至拆除玻璃扇。

附加阳光间式直接受益于间接受益系统的结合。其特点：集热面积大，阳光间内室温上升快；阳光间可结合南廊、门厅、封闭阳台设置，室内阳光充足可作多种生活空间，也可作为温室种植花卉，美化室内外环境；阳光间与相邻内层房间之间的关系变化比较灵活，既可设砖石墙，又可设落地门窗或带槛墙的门窗，适应性较强；阳光间内中午易过热，应采取通畅的气流组织，将热空气及时传送到内层房间；夜间热损失大，阳光间内室温昼夜波幅大，应注意透光外罩玻璃层数的选择和活动保温装置的设计。

阳光间设计的注意事项如下：

（1）组织好阳光间内热空气与内室的通畅循环，防止在阳光间顶部产生"死角"。

（2）处理好地面与墙体等位置的蓄热。

（3）合理确定透光外罩玻璃的层数，并采取有效的夜间保温措施。

（4）注意解决好冬季通风排湿问题，减少玻璃内表面结霜和结露。

（5）采取有效的夏季遮阳、隔热降温措施。

4. 蓄热屋顶池式

蓄热屋顶池式太阳房兼有冬季采暖和夏季降温两种功能，适用于冬季不太寒冷、夏季较热的地区。从向室内的供热特征上看，这种形式的被动太阳房类似于不开通风口的集热墙式被动房。不过它的蓄热物质被放在屋顶上，通常是有吸热和储热功能的贮水塑料袋或相变材料，其上设可开闭的隔热盖板，冬夏兼顾。冬季采暖季节，晴天白天打开盖板，将蓄热物质暴露在阳光下，吸收太阳热；夜晚盖上隔热盖板保温，使白天吸收了太阳能的蓄热物质释放热量，并以辐射和对流的形式传到室内（图 11.28）。夏季，白天盖上隔热盖，阻止太阳能通过屋顶向室内传递热量；夜间移去隔热盖，利用天空辐射、长波辐射和对流换热等自然传热过程降低屋顶池内蓄热物质的温度，从而达到夏季降温的目的。这种太阳房在冬季采暖负荷较低而夏季又需要降温的情况下使用比较适宜。但由于屋顶需要有较强的承载能力，隔热盖的操作也比较麻烦，实际应用还比较少。

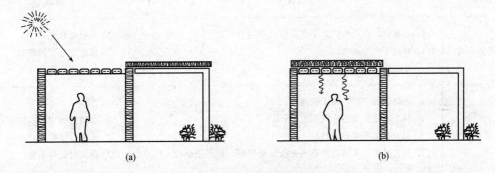

图 11.28　蓄热屋顶池式

(a)蓄热屋顶池式冬季白天工况；(b)蓄热屋顶池式冬季夜晚工况

蓄热屋顶池式太阳房适用于冬季不太寒冷且纬度低的地区。因为纬度高的地区冬季太阳高度角太低，水平面上集热效率也低，而且严寒地区冬季水易冻结。另外，系统中的盖板热阻要大，贮水容器密闭性要好。使用相变材料，热效率可提高。目前，在所有的太阳能采暖方式中，用空气作介质的系统相对而言技术简单成熟、应用面广、运行安全、造价低。

5. 对流环路式

对流环路式被动房由太阳能集热器（大多数为空气集热器）和蓄热物质（通常为卵石地床）构成，因此也被称为卵石床蓄热式被动太阳房。安装时，集热器位置一般要低于蓄热物质的位置。在太阳房南墙下方设置空气集热器，以风道与采暖房间及蓄热卵石床相通。集热器内被加热的空气，借助于温差产生的热压直接送入采暖房间，也可送入卵石床蓄存，而后在需要时再向房间供热（图 11.29）。

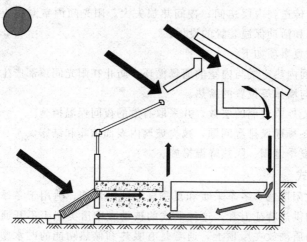

图 11.29　对流环路式被动太阳房示意

对流环路式的特点是：构造较复杂，造价较高；集热和蓄热量大，且蓄热体的位置合理，能获得较好的室内温度环境；适用于有一定高差的南向坡地。

在此，把多种空气加热系统作横向比较，便于在做不同类型的节能建筑设计时，可以根据实际情况加以选择(表 11.4)。

表 11.4　五种太阳能空气加热系统的比较

系统	优点	缺点
直接受益式	1. 景观好，费用低，效率高，形式很灵活； 2. 有利于自然采光； 3. 适合学校、小型办公室等	1. 易引起眩光； 2. 可能发生过热现象； 3. 温度波动大
集热蓄热墙式	1. 热舒适程度高，温度波动小； 2. 易于旧建筑改造，费用适中； 3. 大采暖负荷时效果很好； 4. 与直接受益式结合限制照度级效果很好，适合于学校、住宅、医院等	1. 玻璃窗较少，不便观景； 2. 影响自然采光； 3. 阴天时效果不好
附加阳光间式	1. 作为起居空间有很强的舒适性和很好的景观性，适合居住用房、休息室、饭店等； 2. 可作温室使用	1. 维护费用较高； 2. 对夏季降温要求很高； 3. 效率低
蓄热屋顶池式	1. 集热和蓄热量大，且蓄热体位置合理，能获得较好的室内温度环境； 2. 较适用于冬季采暖、夏季需降温的湿热地区，可大大提高设施的利用率	1. 构造复杂； 2. 造价很高
对流环路式	1. 集热和蓄热量大，且蓄热体位置合理，能获得较好的室内温度环境； 2. 适用于有一定高差的南向坡地	1. 构造复杂； 2. 造价较高

以上介绍的被动式太阳房的基本类型都有其各自的优点和不足。设计者可以根据情况博采众长,多方案组合形成新的系统。我们把有两个或两个以上基本类型被动式太阳能采暖混合而成的新系统成为混合式系统。混合式系统在实践中显出了它的优势,已成为被动式太阳房发展的重要趋势。不仅如此,今后主被动式相结合的太阳房也将是发展的必然。

11.4.2　蓄热体

1. 蓄热体的作用和要求

在被动式太阳房中需设置一定数量的蓄热体。它的主要作用是在有日照时吸收并蓄存一部分过剩的太阳辐射热;而当白天无日照时或在夜间(此时室温呈下降趋势)向室内放出热量,以提高室内温度,从而大大减小室温的波动。同时由于降低了室内平均温度,所以也减少了向室外的散热。蓄热体的构造和布置将直接影响集热效率和室内温度的稳定性。对集热体的要求:蓄热成本低(包括蓄热材料及储存容器);单位容积(或质量)的蓄热量大;对储存器无腐蚀或腐蚀作用小;资源丰富,当地取材;容易吸热和放热;耐久性高。

2. 蓄热体材料的类别及性能

蓄热体材料分为显热和潜热两大类。

(1)显热类蓄热材料。显热是指物质在温度上升或下降时吸收或放出热量,在此过程中物质本身不发生任何其他变化。显热类蓄热材料有水、热媒等液体及卵石、砂、土、混凝土、砖等固体。它们的蓄热量取决于材料的容积比热值($V \cdot C_\rho$),详见表 11.5。

表 11.5　常用显热蓄热材料的某些性能

材料名称	表观密度 ρ_0/ $(kg \cdot m^{-2})$	比热 C_ρ/ $[kJ \cdot (kg \cdot ℃)^{-1}]$	容积比热 $V \cdot C_\rho/[kJ \cdot (m^3 \cdot ℃)^{-1}]$	导热系数 $\lambda/[W \cdot (m \cdot K)^{-1}]$
水	1 000	4.20	4 180	2.10
砾石	1 850	0.92	1 700	1.20~1.30
沙子	1 500	0.92	1380	1.10~1.20
土(干燥)	1 300	0.92	1 200	1.90
土(湿润)	1 100	1.10	1 520	4.60
混凝土块	2 200	0.84	1 840	5.90
砖	1 800	0.84	1 920	3.20
松木	530	1.30	665	0.49
硬纤维板	500	1.30	628	0.33
塑料	1 200	1.30	1 510	0.84
纸	1 000	0.84	837	0.42

注:水的容积比热量大,且无毒、无腐蚀,是最佳的显热蓄热材料,但需有容器。而卵石、混凝土、砖等蓄热材料的容积比热比水小得多,因此在蓄热量相同的条件下,所需体积就要大得多,但这些材料可作为建筑构件,不需要容器或对这方面的要求较低

（2）潜热类蓄热材料：潜热蓄热又称相变蓄热或溶解热蓄热，是利用某些化学物质发生相变吸收或放出大量热量的性质来实现蓄热的。

1）相变材料的蓄热机理与特点。相变材料具有在一定温度范围内改变其物理状态的能力。

①固体⇔液体：物质由固态溶解成液态时吸收热量；相反，物质由液态凝结成固态时放出热量。

②液体⇔气体：物质由液态蒸发成气态时吸收热量；相反，物质由气态冷凝成固态时放出热量。

在实际应用中多使用第一种形式，因为第二种形式在物质蒸发时体积变化过大，对容器的要求很高。潜热蓄热体的最大优点是蓄热量大，即蓄存一定能量的质量少，体积小（如以质量比表示，潜热蓄热体为 1 时，水为 5，岩石为 25；如按容积比表示，则为 1∶8∶17）。其缺点是有腐蚀性，对容器要求高，须全封闭，造价较高。国内采用的相变材料主要是十水硫酸钠（芒硝，$Na_2SO_4 \cdot 10H_2O$）加添加剂。

以固-液相变为例，在加热到熔化温度时，就产生从固态到液态的相变，熔化的过程中，相变材料吸收并储存大量的潜热；当相变材料冷却时，储存的热量在一定的温度范围内要散到环境中，进行从液态到固态的逆相变。在这两种相变过程中，所储存或释放的能量称为相变潜热。物理状态发生变化时，材料自身的温度在相变完成前几乎维持不变，形成一个宽的温度平台，虽然温度不变，但吸收或释放的潜热却相当大。

相变材料主要包括无机 PCM、有机 PCM 和复合 PCM 三类。其中，无机 PCM 主要有结晶水合盐类、熔融盐类、金属或合金类等；有机 PCM 主要包括石蜡、醋酸和其他有机物；近年来，复合相变储热材料应运而生，它既能有效克服单一的无机物或有机物相变储热材料存在的缺点，又可以改善相变材料的应用效果及拓展其应用范围。因此，研制复合相变储热材料已成为储热材料领域的热点研究课题。但是，混合相变材料也可能会带来相变潜热下降，或在长期的相变过程中容易变性等缺点。

2）相变材料在建筑材料中的应用。相变储能建筑材料兼备普通建材和相变材料两者的优点，能够吸收和释放适量的热能；能够和其他传统建筑材料同时使用；不需要特殊的知识和技能来安装使用蓄热建筑材料；能够用标准生产设备生产；在经济效益上具有竞争性。

相变储能建筑材料应用于建材的研究始于 1982 年，由美国能源部太阳能公司发起。20 世纪 90 年代以 PCM 处理建筑材料（如石膏板、墙板与混凝土构件等）的技术发展起来了。随后，PCM 在混凝土试块、石膏墙板等建筑材料中的研究和应用一直方兴未艾。1999 年，国外又研制成功一种新型建筑材料——固液共晶相变材料，在墙板或轻型混凝土预制板中浇筑这种相变材料，可以保持室内温度适宜。另外，欧美有多家公司利用 PCM 生产销售室外通信接线设备和电力变压设备的专用小屋，可在冬、夏季均保持在适宜的工作温度。此外，含有 PCM 的沥青地面或水泥路面，可以防止道路、桥梁、飞机跑道等在冬季深夜结冰。

现代建筑向高层发展，要求所用围护结构为轻质材料。但普通轻质材料热容较小，导致室内温度波动较大。这不仅造成室内热环境不舒适，而且会增加空调负荷，导致建筑能耗上升。目前，采用的相变材料的潜热达到 170 J/g 甚至更高，而普通建材在温度变化 1 ℃时储存同等热量将需要 190 倍相变材料的质量。因此，相变储能建筑材料具有普通建材无法比拟的热容，对于房间内的气温稳定及空调系统工况的平稳是非常有利的。

在建筑围护结构的相变建筑材料的研制中，选择合适的相变材料至关重要，应具有熔化潜热高，使其在相变中能贮藏或放出较多的热量；相变过程可逆性好、膨胀收缩性小、过冷或过热现象少；有合适的相变温度，能满足需要控制的特定温度；导热系数大，密度大，比热容大；相变材料无毒、无腐蚀性，成本低，制造方便的特点。

在实际研制过程中，要找到满足这些理想条件的相变材料非常困难。因此，人们往往先考虑有合适的相变温度和有较大相变潜热的相变材料，而后再考虑各种影响研究和应用的综合性因素。

就目前来说，现存的问题主要集中在相变储能建筑材料耐久性及经济性方面。耐久性主要体现在三个方面：相变材料在循环过程中热物理性质的退化问题；相变材料易从基体泄漏的问题；相变材料对基体材料的作用问题。经济性主要体现在：如果要最大化解决上述问题，将导致单位热能储存费用的上升，必将失去与其他储热法或普通建材竞争的优势。相变储能建筑材料经过20多年的发展，其智能化功能性的特点毋庸置疑。随着人们对建筑节能的日益重视，环境保护意识的逐步增强，相变储能建筑材料必将在今后的建材领域大有用武之地，也会逐渐被人们所认知，具有非常广阔的应用前景。

3. 蓄热体的设计要点

(1)墙、地面蓄热体应采用容积比热大的材料，如砖、石、密实混凝土等；也可专设水墙或盒装相变材料蓄热。

(2)蓄热体应尽量使其表面直接接收阳光照射。

(3)砖石材料作墙地面蓄热体时应达 100 mm 厚（>200 mm 时增效不大）。对水墙则体积越大越好，壳应薄、导热好。

(4)蓄热地面及水墙容器应用黑、深灰、深红等深色。

(5)蓄热地面上不应铺整面地毯，墙面也不应挂壁毯。对相变材料蓄热体和公共墙水墙，应加设夜间保温装置。

(6)蓄热墙的位置应设在容易接受太阳照射的地方（图 11.30）。

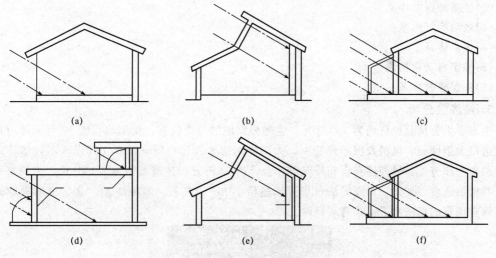

图 11.30　蓄热体位置

(a)地面蓄热；(b)墙体蓄热；(c)地面、公共墙体蓄热；
(d)相变材料蓄热；(e)水墙蓄热；(f)地面、公共水墙蓄热

被动式太阳房设计离不开玻璃的使用，但是玻璃在夜间是否采取保温措施对被动式太阳房的蓄热效果，特别是对直接受益式系统的供暖保证率影响很大；在无夜间保温的情况下，玻璃的层数对建筑蓄热材料保持室内温度起较大的帮助作用，但是有夜间保温的情况下，增加玻璃的层数就没有太明显的效果了，而试验数据表明活动的保温设施是太阳房集热蓄热的有效措施。

11.5　太阳能建筑实例

山东建筑大学生态学生公寓

1. 工程概况

建造地点：山东济南

建筑规模：2 300 m²

竣工时间：2004 年

设计单位：山东建筑大学

生态学生公寓(图 11.31～图 11.42)位于山东省济南市山东建筑大学新校区内，建筑面积为 2 300 m²，六层楼房，应用的太阳能采暖技术是综合式的，由被动的直接受益窗采暖、主动的太阳墙新风采暖组合而成，是山东建筑大学与加拿大国际可持续发展中心(ICSC)合作的试验项目，旨在进行生态建筑的课题研究，实现环境的可持续发展。

2. 太阳能与生态技术

(1)太阳墙采暖体系。

(2)太阳能烟囱通风体系。

(3)太阳能热水体系。

(4)太阳能光伏发电体系。

(5)外墙外保温体系。

(6)被动换气体系。

(7)中水体系。

(8)楼宇自动化控制体系。

(9)环保建材体系。

3. 经济性分析

生态学生公寓总投资约为 350 万元，生态公寓增加的造价有：太阳墙系统 16 万元（包括加拿大进口太阳墙板、风机及国产风管）；太阳能烟囱 5 万元；弱电控制 5 万元（不包括控制太阳能热水的部分）；另外还有窗和外保温，合计约 34 万元。建筑面积为 2 300 m²，平均每平方米总共增加造价 148 元。普通做法每平方米造价 1 300 元左右，即增加 11.4%，说明采取的技术措施在现有的经济水平上具有可行性。

图 11.31　生态学生公寓建成实景

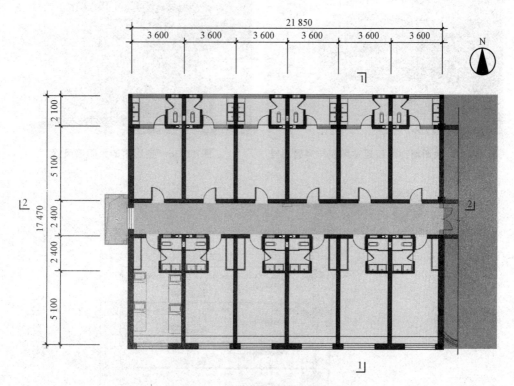

图 11.32　生态学生公寓标准层平面

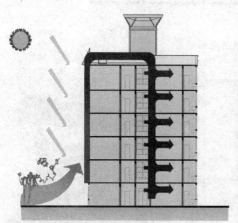

图 11.33　太阳墙通风供暖示意

图 11.34　太阳墙外景

图 11.35 太阳墙出风口通过风机与风管相连 　　　　图 11.36 走廊内的太阳墙风管

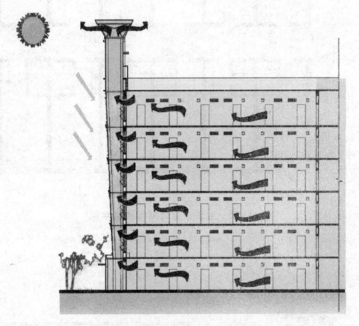

图 11.37 太阳能烟囱通风示意

（a） 　　　　　　　　　　（b） 　　　　　　　　　　（c）

图 11.38 太阳能烟囱实景

(a)示意一；(b)示意二；(c)示意三

图 11.39　热水集热器外观

图 11.40　太阳能光电站

图 11.41　南向墙面的遮阳板

图 11.42　背景通风体系风机

1. 简述我国太阳能资源的分布情况。
2. 简述被动式太阳能建筑、主动式太阳能建筑的定义。
3. 简述太阳墙的工作原理。
4. 简述太阳能热泵的运行原理。
5. 简述被动式太阳房的做法。

项目 12 装配式建筑概述

知识目标

1. 掌握装配式建筑的概念。
2. 掌握装配式建筑的基本构件的做法。

能力目标

能够全面理解装配式建筑与建筑节能的关系。

素质目标

培养认真负责的工作态度、严谨细致的工作作风、一丝不苟的工匠精神和劳动风尚，凸显"精细意识""责任意识"。

思政引领

2020 年，约 4 万名建设者日夜鏖战，靠钢铁意志和顽强决心，靠大灾大难面前攻坚克难的勇气，在全国人民支援下，创造了 10 天左右时间建成火神山医院的奇迹，后又加盖了一所雷神山医院。两所医院以小时计算的建设进度，演绎了新时代的中国速度。

这两所医院即采用装配式建筑的设计施工一体化完成的，也充分体现了我国建筑施工技术的综合能力。

视频：火神山建造过程

近些年，国家陆续印发了《关于大力发展装配式建筑的指导意见》（国办发〔2016〕71 号）、住房和城乡建设部《建筑业发展"十三五"规划》（2016 年）和《"十三五"装配式建筑行动方案》（2017 年）等文件，提出我国要大力发展装配式建筑，这是我国建筑业在建造方式上的重大变革，是推进供给侧结构性改革和新型城镇化发展的重要举措，有利于节约资源能源、减少施工污染、提升劳动生产效率和质量安全水平，有利于促进建筑业与信息化工业化深度融合、培育新产业新动能、推动化解过剩产能。本项目简要介绍装配式建筑的基本概念、生产方法和连接构造等基础内容。

12.1 装配式建筑基本概念

建筑产业现代化是指以绿色发展为理念，以现代科学技术进步为支撑，以工业化生产方式为手段，以工程项目管理创新为核心，以世界先进水平为目标，广泛运用信息技术、节能环保技术，将建筑产品生产全过程联结为完整的一体化产业链系统。其过程包括融投资、规划设计、开发建设、施工生产、管理服务，以及新材料、新设备的更新换代等环节。简单来说，建筑产业现代化是指运用现代化管理模式，通过标准化的建筑设计，以及模数化、工厂化的部品生产，运用信息技术手段，实现建筑构件和部品的通用化和现场施工的装配化、机械化。

装配式建筑是指把传统建造方式中的大量现场作业工作转移到工厂进行，在工厂加工制作好的建筑部品、部件，如楼板、墙板、楼梯、阳台、空调板等，运输到建筑施工现场，通过可靠的连接方式在现场装配安装而成的建筑。装配式建筑主要包括装配式混凝土结构、装配式钢结构及装配式木结构等建筑。装配式建筑采用标准化设计、工厂化生产、装配化施工、一体化装修、信息化管理，是现代工业化生产方式。大力发展装配式建筑，是落实中央城市工作会议精神的战略举措，是推进建筑产业转型升级的重要方式；大力发展装配式建筑，是实施推进"创新驱动发展、经济转型升级"的重要举措，也是切实转变城市建设模式，建设资源节约型、环境友好型城市的现实需要。

装配化施工是指将通过工业化方式在工厂制造好的建筑产品（构件、配件、部件），在施工现场通过机械化、信息化等工程技术手段按照一定的工法和标准进行组合和安装，建成具有特定建筑产品的一种建造方式。

装配式建筑的特点如下：

(1)装配式建筑与砖混结构和现浇钢筋混凝土建筑的构造一致，具备规范标准要求的承重能力，以及保温隔热、隔声密封、防火抗震等要求，可用于一般民用建筑。

(2)装配式建筑的构件在工厂进行生产，构件是标准的产品，因而质量可靠、效率高、精度高，统一生产有利于节约原材料及能源，是一种节能的建造方式。

(3)施工现场进行直接装配，施工进度更易控制；工人的劳动强度小、湿作业减少，人工成本降低。

(4)构件连接处仍需二次现浇，现浇工作量依然很大，导致成本增加。

(5)模块构件单元体积大、自重大、超宽、超高、运输困难，导致运输成本高。构件生产厂一般的运输服务半径距离在 200 km 以内。

视频：万科金域华府
产业化施工

12.2　装配式建筑的基本构件

装配式混凝土结构是由预制混凝土构件通过可靠的连接方式装配而成的混凝土结构，其基本构件主要包括柱、梁、剪力墙、楼板、楼梯、阳台、空调板、女儿墙等，这些主要受力构件通常在工厂预制加工完成，待强度等符合规范要求后运输至施工现场进行现场装配施工。

1. 预制混凝土柱

预制混凝土柱包括预制混凝土实心柱和预制混凝土矩形柱壳两种形式。预制混凝土柱的外观多种多样，包括矩形、圆形和工字形等。在满足运输和安装要求的前提下，预制柱的长度可达到 12 m 或更长，如图 12.1 所示。

2. 预制混凝土梁

预制混凝土梁（图 12.2）根据施工工艺不同，常见有预制实心梁和预制叠合梁。预制实心梁制作简单，构件自重较大，多用于厂房和多层建筑中。预制叠合梁便于预制柱和叠合楼板连接，整体性较强，运用十分广泛。

图 12.1 预制混凝土柱

图 12.2 预制混凝土梁

3. 预制混凝土剪力墙

预制混凝土剪力墙从受力性能角度分为预制实心剪力墙和预制叠合剪力墙。

(1)预制实心剪力墙。预制实心剪力墙是指将混凝土剪力墙在工厂预制成实心构件,并在现场通过预留钢筋与主体结构相连接。随着灌浆套筒在预制剪力墙中的使用,预制实心剪力墙的使用越来越广泛,如图 12.3 所示。

预制混凝土夹心保温剪力墙是一种结构保温一体化的预制实心剪力墙,由外叶、内叶和中间层三部分组成。内叶是预制混凝土实心剪力墙,中间层为保温隔热层,外叶为保温隔热层的保护层。保温隔热层与内外叶之间采用拉结件连接。拉结件可以采用玻璃纤维钢筋或不锈钢拉结件。预制混凝土夹心保温剪力墙通常作为建筑物的承重外墙,如图 12.4 所示。

图 12.3 预制实心剪力墙

图 12.4 预制混凝土夹心保温剪力墙

(2)预制叠合剪力墙。预制叠合剪力墙是指一侧或两侧均为预制混凝土墙板,在另一侧或中间部位现浇混凝土从而形成共同受力的剪力墙结构。预制叠合剪力墙结构在德国有着广泛的运用,在我国上海和合肥等地已有所应用。它具有制作简单、施工方便等优势,如图 12.5 所示。

4. 预制混凝土楼板

预制混凝土楼板按照制作工艺不同可分为预制混凝土叠合板、预制混凝土实心板、预制混凝土空心板和预制混凝土双 T 板等。

(1)预制混凝土叠合板。预制混凝土叠合板最常见的主要有两种:一种是桁架钢筋混凝土叠合板;另一种是预制带肋

图 12.5 预制叠合剪力墙

底板混凝土叠合楼板。桁架钢筋混凝土叠合板属于半预制构件，下部为预制混凝土板，外露部分为桁架钢筋。预制带肋底板混凝土叠合板的预制部分厚度通常为 60 mm，叠合楼板在施工现场安装到位后要进行二次浇筑，从而成为整体实心楼板。桁架钢筋的主要作用是将后浇筑的混凝土层与预制底板形成整体，并在制作和安装过程中提供刚度。伸出预制混凝土层的桁架钢筋和粗糙的混凝土表面保证了叠合楼板预制部分与现浇部分能有效结合成整体，如图 12.6 所示。

图 12.6 预制混凝土叠合板

预制带肋底板混凝土叠合楼板是一种预应力带肋混凝土叠合楼板(简称 PK 板)，预应力带肋混凝土叠合楼板具有以下优点：

1)国际上最薄、最轻的叠合板之一：3 cm 厚，自重 110 kg/m²。

2)用钢量最省：由于采用高强预应力钢丝，比其他叠合板用钢量节省 60%。

3)承载能力最强：破坏性试验承载力可达 1.1 t/m²，支撑间距可达 3.3 m，减少支撑数量。

4)抗裂性能好：由于采用了预应力技术，极大提高了混凝土的抗裂性能。

5)新旧混凝土接合好：由于采用了 T 形肋，现浇混凝土形成倒梯形，新旧混凝土互相咬合，新混凝土流到孔中又形成销栓作用。

6)可形成双向板：在侧孔中横穿钢筋后，避免了传统叠合板只能做单向板的弊病且预埋管线方便，如图 12.7、图 12.8 所示。

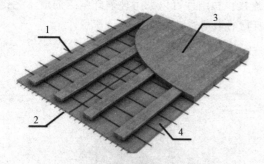

图 12.7 预应力带肋混凝土叠合楼板
1—纵向预应力钢筋；2—横向穿孔钢筋；
3—后浇层；4—PK 叠合板的预制底板

图 12.8 预应力带肋混凝土叠合楼板安装实例

(2)预制混凝土实心板。预制混凝土实心板制作较为简单，其连接设计根据抗震构造等级的不同而有所不同。

(3)预制混凝土空心板和预制混凝土双 T 板。预制混凝土空心板和预制混凝土双 T 板通常适用于较大跨度的多层建筑。预应力双 T 板跨度可达 20 m 以上，如用高强轻质混凝土则可达 30 m 以上，如图 12.9 所示。

5. 预制混凝土楼梯

预制混凝土楼梯外观更加美观，避免在施工现场支模浇筑，节约工期。预制简支楼梯受力明确，安装后可做施工通道，解决垂直运输问题，保证了逃生通道的安全，如图 12.10 所示。

图 12.9 预制混凝土空心板

图 12.10　预制混凝土楼梯

6. 预制混凝土阳台、空调板、女儿墙

（1）预制混凝土阳台。预制混凝土阳台通常包括预制实心阳台和预制叠合阳台。预制阳台板能够克服现浇阳台的缺点，解决了阳台支模复杂、现场高空作业费时费力的问题，如图 12.11 所示。

（2）预制混凝土空调板。预制混凝土空调板通常采用预制实心混凝土板，板侧预留钢筋与主体结构相连，预制空调板可与外墙板或楼板通过现场浇筑相连，也可与外墙板在工厂预制时做成一体，如图 12.12 所示。

图 12.11　预制混凝土阳台

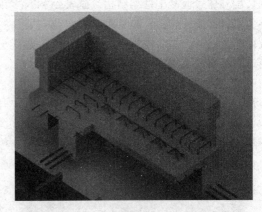

图 12.12　预制混凝土空调板

（3）预制混凝土女儿墙。女儿墙处于屋顶处外墙的延伸部位，通常有立面造型。采用预制混凝土女儿墙的优势是能快速安装，节省工期并提高耐久性。女儿墙可以是单独的预制构件，也可以是顶层的墙板向上延伸，把顶层外墙与女儿墙预制为一个构件。

12.3　装配式混凝土结构的建筑结构体系

装配式混凝土结构是由预制混凝土构件（包括预制混凝土剪力墙或柱、预制混凝土叠合楼板或梁、预制混凝土楼梯、预制混凝土阳台及预制混凝土空调板等）通过可靠的连接方式装配而成的混凝土结构。为了满足因抗震提出的"等同现浇"要求，目前常采用装配整体式混凝土结构，即由预制混凝土构件通过可靠的方式进行连接，并与现场后浇混凝土、水泥基灌浆料形成整体的装配式混凝土结构，包括装配整体式混凝土框架结构、装配整体式混凝土剪力墙结构、装配整体式混凝土框架-剪力墙结构等。装配式混凝土结构建筑技术体系一般包括结构体系、围护体系、内装体系及设备管线体系，其中围护体系又分为外墙、内隔墙及楼板结构等。

装配式混凝土结构作为装配式建筑的主力军，对装配式建筑的发展发挥着重要作用，主要适用于住宅建筑和公共建筑。装配式混凝土结构承受竖向与水平荷载的基本单元主要为框架和剪力墙，这些基本单元可组成不同的结构体系，下面主要介绍两种结构体系。

1. 装配整体式混凝土框架结构

装配整体式混凝土框架结构体系为全部或部分框架梁、柱采用预制构件，通过采用各种可靠的方式进行连接，形成整体的装配式混凝土结构体系，简称装配整体式框架结构。装配整体式框架结构的基本组成构件为柱、梁、板等。一般情况下，楼盖采用叠合楼板，梁采用预制梁，柱可以预制也可以现浇，梁柱节点采用现浇。框架结构建筑平面布置灵活，造价低，使用范围广泛，主要应用于多层工业厂房、仓库、商场、办公楼、学校等建筑。

对装配式结构而言，预制构件之间的连接是最关键的核心技术。常用的连接方式为钢筋套筒灌浆连接和我国自主研发的螺旋箍筋约束浆锚搭接技术。当结构层数较多时，柱的纵向钢筋采用套筒灌浆连接可保证结构的安全；对于低层和多层框架结构，柱的纵向钢筋连接也可以采用一些相对简单及造价较低的方法，如钢筋约束浆锚连接技术。装配整体式混凝土框架结构根据连接形式，常见的有以下两种情况：

(1)框架梁、柱预制，通过梁柱后浇节点区进行整体连接。图12.13所示为梁柱节点区后浇的装配整体式混凝土框架结构。这类结构大多采用一字形预制梁、柱构件，梁内纵筋在后浇梁柱节点区搭接或锚固。施工时，先定位安装预制梁和叠合楼板，在梁上部、楼板表面和梁柱节点区布置钢筋，然后浇筑混凝土。待后浇混凝土达到设计强度后，安装上柱，将上、下柱纵筋通过套筒灌浆连接在一起。

(2)梁柱节点与构件一同预制，在梁、柱构件上设置后浇段连接。图12.14所示为节点区整体预制装配整体式混凝土框架结构。梁柱节点与构件整体预制时，构件可采用一维构件、二维构件和三维构件，二维、三维构件由于安装、运输困难，应用较少。一维构件结构有时为了保证整体性，会在节点区采用部分现浇混凝土，待混凝土达到预定强度后，通过套筒灌浆安装上柱；另一种形式为节点随梁或柱整体预制，再通过套筒灌浆连接其他构件。

图12.13 节点区后浇装配
整体式混凝土框架结构示意

图12.14 节点区整体预制装配
整体式混凝土框架结构示意

2. 装配整体式混凝土剪力墙结构

(1)装配式剪力墙结构体系分类。国内装配式剪力墙结构体系按照主要受力构件的预制及连接方式可分为装配整体式剪力墙结构体系(竖向钢筋连接方式包括套筒灌浆连接、浆锚搭接连接等)、叠合剪力墙结构体系和多层剪力墙结构体系。

各结构体系中，装配整体式剪力墙结构体系应用较多，适用的房屋高度最大，如图 12.15(a)所示；叠合剪力墙结构体系主要应用于多层建筑或低烈度区高度不大的高层建筑中，如图 12.15(b)所示；多层剪力墙结构体系目前应用较少，但基于其高效、简便的特点，在新型城镇化的推进过程中前景广阔，如图 12.15(c)所示。

(a)　　　　　　　　　　(b)　　　　　　　　　　(c)

图 12.15　装配式剪力墙结构体系

(a)装配整体式剪力墙结构体系；(b)叠合剪力墙结构体系；(c)多层剪力墙结构体系

(2)装配整体式混凝土剪力墙结构。

1)装配整体式混凝土剪力墙结构技术特点。装配整体式混凝土剪力墙结构的主要受力构件，如内外墙板、楼板等在工厂生产，并在现场组装而成。预制构件之间通过现浇节点连接在一起，有效地保证了建筑物的整体性和抗震性能。这种结构可大大提高结构尺寸的精度和住宅的整体质量；减少模板和脚手架作业，提高施工安全性；外墙保温材料和结构材料(钢筋混凝土)复合一体工厂化生产，节能保温效果明显，保温系统的耐久性得到极大的提高；构件通过标准化生产，土建和装修一体化设计，减少浪费；户型标准化，模数协调，房屋使用面积相对较高，节约土地资源；采用装配式建造，减少现场湿作业，降低施工噪声和粉尘污染，减少建筑垃圾和污水排放。

2)装配整体式混凝土剪力墙结构体系。装配整体式混凝土剪力墙结构以预制混凝土剪力墙和现浇混凝土剪力墙作为结构的竖向承重和水平抗侧力构件，通过整体式连接而成。其包括同层预制墙板间及预制墙板与现浇剪力墙的整体连接，即采用竖向现浇段将预制墙板及现浇剪力墙连接成为整体；楼层间的预制墙板的整体连接，即通过预制墙板底部结合面灌浆以及顶部的水平现浇带和圈梁，将相邻楼层的预制墙板连接成为整体；预制墙板与水平楼盖之间的整体连接，即水平现浇带和圈梁。

目前，装配整体式混凝土剪力墙结构的关键技术在于预制剪力墙之间的拼缝连接。预制墙体的竖向接缝多采用后浇混凝土连接，其水平钢筋在后浇段内锚固或者搭接，具体有四种连接方式：竖向钢筋采用套筒灌浆连接，拼接采用灌浆料填实；竖向钢筋采用螺旋箍筋约束浆锚搭接连接，拼缝采用灌浆料填实；竖向钢筋采用金属波纹管浆锚搭接连接，拼缝采用灌浆料填实；竖向钢筋采用套筒灌浆连接结合预留后浇区搭接连接。

思 考 题

1. 简述装配式建筑的定义及特点。
2. 简述装配式建筑是如何施工的。

项目 13 建筑节能工程施工质量验收

◎ 知识目标

1. 掌握建筑节能工程的施工质量验收要求的基本规定。
2. 掌握墙体节能工程施工质量验收要求规定。

◎ 能力目标

能够结合相关规范、标准要求对建筑节能工程的施工质量进行验收。

◎ 素质目标

培养认真负责的工作态度、严谨细致的工作作风、一丝不苟的工匠精神和劳动风尚，凸显"精细意识""责任意识"。

◎ 思政引领

青年强，则国家强。当代中国青年生逢其时，施展才干的舞台无比广阔，实现梦想的前景无比光明。全党要把青年工作作为战略性工作来抓，用党的科学理论武装青年，用党的初心使命感召青年，做青年朋友的知心人、青年工作的热心人、青年群众的引路人。广大青年要坚定不移听党话、跟党走，怀抱梦想又脚踏实地，敢想敢为又善作善成，立志做有理想、敢担当、能吃苦、肯奋斗的新时代好青年，让青春在全面建设社会主义现代化国家的火热实践中绽放绚丽之花。

建筑节能工程的施工质量验收是施工全过程管理的重要一环，本项目结合《建筑节能工程施工质量验收标准》(GB 50411—2019)的有关内容，主要介绍墙体节能工程的质量验收要求，限于篇幅，有关其他围护结构、建筑设备的节能质量验收请扫二维码阅读。

13.1 建筑节能工程的施工质量验收要求

《建筑节能工程施工质量验收标准》(GB 50411—2019)包括墙体、幕墙、门窗、地面、屋面等围护结构部分的节能工程施工质量验收，也包括供暖、通风空调、冷热源、配电和照明等建筑设备的节能工程施工质量验收，以及地源热泵、太阳能光热和太阳能光伏系统的节能工程验收，表明建筑节能技术已经广泛应用于建筑各专业领域。

知识拓展：《建筑节能
工程施工质量验收标准》
(GB 50411—2019)

1. 技术与管理

(1)施工现场应建立相应的质量管理体系及施工质量控制与检验制度。

(2)当工程设计变更时，建筑节能性能不得降低，且不得低于国家现行有关建筑节能设计标准的规定。

(3)建筑节能工程采用的新技术、新工艺、新材料、新设备,应按照有关规定进行评审、鉴定。施工前应对新采用的施工工艺进行评价,并制订专项施工方案。

(4)单位工程施工组织设计应包括建筑节能工程的施工内容。建筑节能工程施工前,施工单位应编制建筑节能工程专项施工方案。施工单位应对从事建筑节能工程施工作业的人员进行技术交底和必要的实际操作培训。

(5)用于建筑节能工程质量验收的各项检测,应由具备相应资质的检测机构承担。

2. 材料与设备

(1)建筑节能工程使用的材料、构件和设备等,必须符合设计要求及国家现行标准的有关规定,严禁使用国家明令禁止与淘汰的材料和设备。

(2)公共机构建筑和政府出资的建筑工程应选用通过建筑节能产品认证或具有节能标识的产品;其他建筑工程宜选用通过建筑节能产品认证或具有节能标识的产品。

(3)材料、构件和设备进场验收应符合下列规定:

1)应对材料、构件和设备的品种、规格、包装、外观等进行检查验收,并应形成相应的验收记录。

2)应对材料、构件和设备的质量证明文件进行核查,核查记录应纳入工程技术档案。进入施工现场的材料、构件和设备均应具有出厂合格证、中文说明书及相关性能检测报告。

3)涉及安全、节能、环境保护和主要使用功能的材料、构件和设备,应按照《建筑节能工程施工质量验收标准》(GB 50411—2019)附录 A 和各章的规定在施工现场随机抽样复验,复验应为见证取样检验。当复验的结果不合格时,该材料、构件和设备不得使用。

4)在同一工程项目中,同厂家、同类型、同规格的节能材料、构件和设备,当获得建筑节能产品认证、具有节能标识或连续三次见证取样检验均一次检验合格时,其检验批的容量可扩大一倍,且仅可扩大一倍。扩大检验批后的检验中出现不合格情况时,应按扩大前的检验批重新验收,且该产品不得再次扩大检验批容量。

(4)检验批抽样样本应随机抽取,并应满足分布均匀、具有代表性的要求。

(5)涉及建筑节能效果的定型产品、预制构件及采用成套技术现场施工安装的工程,相关单位应提供型式检验报告。当无明确规定时,型式检验报告的有效期不应超过 2 年。

(6)建筑节能工程使用材料的燃烧性能和防火处理应符合设计要求,并应符合《建筑设计防火规范(2018 年版)》(GB 50016—2014)和《建筑内部装修设计防火规范》(GB 50222—2017)的规定。

(7)建筑节能工程使用的材料应符合国家现行有关标准对材料有害物质限量的规定,不得对室内外环境造成污染。

(8)现场配制的保温浆料、聚合物砂浆等材料,应按设计要求或试验室给出的配合比配制。当未给出要求时,应按照专项施工方案和产品说明书配制。

(9)节能保温材料在施工使用时的含水率应符合设计、施工工艺及施工方案要求。当无上述要求时,节能保温材料在施工使用时的含水率不应大于正常施工环境湿度下的自然含水率。

3. 施工与控制

(1)建筑节能工程应按照经审查合格的设计文件和经审查批准的专项施工方案施工,各施工工序应严格执行并按施工技术标准进行质量控制,每道施工工序完成后,经施工单位自检符合要求后,可进行下道工序施工。各专业工种之间的相关工序应进行交接检验,并应记录。

(2)建筑节能工程施工前,对于采用相同建筑节能设计的房间和构造做法,应在现场采用相同材料和工艺制作样板间或样板件,经有关各方确认后方可进行施工。

(3)使用有机类材料的建筑节能工程施工过程中,应采取必要的防火措施,并应制订火灾应急预案。

(4)建筑节能工程的施工作业环境和条件,应符合国家现行相关标准的规定和施工工艺的要求。节能保温材料不宜在雨雪天气中露天施工。

4. 建筑节能的分项验收的划分

(1)建筑节能工程为单位工程的一个分部工程。其子分部工程和分项工程的划分,应符合下列规定:

1)建筑节能子分部工程和分项工程划分宜符合表13.1的规定。

2)建筑节能工程可按照分项工程进行验收。当建筑节能分项工程的工程量较大时,可将分项工程划分为若干个检验批进行验收。

表13.1 建筑节能子分部工程和分项工程划分

序号	子分部工程	分项工程	主要验收内容
1	围护结构节能工程	墙体节能工程	基层;保温隔热构造;抹面层;饰面层;保温隔热砌体等
2		幕墙节能工程	保温隔热构造;隔气层;幕墙玻璃;单元式幕墙板块;通风换气系统;遮阳设施;凝结水收集排放系统;幕墙与周边墙体和屋面间的接缝等
3		门窗节能工程	门;窗;天窗;玻璃;遮阳设施;通风器;门窗与洞口间隙等
4		屋面节能工程	基层;保温隔热构造;保护层;隔气层;防水层;面层等
5		地面节能工程	基层;保温隔热构造;保护层;面层等
6	供暖空调节能工程	供暖节能工程	系统形式;散热器;自控阀门与仪表;热力入口装置;保温构造;调试等
7		通风与空调节能工程	系统形式;通风与空调设备;自控阀门与仪表;绝热构造;调试等
8		冷热源及管网节能工程	系统形式;冷热源设备;辅助设备管网;自控阀门与仪表;绝热构造;调试等
9	配电照明节能工程	配电与照明节能工程	低压配电电源;照明光源灯具;附属装置;控制功能;调试等
10	监测控制节能工程	监测与控制节能工程	冷热源的监测控制系统;供暖与空调的监测控制系统;监测与计量装置;供配电的监测控制系统;照明控制系统;调试等
11	可再生能源节能工程	地源热泵换热系统节能工程	岩土热响应试验;钻孔数量、位置及深度;管材、管件;热源井数量、井位分布、出水量及回灌量;换热设备;自控阀门与仪表;绝热材料;调试等
12		太阳能光热系统节能工程	太阳能集热器;储热设备;控制系统;管路系统;调试等
13		太阳能光伏节能工程	光伏组件逆变器;配电系统;储能蓄电池;充放电控制器;调试等

(2)当建筑节能工程验收无法按(1)条的要求划分分项工程或检验批时,可由建设、监理、施工等各方协商划分检验批;其验收项目、验收内容、验收标准和验收记录均应符合《建筑节能

工程施工质量验收标准》(CB 50411—2019)的规定。

(3)当按计数方法检验时，抽样数量除本标准另有规定外，检验批最小抽样数量宜符合表13.2的规定。

表 13.2　检验批最小抽样数量

检验批的容量	最小抽样数量	检验批的容量	最小抽样数量
2～15	2	151～280	13
16～25	3	281～500	20
26～90	5	501～1 200	32
91～150	8	1 201～3 200	50

(4)当在同一个单位工程项目中，建筑节能分项工程和检验批的验收内容与其他各专业分部工程、分项工程或检验批的验收内容相同且验收结果合格时，可采用其验收结果，不必进行重复检验。建筑节能分部工程验收资料应单独组卷。

13.2　墙体节能工程的质量验收要求

1. 一般规定

(1)本验收标准适用于建筑外围护结构采用板材、浆料、块材及预制复合墙板等墙体保温材料或构件的建筑墙体节能工程施工质量验收。

(2)主体结构完成后进行施工的墙体节能工程，应在基层质量验收合格后施工，施工过程中应及时进行质量检查、隐蔽工程验收和检验批验收，施工完成后应进行墙体节能分项工程验收。与主体结构同时施工的墙体节能工程，应与主体结构一同验收。

(3)墙体节能工程应对下列部位或内容进行隐蔽工程验收，并应有详细的文字记录和必要的图像资料：

1)保温层附着的基层及其表面处理。

2)保温板黏结或固定。

3)被封闭的保温材料厚度。

4)锚固件及锚固节点做法。

5)增强网铺设。

6)抹面层厚度。

7)墙体热桥部位处理。

8)保温装饰板、预置保温板或预制保温墙板的位置、界面处理、板缝、构造节点及固定方式。

9)现场喷涂或浇筑有机类保温材料的界面。

10)保温隔热砌块墙体。

11)各种变形缝处的节能施工做法。

(4)墙体节能工程的保温隔热材料在运输、储存和施工过程中应采取防潮、防水、防火等保护措施。

(5)墙体节能工程验收的检验批划分应符合下列规定：

1)采用相同材料、工艺和施工做法的墙面，扣除门窗洞口后的保温墙面面积每1 000 m² 划分为一个检验批。

2)检验批的划分也可根据与施工流程相一致且方便施工与验收的原则，由施工单位与监理单位双方协商确定。

3)当按计数方法抽样检验时，其抽样数量尚应符合表13.2的规定。

2. 主控项目

(1)墙体节能工程使用的材料、构件应进行进场验收，验收结果应经监理工程师检查认可，且应形成相应的验收记录。各种材料和构件的质量证明文件与相关技术资料应齐全，并应符合设计要求和国家现行有关标准的规定。

检验方法：观察、尺量检查；核查质量证明文件。

检查数量：按进场批次，每批随机抽取3个试样进行检查；质量证明文件应按其出厂检验批进行核查。

(2)墙体节能工程使用的材料、产品进场时，应对其下列性能进行复验，复验应为见证取样检验：

1)保温隔热材料的导热系数或热阻、密度、压缩强度或抗压强度、垂直于板面方向的抗拉强度、吸水率、燃烧性能(不燃材料除外)。

2)复合保温板等墙体节能定型产品的传热系数或热阻、单位面积质量、拉伸粘结强度、燃烧性能(不燃材料除外)。

3)保温砌块等墙体节能定型产品的传热系数或热阻、抗压强度、吸水率。

4)反射隔热材料的太阳光反射比，半球发射率。

5)黏结材料的拉伸粘结强度。

6)抹面材料的拉伸粘结强度、压折比。

7)增强网的力学性能、抗腐蚀性能。

检验方法：核查质量证明文件；随机抽样检验，核查复验报告，其中：导热系数(传热系数)或热阻、密度或单位面积质量、燃烧性能必须在同一个报告中。

检查数量：同厂家、同品种产品，按照扣除门窗洞口后的保温墙面面积所使用的材料用量，在5 000 m² 以内时应复验1次；面积每增加5 000 m² 应增加1次。同工程项目、同施工单位且同期施工的多个单位工程，可合并计算抽检面积。当符合《建筑节能工程质量验收标准》(GB 50411—2019)的前述规定时，检验批容量可以扩大一倍。

(3)外墙外保温工程应采用预制构件、定型产品或成套技术，并应由同一供应商提供配套的组成材料和型式检验报告。型式检验报告中应包括耐候性和抗风压性能检验项目及配套组成材料的名称、生产单位、规格型号及主要性能参数。

检验方法：核查质量证明文件和型式检验报告。

检查数量：全数检查。

(4)严寒和寒冷地区外保温使用的抹面材料，其冻融试验结果应符合该地区最低气温环境的使用要求。

检验方法：核查质量证明文件。

检查数量：全数检查。

(5)墙体节能工程施工前应按照设计和专项施工方案的要求对基层进行处理，处理后的基层应符合要求。

检验方法：对照设计和专项施工方案观察检查；核查隐蔽工程验收记录。

检查数量：全数检查。

(6)墙体节能工程各层构造做法应符合设计要求，并应按照经过审批的专项施工方案施工。

检验方法：对照设计和专项施工方案观察检查；核查隐蔽工程验收记录。

检查数量：全数检查。

(7)墙体节能工程的施工质量，必须符合下列规定：

1)保温隔热材料的厚度不得低于设计要求。

2)保温板材与基层之间及各构造层之间的黏结或连接必须牢固。保温板材与基层的连接方式、拉伸粘结强度和粘结面积比应符合设计要求。保温板材与基层之间的拉伸粘结强度应进行现场拉拔试验，且不得在界面破坏。黏结面积比应进行剥离检验。

3)当采用保温浆料做外保温时，厚度大于20 mm的保温浆料应分层施工。保温浆料与基层之间及各层之间的黏结必须牢固，不应脱层、空鼓和开裂。

4)当保温层采用锚固件固定时，锚固件数量、位置、锚固深度、胶结材料性能和锚固力应符合设计和施工方案的要求；保温装饰板的锚固件应使其装饰面板可靠固定；锚固力应做现场拉拔试验。

检验方法：观察、手扳检查；核查隐蔽工程验收记录和检验报告。保温材料厚度采用现场钢针插入或剖开后尺量检查；拉伸粘结强度按照《建筑节能工程质量验收标准》(GB 50411—2019)附录 B 的检验方法进行现场检验；黏结面积比按《建筑节能工程质量验收标准》(GB 50411—2019)附录 C 的检验方法进行现场检验；锚固力检验应按《保温装饰板外墙外保温系统材料》(JG/T 287—2013)的试验方法进行；锚栓拉拔力检验应按《外墙保温用锚栓》(JG/T 366—2012)的试验方法进行。

检查数量：每个检验批应抽查3处。

(8)外墙采用预置保温板现场浇筑混凝土墙体时，保温板的安装位置应正确，接缝应严密；保温板应固定牢固，在浇筑混凝土过程中不应移位、变形；保温板表面应采取界面处理措施，与混凝土黏结应牢固。

检验方法：观察、尺量检查；核查隐蔽工程验收记录。

检查数量：隐蔽工程验收记录全数核查。

(9)外墙采用保温浆料做保温层时，应在施工中制作同条件试件，检测其导热系数、干密度和抗压强度。保温浆料的试件应见证取样检验。

检验方法：按《建筑节能工程质量验收标准》(GB 50411—2019)附录 D 的检验方法进行。

检查数量：同厂家、同品种产品。按照扣除门窗洞口后的保温墙面面积，在5 000 m² 以内时应检验1次；面积每增加5 000 m² 应增加1次。同工程项目、同施工单位且同期施工的多个单位工程，可合并计算抽检面积。

(10)墙体节能工程各类饰面层的基层及面层施工，应符合设计且应符合《建筑装饰装修工程质量验收标准》(GB 50210—2018)的规定，并应符合下列规定：

1)饰面层施工前应对基层进行隐蔽工程验收。基层应无脱层、空鼓和裂缝，并应平整、洁净，含水率应符合饰面层施工的要求。

2)外墙外保温工程不宜采用粘贴饰面砖作饰面层；当采用时，其安全性与耐久性必须符合设计要求。饰面砖应做粘结强度拉拔试验，试验结果应符合设计和有关标准的规定。

3)外墙外保温工程的饰面层不得渗漏。当外墙外保温工程的饰面层采用饰面板开缝安装时，保温层表面应覆盖具有防水功能的抹面层或采取其他防水措施。

4)外墙外保温层及饰面层与其他部位交接的收口处，应采取防水措施。

检验方法：观察检查；核查隐蔽工程验收记录和检验报告。粘结强度应按照现行行业标准《建筑工程饰面砖粘结强度检验标准》(JGJ/T 110—2017)的有关规定检验。

检查数量：粘结强度应按照现行行业标准《建筑工程饰面砖粘结强度检验标准》(JGJ/T 110—2017)的有关规定抽样。其他为全数检查。

(11)保温砌块砌筑的墙体，应采用配套砂浆砌筑。砂浆的强度等级及导热系数应符合设计要求。砌体灰缝饱满度不应低于80%。

检验方法：对照设计检查砂浆品种，用百格网检查灰缝砂浆饱满度。核查砂浆强度及导热系数试验报告。

检查数量：砂浆品种和强度试验报告全数核查。砂浆饱满度每楼层的每个施工段至少抽查 1 次，每次抽查 5 处，每处不少于 3 个砌块。

(12)采用预制保温墙板现场安装的墙体，应符合下列规定：

1)保温墙板的结构性能、热工性能及与主体结构的连接方法应符合设计要求，与主体结构连接必须牢固。

2)保温墙板的板缝处理、构造节点及嵌缝做法应符合设计要求。

3)保温墙板板缝不得渗漏。

检验方法：核查型式检验报告、出厂检验报告和隐蔽工程验收记录。对照设计观察检查，淋水试验检查。

检查数量：型式检验报告、出厂检验报告全数检查；板缝不得渗漏，可按照扣除门窗洞口后的保温墙面面积，在 5 000 m^2 以内时应检查 1 处，当面积每增加 5 000 m^2 应增加 1 处，其他项目按表 13.2 的规定抽检。

(13)外墙采用保温装饰板时，应符合下列规定：

1)保温装饰板的安装构造、与基层墙体的连接方法应符合设计要求，连接必须牢固。

2)保温装饰板的板缝处理、构造节点做法应符合设计要求。

3)保温装饰板板缝不得渗漏。

4)保温装饰板的锚固件应将保温装饰板的装饰面板固定牢固。

检验方法：核查型式检验报告、出厂检验报告和隐蔽工程验收记录。对照设计观察检查；淋水试验检查。

检查数量：型式检验报告、出厂检验报告全数检查；板缝不得渗漏，应按照扣除门窗洞口后的保温墙面面积，在 5 000 m^2 以内时应检查 1 处，面积每增加 5 000 m^2 应增加 1 处；其他项目按表 13.2 的规定抽检。

(14)采用防火隔离带构造的外墙外保温工程施工前编制的专项施工方案应符合《建筑外墙外保温防火隔离带技术规程》(JGJ 289—2012)的规定，并应制作样板墙，其采用的材料和工艺应与专项施工方案相同。

检验方法：核查专项施工方案、检查样板墙。

检查数量：全数检查。

(15)防火隔离带组成材料应与外墙外保温组成材料相配套。防火隔离带宜采用工厂预制的制品现场安装，并应与基层墙体可靠连接，防火隔离带面层材料应与外墙外保温一致。

检验方法：对照设计观察检查。

检查数量：全数检查。

(16)建筑外墙外保温防火隔离带保温材料燃烧性能等级应为 A 级，并应符合《建筑外墙外保温防火隔离带技术规程》(JGJ 289—2012)的规定。

检验方法：核查质量证明文件及检验报告。

检查数量：全数检查。

(17)墙体内设置的隔气层，其位置、材料及构造做法应符合设计要求。隔气层应完整、严密，穿透隔气层处应采取密封措施。隔气层凝结水排水构造应符合设计要求。

检验方法：对照设计观察检查，核查质量证明文件和隐蔽工程验收记录。

检查数量：全数检查。

(18)外墙和毗邻不供暖空间墙体上的门窗洞口四周墙的侧面，墙体上凸窗四周的侧面，应按设计要求采取节能保温措施。

检验方法：对照设计观察检查，采用红外热像仪检查或剖开检查；核查隐蔽工程验收记录。

检查数量：按表 13.2 的规定抽检，最小抽样数量不得少于 5 处。

(19)严寒和寒冷地区外墙热桥部位，应按设计要求采取隔断热桥措施。

检验方法：对照设计和专项施工方案观察检查；核查隐蔽工程验收记录；使用红外热像仪检查。

检查数量：隐蔽工程验收记录应全数检查。隔断热桥措施按不同种类，每种抽查 20%，并不少于 5 处。

3. 一般项目

(1) 当节能保温材料与构件进场时其外观和包装应完整无破损。

检验方法：观察检查。

检查数量：全数检查。

(2) 当采用增强网作为防止开裂的措施时，增强网的铺贴和搭接应符合设计和专项施工方案的要求。砂浆抹压应密实，不得空鼓，增强网应铺贴平整，不得皱褶、外露。

检验方法：观察检查；核查隐蔽工程验收记录。

检查数量：每个检验批抽查不少于 5 处，每处不少于 2 m²。

(3) 除严寒和寒冷地区之外的其他地区，设置集中供暖和空调的房间，其外墙热桥部位应按设计要求采取隔断热桥措施。

检验方法：对照专项施工方案观察检查；核查隐蔽工程验收记录。

检查数量：隐蔽工程验收记录应全数检查。隔断热桥措施按不同种类，按表 13.2 的规定抽检，最小抽样数量每种不得少于 5 处。

(4) 施工产生的墙体缺陷，如穿墙套管、脚手架眼、孔洞、外门窗框或附框与洞口之间的间隙等，应按照专项施工方案采取隔断热桥措施，不得影响墙体热工性能。

检验方法：对照专项施工方案检查施工记录。

检查数量：全数检查。

(5) 墙体保温板材的粘贴方法和接缝方法应符合专项施工方案要求，保温板接缝应平整严密。

检验方法：对照专项施工方案，剖开检查。

检查数量：每个检验批抽查不少于 5 块保温板材。

(6) 外墙保温装饰板安装后表面应平整，板缝均匀一致。

检验方法：观察检查。

检查数量：每个检验批抽查 10%，并不少于 10 处。

(7) 墙体采用保温浆料时，保温浆料厚度应均匀、接茬应平顺密实。

检验方法：观察、尺量检查。

检查数量：保温浆料厚度每个检验批抽查 10%，并不少于 10 处。

(8) 墙体上的阳角、门窗洞口及不同材料基体的交接处等部位，其保温层应采取防止开裂和破损的加强措施。

检验方法：观察检查；核查隐蔽工程验收记录。

检查数量：按不同部位，每类抽查 10%，并不少于 5 处。

(9) 采用现场喷涂或模板浇注的有机类保温材料做外保温时，有机类保温材料应达到陈化时间后方可进行下道工序施工。

检验方法：对照专项施工方案和产品说明书进行检查。

检查数量：全数检查。

思 考 题

1. 《建筑节能工程施工质量验收标准》(GB 50411—2019) 中包括了哪些分部工程的节能质量验收内容？

2. 围护结构的质量验收包括哪些子分部工程？

项目 14　建筑节能工程实践案例

本项目选取近些年来我国优秀建筑节能工程案例，向大家介绍前述诸多节能做法的实际应用情况，一方面能够展示各类节能建筑、绿色建筑的各类良好效益；另一方面也能看到现在建筑节能领域存在的一些不足。所选案例包括寒冷地区、夏热冬暖地区等不同气候地区的高层、多层建筑，以体现我国不同气候地区的建筑节能应用情况。

视频：中国建筑科学研究院完成的我国第一栋近零能耗办公楼

14.1　北京汽车产业研发基地办公大楼

14.1.1　工程概况

北京汽车产业研发基地办公大楼的工程概况如下：

北京汽车产业研发基地用房（综合研发办公大楼）项目位于北京市顺义区仁和镇北京汽车城内，临近北京国际机场 T3 航站楼。本建筑功能分为核心功能及附属部分两大类，其中核心功能包含三部分，即工程中心及产品研究中心的研发办公楼、试制及试验中心、造型中心，附属部分包括专家公寓、餐厅、会议中心、职工活动中心和地下车库等多项综合服务性功能。建筑占地面积为 15.78 万 m^2，建筑面积为 17.43 万 m^2，总建筑高度为 36 m。项目地下空间面积占比 77%，室外透水地面面积占比 48%，建筑节能率为 75%，非传统水源利用率为 6.5%，可再循环材料利用率为 10.1%，高强度钢筋利用率为 84%。项目获得了多个国家奖项，包含中国建设工程鲁班奖、中国钢结构金奖等 12 个奖项、3 个发明专利、6 个实用新型专利。

北京汽车产业研发基地用房（综合研发办公大楼）项目鸟瞰图如图 14.1 所示。

图 14.1　项目鸟瞰图

14.1.2 项目节能设计介绍

项目在规划、设计、施工、运行整个过程中，遵循"四节一环保"的理念，坚持"被动优先、主动优化"的技术路线，根据项目的实际特点，采用了多种绿色建筑技术，并将其有效结合在一起。

1. 良好的交通组织

项目将整个交通分为通勤人车流、公交、小汽车人流和步行人流四部分。针对不同人流情况，在场地北侧边界分东西设置了两个 10 m 宽的车行出入口，南侧边界分东西设置了两个 15 m 宽的车行出入口，在南侧边界中部设置了 60 m 宽的绿化广场同时兼做人行出入口。整个建筑由 7 m 宽环形车道围绕，主要地下车库入口车道分布在建筑的南、北两侧，与 4 个车行入口紧密关联，南侧为 2 个双车道，北侧为 2 个单车道，车辆可迅速出入地下车库，起到了良好的人车分流作用。

2. 室外透水地面

项目设置了大面积的复层绿化，同时包含了乔、灌、草等适宜当地气候和土壤条件的多种乡土植物，同时在地上停车位的下方也设置了绿化带，充分利用了有限的空间，室外透水地面的面积达 2.9 万 m²，占室外地面面积的 48.3%，如图 14.2、图 14.3 所示。

图 14.2 项目复层绿化图

图 14.3 停车位透水地面

3. 建筑整体节能

项目通过多种措施相结合的手段降低建筑能耗，主要包含优化围护结构、提高空调采暖设备系统能效比、设置排风热回收系统、全空气系统过渡季全新风运行、全 LED 照明灯具等，最终使得项目节能率达到 75%。

项目外墙采用 310 mm 保温砌块或铝板幕墙加 90 mm 岩棉板保温，屋面采用 60 mm 厚挤塑聚苯板保温层，中厅玻璃屋顶采用 Low-E 中空夹胶玻璃。

项目主要光照面室外采用遮阳铝板，以减少夏季室内空调负荷，如图 14.4 所示。

4. 复合地源热泵系统

项目所在的区域的水文地质情况非常适合采用地埋管式地源热泵系统以实现节能环保。但是针对本项目，不宜单纯采用地源热泵系统，一方面由于地埋管的区域有限，另一方

图 14.4 项目室外遮阳铝板设计

面从使用需求和系统造价上考虑，没有必要按照最大负荷将空调系统设计成单一的地源热泵系统。所以本项目的空调系统采用了复合式的地源热泵系统，即4台地源热泵＋2台常规离心式冷水机组＋燃气锅炉＋水蓄冷的冷热源组合方式，以实现节能环保与经济适用的统一。所设置4台地源热泵机组，夏季制冷工况单台制冷量为1927 kW，冬季制热工况单台制热量为1958 kW；设置2台单台制热量700 kW真空燃气锅炉相互备用，一台作为散热器采暖及冬季游泳池池水加热热源，另一台作为冬季卫生热水加热热源；设置2台调峰源热泵型冷水机组，作为夏季白天调峰冷源、夜间全楼空调冷源、过渡季冬季全楼空调冷源使用。

空调水系统采用分区两管制，空调冷热水循环系统冷源侧采用一次泵定流量系统，负荷侧采用二次泵变流量系统，空调冷热水管路均采用双管异程式系统。用户可根据室温控制调节两通阀的流量，使输配系统达到供需平衡，实现较好的部分负荷调节性能。

5. 新排风热回收系统

办公室、小会议室、职工餐厅的空调末端采用风机盘管加新风形式；活动中心、大会议室、展厅、造型中心的主要评审区、走廊等大开间采用全空气定风量系统。项目在办公室、小会议室均设置排风全热回收，泳池部分均采用显热热回收方式，新风全热回收效率不低于60％。全空气系统中单风机空气处理机组根据室外空气状态调节新、回风阀开度进行最大和最小新风比控制，以及对应排风机的最大和最小风量控制；设置回风机的空气处理机组根据室外空气状态调节新、排、回风阀开度进行新风比控制，新风比调节范围为0～100％。

6. 节水设备应用

项目给水系统为竖向压力分区，3层及以下充分利用市政压力，4层及以上采用无负压供水；排水系统采用污废合流系统，厨房污水经隔油池处理后排至市政污水管网。

项目采用了多种节水技术，室内卫生器具均为节水型，供水采用无负压变频供水设备，室外绿化采用微喷灌形式。对于各个用水末端都设置了水表进行计量，能够第一时间发现用水异常情况。

项目收集屋面雨水处理后用于绿化用水，在绿地下设置两个雨水收集池，总容积为2 000 m³。其他雨水排至绿地，尽量下渗，补充涵养地下水资源，多余部分排至市政雨水管网。

项目采用了远传水表和普通水表相结合来分类计量各类用水量。根据项目在生活用水、生活热水、中水等各用途用水量的分析，项目全年用水量为230 036 t。其中，中水用水为15 015 t，非传统水源利用率为6.53％，用水漏损率为1.32％。

7. 中水回用系统

项目收集除厨房以外的排污水作为中水原水，采用生物处理和物化处理相结合的处理工艺，经生物处理、沉淀、过滤、消毒等处理后用于冲厕、绿化、水景补水等，非传统水源利用率为6.53％。

8. 结构优化设计

在确定结构方案的过程中，根据建筑设计及使用要求，进行了多方案的比较，最终选用了钢筋混凝土框架＋剪力墙＋空间钢结构的结构形式。

(1)结合建筑使用功能和结构规则性要求，将整体建筑不规则结构分成7块规则结构。在结构体型规则合理的前提下，可大幅降低结构造价，更好地实现节材的目标。

(2)内环造型中心68.9 m跨圆形屋盖优化采用圆形辐射张弦梁结构，利用高强拉索和钢梁共同作用，实现结构的自平衡，有效减少了钢结构构件的截面尺寸，每平方米用钢量为45 kg，与普通网架结构每平方米用钢量大概70 kg相比，每平方米用钢量降低了25 kg。

(3)采光顶与两侧主体结构连接，针对采光顶面内刚度较弱的弱连接，为保证结构的抗震性能，项目选用了较为先进的滑动支座和黏滞阻尼器，为建筑装上了"安全气囊"，可释放采光顶径向和环形位移，大大缓解地震对建筑结构造成的冲击和破坏，减小地震等自然因素对材料强度的更高要求，降低费用。

(4)地下室顶板的裂缝控制采用无黏结预应力温度筋体系，支座实配钢筋为Φ12@200，与一般按裂缝控制楼板支座处需采用的Φ14@125钢筋相比节省了大批钢筋。工作区28 m大跨柱网采用了有黏结预应力结构，以提高结构的刚度，减小构件尺寸和自重，克服了使用普通钢筋梁的最大缺点——裂缝问题，节约钢材的同时为建筑物提供更大的有效空间。

(5)合理选用性能优越且节约耗材的钢筋混凝土柱、型钢混凝土柱、钢管混凝土柱等框架柱，预应力混凝土梁。

(6)采用框架-剪力墙结构形成两道防线的抗震性能，通过剪力墙承担水平荷载而合理减少框架梁、柱的尺寸和配筋，较大幅度地降低了结构的材料用量，并提高了结构的抗震性能。

(7)采用轻钢龙骨石膏板、薄防滑地砖、亚麻地板、闭口槽型镀锌压型钢板与现浇混凝土组合楼板，这些轻型建材可以减轻建筑自重，节材的同时降低结构对地基基础的要求。

项目无大量装饰性构件并全部使用本地化建材，尽量选用高强建材，高强钢筋使用比例达到84.0%。项目土建及装修一体化设计施工，项目在开敞式办公区、展厅、车间、餐厅等多个区域采用轻钢龙骨石膏板及纤维增强水泥板等灵活隔断，灵活隔断比例达到44.0%。项目所用可再循环使用材料主要包括钢材、玻璃、铝材等，可循环材料占建材总质量的比例达到10.1%。项目回收利用钢渣用作基础抗浮材料，收集建渣、木材、废旧石材等用于废品收购、路基回填等，废弃物回收利用率为45.5%。

9. 自然采光优化

项目注重自然采光，在建筑顶部设置了3处大采光顶、4处小采光顶，外围护结构采用全玻璃幕墙结构，同时地下室的泳池上方也设置了采光天窗，77%以上的室内空间能够满足自然采光的要求，如图14.5所示。

图14.5　室内采光效果

10. 楼宇自控系统

项目楼宇自控系统设计合理、完善，对复合地源热泵系统、空调通风系统、给水排水系统、智能照明系统分别设置，保障项目的节能高效运营。同时设置了远传水表、电表计量系统，能够实时查询用水、用电量，便于后续运营过程中进一步提高节能节水潜力。

14.1.3 用户调研反馈

设计单位通过向建筑内部使用者发放调研问卷的方式，对用户使用感受情况进行调查。此次发放调研问卷 210 份，回收有效问卷 192 份，结果见表 14.1。

表 14.1 使用者主观感受与现场测试主要对比表

类别	使用者主观感受	现场测试结果
温度	温度适中，维持现状	平均温度为 21 ℃，温度适中
湿度	室内干燥，希望加湿	平均室内相对湿度为 25%，室内干燥
光环境	光照适中，保持不变	各处照明基本合理，充足
风环境	感觉无风，保持现状	平均风速为 0.1 m/s，风速略低
室内空气品质	有轻微异味，员工比较关注	室内 PM2.5 平均浓度为 450 $\mu g/m^3$，严重污染
		室内 CO_2 平均浓度为 1 060 ppm，略高于推荐值

14.2 中国建筑科学研究院近零能耗示范楼

中国建筑科学研究院近零能耗示范楼（以下简称"建研院示范楼"）位于北京市朝阳区北三环东路 30 号，地上 4 层，建筑面积为 4 025 m^2，该示范楼于 2014 年 7 月 11 日投入使用，该建筑为我国寒冷地区第一栋近零能耗办公建筑，集科研、实验和实际使用于一体，其外观如图 14.6 所示。

建研院示范楼在设计和建造过程中秉承了"被动优先、主动优化、经济实用"的原则，以先进建筑能源技术为主线，以实际数据为评价。重点从建筑设计、围护结构、能源系统、可再生能源利用、高效照明、能源管理与楼宇自控、室内空气品质以及机电系统调试等方面着手，力争打造成为中国建筑节能科技未来发展的标志性项目。并设立了"冬季不使用传统能源供热，夏季供冷能耗降低 50%，照明能耗降低 75%"的超低能耗建筑能耗控制指标。建筑采用更高性能的围护结构保温体系、门窗体系、高能效主动式能源系统，无热桥和高气密性设计施工，建筑设计能

图 14.6 中国建筑科学研究院近零能耗示范楼

耗目标为全年照明供冷和供暖能耗小于或等于 25(kW·h)/(m^2·a)。这对建研院示范楼的设计、建造和运营提出了较大的挑战。

14.2.1 项目节能设计介绍

1. 被动式建筑设计

该建筑围护结构采用超薄真空绝热板，将无机保温芯材与高阻隔薄膜通过抽真空封装技术复合而成，防火等级达到 A 级，导热系数为 0.004 W/(m·K)，外墙综合传热系数不高于 0.20 W/(m²·K)。其建筑外墙材料使用了埃特尼特佳美板，作为 STP 外保温维护结构体系的重要组成部分。埃特尼特佳美板源自欧洲，是一种通体一色的高性能纤维增强水泥板，具有轻质高强、保温节能、抗霜冻、抗紫外线和经久耐用等优异性能，同时又具有自然独特的外观和质感，集功能性和美学性于一体，广泛应用于建筑外墙外保温系统。

外窗方面采用三玻铝包木外窗，内设中置电动百叶遮阳系统，传热系数不高于 1.0 W/(m²·K)，遮阳系数不低于 0.2，可见光透射比为 0.38，东、西、南向采用中置遮阳百叶时，遮阳系数可在 0～0.4 调节。四密封结构的外窗，在空气阻隔胶带和涂层的综合作用下，大幅提高建筑气密、水密及保温性能。中置遮阳系统可根据室外和室内环境变化，自动升降百叶及调节遮阳角度，如图 14.7 所示。

（a） （b）

图 14.7 三玻真空 Low-E 铝包木外窗内置电动百叶遮阳系统
（a）示意一；（b）示意二

2. 主动式能源系统

建研院示范楼的能源系统由基本制冷及供热系统和科研展示系统组成。夏季制冷和冬季供暖采取太阳能空调和地源热泵系统联合运行的形式。屋面布置了 144 组真空玻璃管中温集热器，结合两组可实现自动追日的高温槽式集热器，共同提供项目所需要的热源。示范楼设置一台制冷量为 35 kW 的单效吸收式机组，一台制冷量为 50 kW 的低温冷水地源热泵机组用于处理新风负荷，以及一台制冷量为 100 kW 的高温冷水地源热泵机组为辐射末端提供所需冷热水。项目分别设置了蓄冷、蓄热水箱，可以有效降低由于太阳能不稳定带来的不利影响，并在夜间利用谷段电价蓄冷后昼间直接供冷，如图 14.8 所示。

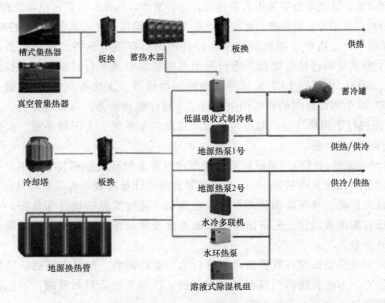

图 14.8 示范楼能源系统示意

除水冷多联空调及直流无刷风机盘管等空调末端外，建研院示范楼在二层和三层分别采用顶棚辐射和地板辐射空调末端。全楼每层设置热回收新风机组，新风经处理后送入室内，提供室内潜热负荷和部分显热负荷。室内辐射末端处理主要显热负荷。采用不同品位的冷水承担除湿和显热负荷，尽量提高夏季空调系统能效。

夏季工况下，太阳能空调系统和地源热泵系统相互配合使用。当太阳能空调系统可用时（太阳辐射较好，热水温度高于吸收式冷机启动温度时）太阳能空调系统提供一层和四层的全部新风负荷及二层的房间负荷，当热水温度较低，太阳能空调系统无法使用时，一台地源热泵系统替代此系统工作。一层水冷 VRV 系统提供一层办公房间和会议室房间负荷，另一台地源热泵系统为三层提供新风负荷和房间负荷。四层水冷 VRV 系统为四层房间供冷，三台水环热泵分别为大会议室（2 台）和一间典型办公室供冷。

建筑南立面太阳能光伏系统优先为建筑公共区域照明供电，发电不足时，由市电补充。

冬季工况下，当太阳能集热系统提供的热水可直接为建筑供暖时，优先使用此系统为建筑末端设备供暖，或为新风（一层和四层）设备供暖。当太阳能热水无法直接利用时，辅助地源热泵系统为建筑供暖或承担新风负荷。

过渡季鼓励利用自然通风，主要采用开窗通风和遮阳的方式降温。在冷负荷较小的时候，采用地埋管直接换热供冷和空气蒸发冷却两种方式进行低成本冷却。秋季过渡季，利用太阳能集热系统，通过地埋管，进行土壤蓄热，为冬季地源系统更好地工作创造条件。

3. 照明与智能控制

（1）低能耗照明系统。屋顶设有光导管，通过采光罩高效采集室外自然光，从黎明到黄昏室内均可保持明亮。照明大量采用高效 LED 灯具，光效不低于 100 lm/W，并配置高度智能化的控制系统，与占空传感器、照度传感器和电动遮阳百叶联动，可根据室外日照和室内照度的变化，调整室内光源功率，在降低室内空调负荷与利用自然采光之间进行权衡优化。

建研院示范楼还展示了 POE 互联照明概念，采取 IEEE 802.3AT 协议，利用 CAT5 网线同时实现供电与控制两项功能，照明控制软件也同时具备照明能源管理功能。

照明采用两套智能照明系统。分别对一、四层和二、三层进行智能照明控制。二、三层采用自动感应且灯具光线可调节控制，即人来灯开、人走灯灭的感应系统，四层展示会议室采用多种模式切换的自动控制方式，普通办公室采用人员感应，结合室外自然光、人员占空状态进行自动调光的控制策略，部分房间采用分区域控制。智能照明系统通过不同接口方式集成到楼宇控制系统中。

（2）能源管理平台。搭建了能耗监测平台，对楼内所有用电设备、用能设备、光伏发电系统、用水进行了分类分项计量与监测。建研院示范楼能源管理平台目前共计对能源站、末端空调系统、照明、插座、电梯和 LED 显示屏在内的用电设备、支路等共计 68 路进行了计量，运行后期又增补对 10 个典型房间的照明用电进行了单独计量和监测；对各台冷机、空调设备等共计 40 路供冷热支路进行了用热计量；对可再生能源地源热泵系统、太阳能系统、光伏发电系统的产能和用能进行了详细计量。

（3）建筑自动化系统（BAS）。建研院示范楼室内设有多种环境控制装置，用户可以根据需求进行调节。通过分布在建筑内的近 1 000 个传感器和分项计量装置，可以实时将运行数据传输至中央控制器，最终汇集到建筑能源管理平台。在这里，通过数据的统计和分析，可以实现对系统故障的迅速反应和准确定位。先进的楼宇控制系统能够保证建筑能源系统的高效运行，为实现建筑节能保驾护航。

项目运行时面临需要面对有效管理及促进行为节能的调整，如员工需适应辐射空调降温慢和运行稳定的特点。为此管理部门编制了使用手册，强调节能运行和管理，如空调开启时避免开窗，室温设置限制，以及人走灯灭等。

14.2.2 空调系统运行能效分析

1. 地源热泵运行能效分析

空调系统由太阳能空调系统＋地源热泵系统＋水冷多联机系统组成。2015年该系统散热量约为 85 MW·h（包含9月中下旬太阳能向地下蓄热，约 10 MW·h）；2015年供暖季地源热泵机组通过地埋管从土壤中获取的热量约为 50 MW·h。

2014年和2015年地源热泵机组夏季供冷COP分别约为4.8和5.1。冬季供热COP分别约为4.6和4.7。2014年和2015年夏季SCOP分别为4.1和4.2，冬季SCOP分别为3.2和3.5。

2. 太阳能供冷供暖

建研院示范楼同时采用太阳能空调系统为建筑供冷供暖，过渡季蓄热。太阳能集热系统包含中高温真空集热系统和高温逐日太阳能集热系统。考虑到建筑立面的美观性，中高温太阳能集热器安装倾角仅为5°，整个太阳能集热系统面积和建筑面积之比约为1：13。

夏季，太阳能集热器收集的热水驱动低温吸收式冷机为建筑供冷。该设备驱动温度可低至70 ℃，标准工况下COP约为0.8（热水驱动温度为80 ℃时），设计COP为0.7，图14.9所示为屋顶太阳能集热器。

太阳能集热系统的年集热效率约为27.5%。中高温太阳能集热器安装倾角低是系统集热效率偏低的主要原因。另外，冬季雾霾天气也对系统效率产生影响。

图14.9　屋顶太阳能集热器

14.2.3 建筑总能耗情况分析

建筑总能耗指建筑正常运行消耗的所有能耗。图14.10所示为建筑从2014年6月至2018年12月逐年分项电耗，即建筑暖通空调系统、照明、插座、电梯、特殊用电。建筑暖通空调系统电耗包含冷热源设备、输配系统和末端系统用电。从图14.10中看到，2015—2018年，总体建筑能耗呈现逐年上升的趋势，年总能耗分别为34.2(kW·h)/(m²·a)、36.3(kW·h)/(m²·a)、38.0(kW·h)/(m²·a)、38.9(kW·h)/(m²·a)。其中，暖通空调能耗分别为21.6(kW·h)/(m²·a)、23.8(kW·h)/(m²·a)、24.8(kW·h)/(m²·a)和25(kW·h)/(m²·a)，照明能耗分别为6.1(kW·h)/(m²·a)、5.8(kW·h)/(m²·a)、6.7(kW·h)/(m²·a)、5.9(kW·h)/(m²·a)。2017年照明能耗变化较其他年份大，2015年、2016年和2018年照明年平均能耗为5.9(kW·h)/(m²·a)。暖通空调系统能耗逐年上升，2018年暖通空调能耗较2015年上升13%。

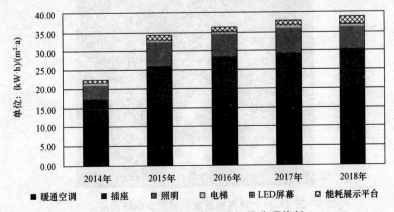

图14.10　示范楼逐年总能耗及分项能耗

14.2.4　应用总结

通过对本项目的分析，可以看到，对于北方地区的公共建筑，为实现超低能耗，可从以下方面入手，关注关键技术环节，强调精细运营管理：

（1）采用一体化设计方法，由建筑师和机电工程师及建筑使用者联合组成设计团队，运用性能化设计方法，从建筑方案出发控制建筑负荷。

（2）提高建筑外墙保温性能和外窗保温遮阳性能，提高建筑气密性能，减少非受控冷热损失。

（3）通过暖通空调系统冷热源与末端的设计优化，提高夏季供冷水温度，降低冬季供热水温度，优化输配系统设计，提高系统综合效率。

（4）充分挖掘可再生能源在公共建筑中的利用潜力。

（5）制定优化的能源系统运行策略，优先发挥可再生能源的作用，通过运行管理实现最大化节能。

（6）结合建筑室内环境需求，采用智能化运行管理系统，实现系统和设备的智能优化运行和精细化控制。

（7）强化人员行为对建筑节能的重要影响，制定低能耗建筑人员行为要求规章、制度，最大限度减小人员不当行为带来的能源浪费。

14.3　珠海兴业新能源产业园研发楼

珠海兴业新能源产业园研发楼(简称"研发楼")项目地处广东省珠海市，属于夏热冬暖气候区域。项目总建筑面积为 23 546 m²，建筑层数为 17 层，建筑高度为 70.35 m，空调面积约为 16 800 m²，造型像自然中生机盎然的两片新叶，是一座具有办公、会议、展示等多种功能的综合性办公楼(图 14.11)。项目从规划设计、建造施工到运营调试历时 3 年，目前仍处于持续运行调试优化阶段。

图 14.11　珠海兴业新能源产业园研发楼

研发楼以节地、节水、节能、节材和保护室内环境为核心，着力打造夏热冬暖地区的超低能耗建筑，重点开展基于办公建筑的智能微能网技术、照明节能技术、建筑调适及建筑混合通风技术的研究开发和示范。项目每年 5 月 1 日至 10 月 15 日为空调季，3—4 月梅雨季节根据气象条件选择性开启新风系统降低室内湿度，其他时间段均采用自然通风降温，全年不需要供暖。在兴业太阳能研发团队的不懈努力下，设计能耗为 50(kW·h)/(m²·a)，约为广东省办公建筑能耗平均值的 1/3；根据实际运行的调试情况，实际能耗为 39.8(kW·h)/(m²·a)，暖通空调及照明能耗约为 13.3(kW·h)/(m²·a)。这座由兴业太阳能倾力打造的超低能耗建筑，为夏热冬暖地区的绿色建筑超低能耗设计起到示范作用。

14.3.1 项目节能设计介绍

1. 建筑设计概况及采用的关键技术

(1)围护结构。研发楼处于夏热冬暖地区，经过计算，非透明幕墙传热系数为 0.44 W/(m²·K)，非透明幕墙的传热系数等级为 8 级；透明幕墙玻璃采用 3 银 Low-E 玻璃，综合传热系数为 2.362 W/(m²·K)，遮阳系数 SC 为 0.35，透明幕墙部分传热系数等级为 5 级，遮阳系数等级为 6 级，各围护结构性能指标见表 14.2。

表 14.2　围护结构性能指标表

围护结构部位			设计值	标准要求值	是否符合标准强制性条文要求
外窗（包括透明幕墙）	窗墙面积比	东向	0.45	≤0.7	符合
		南向	0.45	≤0.7	符合
		西向	0.45	≤0.7	符合
		北向	0.45	≤0.7	符合
	传热系数/ [W·(m²·K)$^{-1}$]	东向	2.362	≤30	符合
		南向	2.362	≤30	符合
		西向	2.362	≤30	符合
		北向	2.362	≤30	符合
	透阳系数	东向	0.35	≤0.4	符合
		南向	0.35	≤0.4	符合
		西向	0.35	≤0.4	符合
		北向	0.35	≤0.5	符合
屋面非透明部分	传热系数/[W·(m²·K)$^{-1}$]		0.4	≤0.9	符合

(2)光伏系统。在研发楼的屋顶及建筑南面均安装有太阳能光伏组件，光伏系统总装机容量

为 228.1 kWp，光伏组件选用单晶硅，安装在建筑的屋顶、南立面和裙楼的雨棚处。2017 年全年实际发电量为 150 311 kW·h，其中屋面发电量和立面发电量占比较大，分别占光伏总发电量的 51% 和 37%。

(3)自然通风设计。研发楼一层为展示展览区域，无人员长期逗留，因此一层不设置空调，为加强自然通风，一层东、南、北面为可开启电动百叶，增强自然通风的同时，营造出室内室外无界的环境。同时，为提高在室外温度超过 30 ℃ 的气象条件的人员舒适度，在主要展示区域利用 7 台大直径工业吊扇增强气流速度。

2. 空调系统设计概况及采用的关键技术

考虑到使用规律不同，中央空调分为两部分，冷水机组供 1～12 层、14～17 层，配套 1 台 35 000 m³/h 的新风处理机。13 层采用多联机空调系统并有独立新风，见表 14.3。

表 14.3 冷水机组系统指标

设备	台数	性能参数	区域
螺杆式冷水机组	2	额定制冷量：908 kW·h 额定用电量：157 kW·h 额定 COP：5.78	1～12、14～17 层
冷却水泵	3	额定功率：30 kW 变频：是	1～12、14～17 层
冷水泵	3	额定功率：22 kW 变频：是	1～12、14～17 层
冷却塔	2	风扇功率：5.5 kW×2 变频：是	1～12、14～17 层
全热回收新风机	1	额定功率：67 kW 压缩机功率：37 kW 送风机功率：15 kW（变频） 排风机功率：15 kW（变频） 额定送风量：35 000 m³/h 机外余压：400 Pa	1～12、14～17 层
风机盘管	512	直流无刷风机盘管	1～12、14～17 层

3. 运行管理

(1)中央空调系统节能运行模式及特点。本项目的中央空调实现 7×24 h 无人化管理，系统依据物业管理人员预设定的时间表进行全自动化控制，系统周日至周一早上 8：00 启动，晚上 21：00 停止，其中 8：30—18：00 为正常上班时间段，18：00—21：00 为加班时间段，加班时间段系统处于低负荷运行。

1）系统加机策略。如果冷冻供水温度大于设定值 1 ℃（可设定），并且冷机的平均电流百分比大于 85％，则要求加机。

2）系统减机策略。冷冻供水温度小于冷冻供水设定值，并且 2 台冷机的平均电流百分比小于 65％，即要求减机。

3）冷源系统供水温度重设系统设定供水最大温度设定（默认 10 ℃，可改）和最小温度设定（默认 7 ℃），室外温度根据室外温度设定范围（18～36 ℃）进行比例变化，使供水温度设定值在温度最大设定和温度最小设定范围区间成反比例变化。

室外温度越高说明需求冷量越大，需要降低温度设定值来降低供水温度，增加供冷量；室外温度越低说明需求冷量越小，需要升高温度设定值来提高供水温度，减少供冷量。

4）冷却泵的控制。冷却泵运行台数与主机运行台数一致。变频控制冷却水温度（设定值可调）进行 PID 调节，当启动冷却泵时，上位机要选择运行时间最短的来启动。当需要停止一台冷却泵时，上位机要选择一台运行时间最长的来停止。

5）冷水泵的控制。冷水泵运行台数与主机运行台数一致，变频控制冷水供回水压差（设定值可调）进行 PID 调节。当启动冷水泵时，上位机要选择运行时间最短的来启动。当需要停止一台冷水泵时，上位机要选择一台运行时间最长的来停止。

6）冷却塔风机的控制。冷却塔控制方式是根据出水温度控制冷却塔风机变频，调节变频器保证出水温度至其设定值。当出水温度 PID 调节的结果增大或减小时，风机的速度也增大或减小时。当室外湿球温度低于冷却塔低温停机设定值（可设）时，风机停止，蝶阀保持开启。

冷却水出水温度设定：由室外温湿度进行运算室外的湿球温度作为设定值进行控制（湿球温度＋2 ℃），设定值的范围为 22～32 ℃。

7）系统停机。在管理员预设定的空调开启时间段内，冷源系统自动启动；当单机负荷率低于 10％（总制冷量约 90 kW）时，主机采用间歇启动的方式供冷，间歇启动期间冷却塔、冷却泵、冷水机组停机，仅开启 1 台冷冻水泵。

8）风机盘管控制。风机盘管与门禁、考勤的指纹验证、刷卡进行联动控制，每个进入大楼的人都自行选择并绑定一个工作位置，只有在有效指纹验证或刷卡成功后对应区域的风机盘管才会自动开启，出门则重新刷卡，开放个性化设置室内温度的权限，可设置的温度范围为 24～28 ℃。

9）新风机控制。新风机与冷水机组同时开启，新风机适当提前几分钟启动，采用变频风机。

（2）照明系统。该项目全部采用 LED 节能照明灯具，主要办公区域照明功率密度值为 5 W/ m²。主要办公区域的照明控制采用光照感应结合工位任何在岗数据联动控制。楼道、打印室、洗手间等公共区域均采用人体感应控制开关。

14.3.2　项目运行能耗分析

1. 全年用能总量分析

珠海兴业新能源产业园研发楼 2017 年全年运行能耗约为 938 107 kW·h，单位建筑面积指标为 39.8(kW·h)/(m²·a)，其中由光伏发电提供电能 150 311 kW·h，占全年总耗电量的 16%。扣除光伏发电，单位建筑面积能耗仅为 33.4(kW·h)/(m²·a)。项目全年能耗拆分情况如图 14.12 所示，其中，占比最大的为动力、设备用电，2017 年总耗电量为 625 314 kW·h，单位建筑面积耗电量为 26.6(kW·h)/(m²·a)，占项目总电量的 67%。其次为空调系统，包含空调机组、末端风系统及水输送系统，总耗电量为 256 972 kW·h，单位建筑面积空调系统耗电量达到 10.9(kW·h)/(m²·a)，占项目总能耗的 27%。照明系统全年耗电量为 55 821(kW·h)，单位建筑面积指标为 2.4 (kW·h)/(m²·a)，占项目总能耗的 6%。

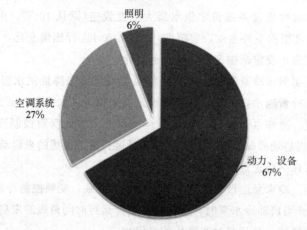

图 14.12　产业园研发楼 2017 年运行能耗拆分

项目逐月用能情况如图 14.13 所示，可以看到空调系统电耗主要集中在 5—10 月，照明电耗全年基本稳定，月耗电量在 4 500～5 000 kW·h。

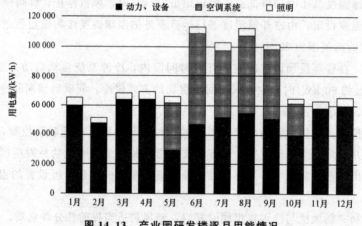

图 14.13　产业园研发楼逐月用能情况

2. 空调系统运行能耗、能效

产业园研发楼夏季供冷时间主要在 5—10 月，冷水机组逐月供冷量如图 14.14 所示，2017 年冷水机组集中供冷量为 864 047 kW·h，折合单位面积供冷量为 36.7(kW·h)/(m²·a)，多联机仅为 13 层供冷，由于室内机过于分散，未能统计供冷量。空调系统全年运行能耗为 256 972 kW·h，单位建筑面积空调系统耗电量达到 10.9(kW·h)/(m²·a)。

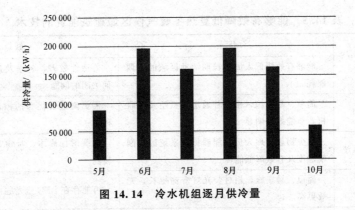

图 14.14　冷水机组逐月供冷量

其中，冷水机组全年耗电量为 13 870 kW·h，占空调系统总耗电量的 51％，多联机全年耗电量为 23 471 kW·h，占空调系统总耗电量的 9％。冷机部分总占比为 60％。水输配系统：冷水泵、冷却水泵及冷却塔全年能耗分别为 24 643 kW·h、20 974 kW·h、13 539 kW·h，分别占空调系统总能耗的 10％、8％ 及 5％。末端风系统：风机盘管和新风机组全年能耗分别为 21 225 kW·h 和 22 250 kW·h，分别占空调系统总能耗的 8％和 9％。

根据能耗平台监测数据计算得到产业园研发楼空调系统 2017 年供冷季能耗、能效指标(见表 14.4)。其中，冷水机组平均 COP 为 6.60，集中冷站平均 COP 为 4.55，空调系统(不含多联机)平均能效为 3.70，处于良好水平。

表 14.4　空调系统能耗、能效指标

指标	数值	单位
单位面积供冷量	36.7	(kW·h)/(m² · a)
单位面积供冷能耗	10.9	(kW·h)/(m² · a)
冷水机组 COP	6.60	
冷水泵输配系数	35.1	
冷却水泵输配系数	47.4	
冷却塔输配系数	73.5	
冷站 COP	4.55	—
末端输配系数	19 9	
空调系统 COP	3.70	

14.3.3　应用总结

该项目从规划阶段起设定的目标即为超低能耗绿色建筑，通过一年以来的运行与技术评估，多项能够有效降低夏热冬暖气候区域建筑能耗的技术见表 14.5。

表 14.5　能够有效降低夏热冬暖气候区域建筑能耗的技术

技术	优点	缺点
自然通风及吊扇	能够有效降低人员不长期活动区域的空调能耗	舒适性较差，冬季及过渡季需要考虑如何关闭的问题
高效变频冷水机组	简单、易实施，相比普通定频机组及多联机，节能效果明显	需要调适及优秀的控制系统配合，造价稍高
空调系统节能控制系统	减少物业管理人员，能够提高系统的控制精准度及有效降低能耗	显著增加成本，对物业管理人员的要求较高
LED 照明系统	简单、易实施，相对荧光灯寿命更长，光效更高	可能存在 LED 蓝光危害
自然采光与导光管	显著提高室内环境舒适性，有效降低照明能耗	有效距窗在 6 m 以内
太阳能光伏	节能效果明显、可计量	最佳安装位置为屋顶，公共建筑的屋顶面积有限，投资成本稍高
太阳能光热	节能效果明显、可计量	最佳安装位置为屋顶，公共建筑的屋顶面积有限，不是每个建筑都有热水需求
外遮阳与 3 银 Low-E 玻璃	被动式技术无须人工干预，节能效果明显	会稍微降低室内的自然采光
增强建筑气密性	能够有效降低空调能耗	会提高新风系统能耗

思 考 题

请查阅近几年零能耗建筑物的相关资料，了解其发展现状，简述其特点。

参考文献

[1]清华大学建筑节能研究中心．中国建筑节能年度发展研究报告2022(公共建筑专题)[M]．北京：中国建筑工业出版社，2022．

[2]清华大学建筑节能研究中心．中国建筑节能年度发展研究报告2021(城镇住宅专题)[M]．北京：中国建筑工业出版社，2021．

[3]清华大学建筑节能研究中心．中国建筑节能年度发展研究报告2018[M]．北京：中国建筑工业出版社，2018．

[4]党睿．建筑节能[M]．4版．北京：中国建筑工业出版社，2022．

[5]华常春．建筑节能技术[M]．北京：北京理工大学出版社，2013．

[6]史晓燕，王鹏．建筑节能技术[M]．2版．北京：北京理工大学出版社，2020．

[7]柳孝图．建筑物理[M]．3版．北京：中国建筑工业出版社，2019．

[8]张雄．建筑节能技术与节能材料[M]．2版．北京：化学工业出版社，2016．

[9]王娜．建筑节能技术[M]．2版．北京：中国建筑工业出版社，2020．

[10]北京市建筑材料管理办公室，北京土木建筑学会，北京市建设物资协会建筑节能专业委员会．建筑节能工程施工技术[M]．北京：中国建筑工业出版社，2007．

[11]张志学．建筑节能技术问答精选[M]．北京：化学工业出版社，2016．

[12]王崇杰，薛一冰．太阳能建筑设计[M]．北京：中国建筑工业出版社，2007．

[13]住房和城乡建设部科技与产业化发展中心．绿色建筑运行评价标识项目案例集[M]．北京：中国建筑工业出版社，2016．

[14]陈春滋，李书田．建筑节能设计与施工技术[M]．北京：中国财富出版社，2011．

[15]中华人民共和国住房和城乡建设部．海绵城市建设技术指南——低影响开发雨水系统构建(试行)[M]．北京：中国建筑工业出版社，2014．

[16]中华人民共和国住房和城乡建设部．GB 50189—2015公共建筑节能设计标准[S]．北京：中国建筑工业出版社，2015．

[17]中华人民共和国住房和城乡建设部，国家市场监督管理总局．GB 50411—2019建筑节能工程施工质量验收标准[S]．北京：中国建筑工业出版社，2019．

[18]中华人民共和国住房和城乡建设部．GB/T 51140—2015建筑节能基本术语标准[S]．北京：中国建筑工业出版社，2016．

[19]中华人民共和国住房和城乡建设部．GB 50176—2016民用建筑热工设计规范[S]．北京：中国建筑工业出版社，2017．

[20]中华人民共和国住房和城乡建设部．GB 50352—2019民用建筑设计统一标准[S]．北京：中国建筑工业出版社，2019．

[21]中华人民共和国住房和城乡建设部．GB 55015—2021建筑节能与可再生能源利用通用规范[S]．北京：中国建筑工业出版社，2022．

[22]中华人民共和国住房和城乡建设部．JGJ 26—2018严寒和寒冷地区居住建筑节能

设计标准[S]．北京：中国建筑工业出版社，2019．

[23]中华人民共和国住房和城乡建设部．JGJ 75—2012 夏热冬暖地区居住建筑节能设计标准[S]．北京：中国建筑工业出版社，2013．

[24]中华人民共和国住房和城乡建设部．JGJ 134—2010 夏热冬冷地区居住建筑节能设计标准[S]．北京：中国建筑工业出版社，2010．

[25]中华人民共和国住房和城乡建设部．JGJ 144—2019 外墙外保温工程技术标准[S]．北京：中国建筑工业出版社，2019．

[26]中华人民共和国住房和城乡建设部．GB 50016—2014 建筑设计防火规范(2018 年版)[S]．北京：中国计划出版社，2015．

[27]中华人民共和国住房和城乡建设部．JGJ 289—2012 建筑外墙外保温防火隔离带技术规程[S]．北京：中国建筑工业出版社，2013．

[28]中华人民共和国住房和城乡建设部．JGJ/T 480—2019 岩棉薄抹灰外墙外保温工程技术标准[S]．北京：中国建筑工业出版社，2019．

[29]中华人民共和国住房和城乡建设部，国家质量监督检验检疫总局．GB 50345—2012 屋面工程技术规范[S]．北京：中国建筑工业出版社，2012．

[30]中华人民共和国住房和城乡建设部．JGJ 155—2013 种植屋面工程技术规程[S]．北京：中国建筑工业出版社，2013．

[31]中华人民共和国住房和城乡建设部．GB 50015—2019 建筑给水排水设计标准[S]．北京：中国计划出版社，2019．

[32]中华人民共和国住房和城乡建设部．GB 50336—2018 建筑中水设计标准[S]．北京：中国建筑工业出版社，2018．

[33]中华人民共和国住房和城乡建设部．GB 50736—2012 民用建筑供暖通风与空气调节设计规范[S]．北京：中国建筑工业出版社，2012．

[34]中华人民共和国住房和城乡建设部．GB 50034—2013 建筑照明设计标准[S]．北京：中国建筑工业出版社，2014．

[35]王康凡．气凝胶材料在建筑行业中的应用[J]．建筑与装饰，2021，17(30)：48—49．

[36]董重成．建筑节能技术发展及目标[J]．低温建筑技术，2017，39(4)：115—118．

[37]何涛，李博佳，杨灵艳，等．可再生能源建筑应用技术发展与展望[J]．建筑科学，2018，34(9)：135—142．

[38]焦秋娥．建筑给排水中的节水节能[J]．给水排水，2009(35)：382—384．

[39]庄莉．建筑电气照明节能设计的探讨[J]．工程建设，2012，44(1)：48—63．

[40]黄建础．生态建筑空调暖通节能技术[J]．建材与装饰(旬刊)，2011(1)：255—256．